高职高专计算机应用技能培养系列规划教材

安徽财贸职业学院"12315教学质量提升计划"——十大品牌专业(软件技术专业)建设成果

数据库设计与应用教学做一体化教程

主　编　张成叔
副主编　胡龙茂　王会颖
参　编　季红梅　胡配祥　房丙午
　　　　郑有庆　陈良敏　侯海平
　　　　陆金江

北京师范大学出版集团
BEIJING NORMAL UNIVERSITY PUBLISHING GROUP
安徽大学出版社

图书在版编目(CIP)数据

数据库设计与应用教学做一体化教程/张成叔主编.—合肥:安徽大学出版社,2016.8
高职高专计算机应用技能培养系列规划教材
ISBN 978-7-5664-1120-4

Ⅰ.①数… Ⅱ.①张… Ⅲ.①关系数据库系统－程序设计－高等职业教育－教材
Ⅳ.①TP311.138

中国版本图书馆 CIP 数据核字(2016)第 107123 号

数据库设计与应用教学做一体化教程
张成叔 主 编

出版发行:	北京师范大学出版集团 安 徽 大 学 出 版 社 (安徽省合肥市肥西路 3 号 邮编 230039) www.bnupg.com.cn www.ahupress.com.cn
印　　刷:	合肥市欣艺印务有限公司
经　　销:	全国新华书店
开　　本:	184mm×260mm
印　　张:	20
字　　数:	487 千字
版　　次:	2016 年 8 月第 1 版
印　　次:	2016 年 8 月第 1 次印刷
定　　价:	45.00 元

ISBN 978-7-5664-1120-4

策划编辑:李 梅 蒋 芳	装帧设计:李 军 金伶智
责任编辑:蒋 芳	美术编辑:李 军
责任印制:李 军	

版权所有　侵权必究
反盗版、侵权举报电话:0551－65106311
外埠邮购电话:0551－65107716
本书如有印装质量问题,请与印制管理部联系调换。
印制管理部电话:0551－65106311

编写说明

为贯彻《国务院关于加快发展现代职业教育的决定》，落实《安徽省人民政府关于加快发展现代职业教育的实施意见》，推动我省职业教育的发展，安徽省高等学校计算机教育研究会和安徽大学出版社共同策划组织了这套"高职高专计算机应用技能培养系列规划教材"。

为了确保该系列教材的顺利出版，并发挥应有的价值，合作双方于2015年10月组织了"高职高专计算机应用技能培养系列规划教材建设研讨会"，邀请了来自省内十多所高职高专院校的二十多位教育领域的专家和资深教师、部分企业代表及本科院校代表参加。研讨会在分析高职高专人才培养的目标、已经取得的成绩、当前面临的问题以及未来可能的发展趋势的基础上，对教材建设进行了热烈的讨论，在系列教材建设的内容定位和框架、编写风格、重点关注的内容、配套的数字资源与平台建设等方面达成了共识，并进而成立了教材编写委员会，确定了主编负责制等管理模式，以保证教材的编写质量。

会议形成了如下的教材建设指导性原则：遵循职业教育规律和技术技能人才成长规律，适应各行业对计算机类人才培养的需要，以应用技能培养为核心，兼顾全国及安徽省高等学校计算机水平考试的要求。同时，会议确定了以下编写风格和工作建议：

(1) 采用"教学做一体化+案例"的编写模式，深化教材的教学成效。

以教学做一体化实施教学，以适应高职高专学生的认知规律；以应用案例贯穿教学内容，以激发和引导学生学习兴趣，将零散的知识点和各类能力串接起来。案例的选择，既可以采用学生熟悉的案例来引导教学内容，也可以引入实际应用领域中的案例作为后续实习使用，以拓展视野，激发学生的好奇心。

(2) 以"学以致用"促进专业能力的提升。

鼓励各教材中采取合适的措施促进从课程到专业能力的提升。例如，通过建设创新平台，采用真实的课题为载体，以兴趣组为单位，实现对全体学生教学质量的提高，以及对适应未来潜在工作岗位所需能力的锻炼。也可结合特定的专业,增加针对性案例。例如,在 C 语言程序设计教材中,应兼顾偏硬件或者其他相关专业的需求。通过计算机设计赛、程序设计赛、单片机赛、机器人赛等竞赛或者特定的应用案例来实施创新教育引导。

(3)构建共享资源和平台,推动教学内容的与时俱进。

结合教材建设构筑相应的教学资源与使用平台,例如,MOOC、实验网站、配套案例、教学示范等,以便为教学的实施提供支撑,为实验教学提供资源,为新技术等内容的及时更新提供支持等。

通过系列教材的建设,我们希望能够共享全省高职高专院校教育教学改革的经验与成果,共同探讨新形势下职业教育实现更好发展的路径,为安徽省高职高专院校计算机类专业人才的培养做出贡献。

真诚地欢迎有共同志向的高校、企业专家参与我们的工作,共同打造一套高水平的安徽省高职高专院校计算机系列"十三五"规划教材。

胡学钢
2016 年 1 月

编委会名单

主　任　胡学钢（合肥工业大学）
委　员　（以姓氏笔画为序）
　　　　　丁亚明（安徽水利水电职业技术学院）
　　　　　卜锡滨（滁洲职业技术学院）
　　　　　方　莉（安庆职业技术学院）
　　　　　王　勇（安徽工商职业学院）
　　　　　王韦伟（安徽电子职业技术学院）
　　　　　付建民（安徽工业经济职业技术学院）
　　　　　纪启国（安徽城市建设职业学院）
　　　　　张寿安（六安职业技术学院）
　　　　　李　锐（安徽交通职业技术学院）
　　　　　李京文（安徽职业技术学院）
　　　　　李家兵（六安职业技术学院）
　　　　　杨圣春（安徽电气工程职业技术学院）
　　　　　杨辉军（安徽国际商务职业学院）
　　　　　陈　涛（安徽医学高等专科学校）
　　　　　周永刚（安徽邮电职业技术学院）
　　　　　郑尚志（巢湖学院）
　　　　　段剑伟（安徽工业经济职业技术学院）
　　　　　钱　峰（芜湖职业技术学院）
　　　　　梅灿华（淮南职业技术学院）
　　　　　黄玉春（安徽工业职业技术学院）
　　　　　黄存东（安徽国防科技职业学院）
　　　　　喻　洁（芜湖职业技术学院）
　　　　　童晓红（合肥职业技术学院）
　　　　　程道凤（合肥职业技术学院）

前　言

欲闯"IT 江湖"、逐鹿"互联网＋",必先锋 T-SQL 利器!

似乎一夜之间,大数据(Big Data)变成了 IT 行业中最时髦的词。随着 Internet 的盛行,特别是移动互联网的高速发展,将信息的传递推上了制高点,人类被海量的信息充斥着。

如何有效过滤这些纷繁复杂的海量数据,如何快速从网上的海量数据中"淘"出有用的信息,很大程度上取决于"如何存放、如何高效地进行数据库设计和查询",这正是本书要讲解的问题。

SQL Server 2008 是微软公司重量级的产品,定位于企业级数据库,运行稳定,操作方便,得到广大中小型企业的普遍好评。其继承了 Windows 系列产品图形模式的特点,提供简单易用的管理平台,常用的数据管理功能在 Microsoft SQL Server Management Studio 中可以完成。

编者在近 20 年的教学实践中深刻体会到"数据库设计与应用"是一门实践性很强的课程,对专业技能提升的影响度高达 80%。经过调查发现:多数学生学习该课程的体会是"入门感觉很轻松,提升感觉很吃力,应用感觉很可怕",造成的结果是"通过 SSMS 建库建表很轻松,添加约束很迷茫、'增删改查'记不住、设计项目不可能"。针对这些问题,本书采用全新的"教学做一体化"思路构架内容体系,通过"项目贯穿"的思路架构技能体系,将"理论＋实训"高度融合实现了"教学做"三者的有机结合,通过具体项目驱动学生学习的积极性。

本书具有以下特色:

➢ 教学做一体化。突破传统的以知识结构体系为架构的思维,不追求完整的知识体系结构,按照"教学做一体化"的思维模式重构内容体系,为"理实一体"的职业教育理念提供教材和资源支撑。

➢ 案例贯穿。按照"互联网＋"的思维模式:"实用主义永远比完美主义更完美",实用才能体现一门课程的价值。"数据库设计与应用"是计算机相关专业的专业核心课,按照"项目经验"培养的核心任务和"螺旋形"的提升模式,本书共设计了 5 个项目,分别是:1 个课内"教学做"项目——"高效学习成绩管理 SchoolDB 数据库";2 个课后巩固提升项目——"网吧计费 NerBar 数据库"(第 1～6 章)和"图书管理系统 Library 数据库"(第 8～13 章);1 个阶段项目——"QQ 数据库管理"和 1 个课程项目——"银行 ATM 系统数据库设计与优化"。按照"基本技能项目练习→阶段项目技能练习→课程项目技能练习"的练习过程,快速提升学生的专业技能和项目经验。

➢ 教学资源库充足。为了更好地保障教师的课程规划、课堂演示和学生的课内训练、课外训练、过程化考核等,该书配套了完整的"教学资源库",每章的教学资源包括教学 PPT、教师演示、学生练习、参考资料、补充案例、作业答案等,资源库组成如下图所示。

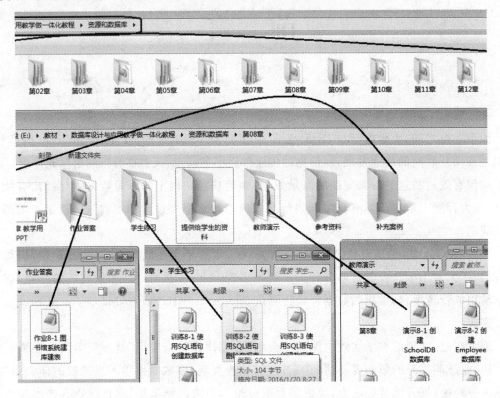

本书内容共分 3 个部分:基础技能部分、提升技能部分和综合技能部分。

基础技能部分为第 1~6 章。第 1~2 章分别学习创建和管理数据库、创建和管理数据表;第 3 章学习使用 T-SQL 语句操作数据;第 4~6 章分别学习简单数据查询、模糊查询和聚合函数、分组查询和连接查询。

提升技能部分为第 8~13 章。第 8~9 章学习程序员日常创建、删除数据库和表以及控制 T-SQL 代码程序逻辑的专业方法,对数据库的所有操作均使用 T-SQL 语句实现;第 10~11 章是在第 4~6 章的基础上学习子查询、事务、视图和索引,用以模拟现实中的事务,处理较复杂的业务需求,并确保处理数据的高效性和安全性;第 12 章介绍 T-SQL 语句能否高效利用、能否减少执行时间,学习具有预编译功能的存储过程,体会存储过程为数据库应用程序开发带来的好处;第 13 章数据库的设计,学习规范的数据库设计及它带来的益处,从而抛弃那些不符合规范的做法。

综合技能部分为第 7 章和第 14 章。第 7 章为阶段技能项目"QQ 数据库管理",安排在基础技能掌握之后进行阶段性综合技能提升;第 14 章为课程技能项目"银行 ATM 系统数据库设计与优化",模拟一套 ATM 存取款机系统,对银行日常的存款、取款和转账业务,保证数据的安全性和高效性。

本书由张成叔担任主编,胡龙茂和王会颖担任副主编。第1~5章由胡龙茂编写,第6~8章由季红梅编写,第9~14章由张成叔编写,附录A和附录B由王会颖编写,项目案例和教材配套资源库由张成叔、胡龙茂、王会颖、季红梅、胡配祥、房丙午、郑有庆、陈良敏、侯海平、陆金江共同开发完成。全书由张成叔统稿和定稿。

本书所配教学资源请联系出版社或直接与编者联系。微信(QQ):7153265;微信公众号:张成叔;E-mail:ZHANGCHSH@163.COM。

本书可作为高职高专院校计算机相关专业"数据库设计与应用"课程的教学用书,也适合作为计算机爱好者们学习数据库技术的参考书。

本书的出版是安徽财贸职业学院"12315教学质量提升计划"中"十大品牌专业"软件技术专业建设项目之一,得到了该项目建设资金的支持。

由于编者水平所限,书中不足之处,恳请广大读者批评指正。

编 者
2016年7月

目 录

第 1 章 创建和管理数据库 ... 1

1.1 认识数据库系统 ... 2
- 1.1.1 数据库基本概念 ... 2
- 1.1.2 常用数据库系统 ... 3

1.2 认识 SQL Server 2008 ... 4
- 1.2.1 SQL Server 2008 的版本 ... 4
- 1.2.2 数据库文件 ... 4
- 1.2.3 系统数据库 ... 4

1.3 登录 SQL Server 数据库 ... 5
- 1.3.1 建立数据库服务器连接 ... 5
- 1.3.2 技能训练——连接到数据库服务器 ... 7
- 1.3.3 新建数据库登录名 ... 8
- 1.3.4 技能训练——新建自己的数据库登录名 ... 10
- 1.3.5 新建数据库用户名 ... 10

1.4 创建和管理 SchoolDB 数据库 ... 11
- 1.4.1 创建数据库 ... 11
- 1.4.2 技能训练——创建 SchoolDB 数据库 ... 14
- 1.4.3 技能训练——新建 SchoolDB 数据库的用户名 ... 15
- 1.4.4 分离和附加数据库 ... 15
- 1.4.5 技能训练——分离和附加 SchoolDB 数据库 ... 17
- 1.4.6 数据库的备份和还原 ... 17
- 1.4.7 删除数据库 ... 20
- 1.4.8 技能训练——删除 SchoolDB 数据库 ... 20

本章总结 ... 21
习题 1 ... 21

第 2 章 创建和管理数据表 ... 24

2.1 数据表的完整性 ... 25
- 2.1.1 实体和记录 ... 25

2.1.2 数据完整性 ………………………………………………… 25
　　2.1.3 主键和外键 ………………………………………………… 26
2.2 创建数据表 ……………………………………………………… 27
　　2.2.1 数据类型 …………………………………………………… 27
　　2.2.2 使用 SSMS 建立数据表 …………………………………… 28
　　2.2.3 技能训练——创建 SchoolDB 数据库中的数据表 ……… 29
2.3 完善数据表的结构设计 ………………………………………… 30
　　2.3.1 是否允许为空值 …………………………………………… 30
　　2.3.2 技能训练——设计 Student 和 Result 表中允许为空的字段 … 31
　　2.3.3 建立主键 …………………………………………………… 32
　　2.3.4 技能训练——设计 SchoolDB 数据库中的数据表的主键 … 32
　　2.3.5 默认值 ……………………………………………………… 32
　　2.3.6 技能训练——设计 Student 表的默认值 ………………… 33
　　2.3.7 建立检查约束 ……………………………………………… 33
　　2.3.8 技能训练——设计 SchoolDB 数据库中的数据表的检查约束 … 34
　　2.3.9 标识列 ……………………………………………………… 35
　　2.3.10 技能训练——设计 SchoolDB 数据库中的数据表的标识列 … 36
2.4 建立数据表间关系 ……………………………………………… 36
　　2.4.1 设置外键约束 ……………………………………………… 36
　　2.4.2 技能训练——建立 SchoolDB 数据库中表间关系 ……… 37
　　2.4.3 建立数据库关系图 ………………………………………… 38
　　2.4.4 技能训练——创建 SchoolDB 数据库关系图 …………… 39
2.5 删除数据表 ……………………………………………………… 39
本章总结 ………………………………………………………………… 40
习题 2 …………………………………………………………………… 40

第 3 章　用 T-SQL 语句操作数据　　　　　　　　　　　　　43

3.1 T-SQL 简介 ……………………………………………………… 44
　　3.1.1 SQL 和 T-SQL ……………………………………………… 44
　　3.1.2 T-SQL 中的运算符 ………………………………………… 44
3.2 使用 T-SQL 向数据表中插入数据 ……………………………… 46
　　3.2.1 使用 INSERT 语句插入数据 ……………………………… 46
　　3.2.2 技能训练——向 SchoolDB 的数据表插入数据 ………… 47
　　3.2.3 一次插入多行数据 ………………………………………… 51
　　3.2.4 技能训练——创建学生通讯录 …………………………… 52
3.3 使用 T-SQL 更新数据表中的数据 ……………………………… 53
　　3.3.1 使用 UPDATE 语句更新数据 ……………………………… 53
　　3.3.2 技能训练——更新 SchoolDB 的数据表中数据 ………… 53

3.4 T-SQL 删除数据表中的数据 ································· 54
3.4.1 使用 DELETE 语句删除表中记录 ····················· 54
3.4.2 技能训练——删除 SchoolDB 的数据表中数据 ········· 54
3.5 数据的导出和导入 ····································· 55
3.5.1 数据的导出 ····································· 55
3.5.2 技能训练——导出 SchoolDB 的数据表中数据 ········· 57
3.5.3 数据的导入 ····································· 57
3.5.4 技能训练——向 SchoolDB 的数据表中导入数据 ······· 59
本章总结 ··· 59
习题 3 ··· 60

第 4 章　简单数据查询　　　　　　　　　　　　　　　　　63

4.1 T-SQL 查询基础 ·· 64
4.1.1 使用 SELECT 语句进行查询 ························ 64
4.1.2 技能训练——对 SchoolDB 的数据表进行简单查询 ····· 67
4.2 查询排序 ··· 68
4.2.1 使用 ORDER BY 进行查询排序 ····················· 68
4.2.2 技能训练——对 SchoolDB 的数据表进行查询排序 ····· 68
4.3 在查询中使用函数 ····································· 69
4.3.1 字符串函数 ····································· 69
4.3.2 日期函数 ······································· 70
4.3.3 数学函数 ······································· 70
4.3.4 系统函数 ······································· 71
4.3.5 技能训练——使用函数对 SchoolDB 的数据表进行查询 ···· 71
4.3.6 技能训练——函数综合技能训练 ··················· 72
本章总结 ··· 73
习题 4 ··· 74

第 5 章　模糊查询和聚合函数　　　　　　　　　　　　　　77

5.1 模糊查询 ··· 78
5.1.1 通配符 ··· 78
5.1.2 使用 LIKE 进行模糊查询 ························· 78
5.1.3 技能训练——使用 LIKE 对 SchoolDB 的数据表进行模糊查询 ··· 79
5.1.4 使用 BETWEEN 在某个范围内进行查询 ·············· 80
5.1.5 技能训练——使用 BETWEEN 对 SchoolDB 的数据表进行模糊查询 ··· 81
5.1.6 使用 IN 在列举值内进行查询 ····················· 82
5.1.7 技能训练——使用 IN 对 SchoolDB 的数据表进行模糊查询 ···· 83

5.2 T-SQL 中的聚合函数 ·········· 83
 5.2.1 SUM( )函数 ·········· 83
 5.2.2 AVG( )函数 ·········· 84
 5.2.3 MAX( )函数和 MIN( )函数 ·········· 86
 5.2.4 COUNT( )函数 ·········· 86
 5.2.5 技能训练——使用聚合函数对 SchoolDB 的数据表进行汇总查询 ·········· 87
本章总结 ·········· 88
习题 5 ·········· 89

第 6 章 分组查询和连接查询   92

6.1 分组查询 ·········· 93
 6.1.1 使用 GROUP BY 进行分组查询 ·········· 93
 6.1.2 技能训练——使用 GROUP BY 对 SchoolDB 的数据表进行分组查询 ·········· 97
 6.1.3 使用 HAVING 子句进行分组筛选 ·········· 98
 6.1.4 技能训练——使用 HAVING 子句对 SchoolDB 的数据表进行分组筛选 ·········· 101
6.2 多表连接查询 ·········· 103
 6.2.1 内连接查询 ·········· 103
 6.2.2 技能训练——使用内连接对 SchoolDB 的数据表进行查询 ·········· 105
 6.2.3 外连接查询 ·········· 109
 6.2.4 技能训练——使用外连接对 SchoolDB 的数据表进行查询 ·········· 110
本章总结 ·········· 111
习题 6 ·········· 111

第 7 章 阶段项目 QQ 数据库管理   116

7.1 案例分析 ·········· 117
 7.1.1 需求概述 ·········· 117
 7.1.2 开发环境 ·········· 117
 7.1.3 案例覆盖的技能要点 ·········· 117
 7.1.4 问题分析 ·········· 117
7.2 项目需求 ·········· 118
 7.2.1 创建 QQ 数据库及登录名 ·········· 118
 7.2.2 创建表结构 ·········· 119
 7.2.3 添加约束 ·········· 119
 7.2.4 建立表间关系 ·········· 119
 7.2.5 插入模拟数据 ·········· 120

7.2.6　查询数据 ………………………………………………… 121
　　7.2.7　修改数据 ………………………………………………… 124
　　7.2.8　删除数据 ………………………………………………… 125
　　7.2.9　分离数据库 ……………………………………………… 125
7.3　进度记录 …………………………………………………………… 125
本章总结 …………………………………………………………………… 126
习题 7 ……………………………………………………………………… 126

第 8 章　用 T-SQL 语句创建数据库和数据表　　127

8.1　用 T-SQL 语句创建和删除数据库 ……………………………… 128
　　8.1.1　用 T-SQL 语句创建数据库 ……………………………… 128
　　8.1.2　技能训练——用 T-SQL 语句创建 SchoolDB 数据库 … 131
　　8.1.3　用 T-SQL 语句删除数据库 ……………………………… 131
　　8.1.4　技能训练——用 T-SQL 语句删除 SchoolDB 数据库 … 133
8.2　用 T-SQL 语句创建和删除数据表 ……………………………… 133
　　8.2.1　用 T-SQL 语句创建表 …………………………………… 133
　　8.2.2　技能训练——用 T-SQL 语句创建 SchoolDB 中的数据表 … 136
　　8.2.3　用 T-SQL 语句删除表 …………………………………… 137
　　8.2.4　技能训练——用 T-SQL 语句删除 SchoolDB 中的数据表 … 138
8.3　用 T-SQL 语句创建和删除数据表的约束 ……………………… 139
　　8.3.1　用 T-SQL 语句添加约束 ………………………………… 139
　　8.3.2　技能训练——用 T-SQL 语句为 SchoolDB 中的数据表
　　　　　　添加约束 ……………………………………………… 141
　　8.3.3　用 T-SQL 语句删除约束 ………………………………… 142
　　8.3.4　技能训练——删除 SchoolDB 中的数据表的约束 …… 142
本章总结 …………………………………………………………………… 143
习题 8 ……………………………………………………………………… 144

第 9 章　T-SQL 编程　　148

9.1　变量的使用 ………………………………………………………… 149
　　9.1.1　局部变量 …………………………………………………… 149
　　9.1.2　全局变量 …………………………………………………… 154
　　9.1.3　技能训练——使用局部变量 ……………………………… 154
9.2　输出语句 …………………………………………………………… 154
　　9.2.1　输出语句 …………………………………………………… 154
　　9.2.2　类型转换函数 ……………………………………………… 156
　　9.2.3　技能训练——使用类型转换函数进行查询输出 ………… 158

9.3 逻辑控制语句 ·· 159
    9.3.1 BEGIN-END 语句块 ······································ 159
    9.3.2 IF-ELSE 语句 ·· 160
    9.3.3 技能训练——使用 IF-ELSE 语句 ·························· 162
    9.3.4 CASE 多分支语句 ·· 163
    9.3.5 技能训练——使用 CASE 多分支语句 ······················ 165
    9.3.6 WHILE 循环语句 ·· 166
    9.3.7 技能训练——使用 WHILE 循环语句 ······················· 167
9.4 批处理 ··· 168
本章总结 ··· 170
习题 9 ··· 170

第 10 章 子查询   173

10.1 简单子查询 ·· 174
    10.1.1 简单子查询 ··· 174
    10.1.2 技能训练——使用简单子查询 ···························· 178
10.2 IN 和 NOT IN 子查询 ·· 178
    10.2.1 IN 子查询 ··· 178
    10.2.2 技能训练——使用 IN 子查询 ····························· 182
    10.2.3 NOT IN 子查询 ·· 182
    10.2.4 技能训练——使用 NOT IN 子查询 ························ 185
10.3 EXISTS 和 NOT EXISTS 子查询 ································ 185
    10.3.1 EXISTS 子查询 ·· 185
    10.3.2 NOT EXISTS 子查询 ····································· 188
    10.3.3 技能训练——使用 EXISTS 子查询 ························ 191
本章总结 ··· 191
习题 10 ·· 192

第 11 章 事务、视图与索引   195

11.1 事 务 ··· 196
    11.1.1 事务的价值 ··· 196
    11.1.2 什么是事务 ··· 199
    11.1.3 执行事务 ··· 200
    11.1.4 技能训练——使用事务 ··································· 203
11.2 视 图 ··· 204
    11.2.1 什么是视图 ··· 204
    11.2.2 创建和使用视图 ··· 205

	11.2.3 技能训练——使用视图	209
11.3	**索 引**	**210**
	11.3.1 什么是索引	210
	11.3.2 索引分类	211
	11.3.3 创建索引	212
	11.3.4 技能训练——创建索引	214
	11.3.5 删除索引	215
	11.3.6 技能训练——删除索引	216
	11.3.7 查看索引	216

本章总结 218
习题 11 219

第 12 章 存储过程　　223

12.1	**存储过程概述**	**224**
	12.1.1 什么是存储过程	224
	12.1.2 存储过程的优点	224
12.2	**系统存储过程**	**225**
	12.2.1 常用的系统存储过程	225
	12.2.2 常用的扩展存储过程	226
	12.2.3 技能训练——使用系统存储过程	228
12.3	**用户自定义存储过程**	**228**
	12.3.1 创建不带参数的存储过程	228
	12.3.2 创建带输入参数的存储过程	231
	12.3.3 技能训练——使用带输入参数的存储过程	234
	12.3.4 创建带输出参数的存储过程	234
	12.3.5 技能训练——使用带输出参数的存储过程	238
12.4	**处理错误信息**	**239**
	12.4.1 RAISERROR 语句	239
	12.4.2 技能训练——使用存储过程插入新课程记录	241

本章总结 242
习题 12 243

第 13 章 数据库设计与优化　　245

13.1	**数据库设计概述**	**246**
	13.1.1 为什么需要数据库设计	246
	13.1.2 数据库设计步骤	246

13.2 宾馆管理系统的概念设计 …… 249
  13.2.1 实体—关系模型 …… 249
  13.2.2 关系数据库模式 …… 251
  13.2.3 技能训练——图书管理系统的概念设计 …… 252
13.3 宾馆管理系统的逻辑设计 …… 252
  13.3.1 E-R 图向关系模型的转化 …… 252
  13.3.2 绘制数据库模型图 …… 254
  13.3.3 技能训练——绘制图书管理数据库模型图 …… 256
13.4 宾馆管理系统的数据规范化 …… 257
  13.4.1 设计问题 …… 257
  13.4.2 规范设计 …… 258
  13.4.3 技能训练——规范图书管理数据库设计 …… 261
本章总结 …… 262
习题 13 …… 262

第 14 章 课程项目 银行 ATM 系统数据库设计与优化 265

14.1 案例分析 …… 266
  14.1.1 需求概述 …… 266
  14.1.2 开发环境 …… 266
  14.1.3 案例覆盖的技能要点 …… 266
  14.1.4 问题分析 …… 267
14.2 项目需求 …… 269
  14.2.1 数据库设计 …… 269
  14.2.2 创建库、表、约束 …… 270
  14.2.3 插入测试数据 …… 271
  14.2.4 模拟常规业务 …… 272
  14.2.5 创建、使用视图 …… 274
  14.2.6 使用存储过程实现业务处理 …… 275
  14.2.7 利用事务实现较复杂的数据更新 …… 281
  14.2.8 数据库账户访问权限设置 …… 282
14.3 进度记录 …… 282
本章总结 …… 283
习题 14 …… 283

附　录 284

附录 A　SQL 部分标准 …… 284
附录 B　SQL Server 2008 安装图解 …… 288

参考文献 301

第 1 章 创建和管理数据库

本章工作任务
- 完成 Microsoft SQL Server 2008 系统的安装和环境的配置
- 完成第一个数据库的建立和配置

本章知识目标
- 理解数据库的相关概念、常用数据库以及数据库的发展历史
- 掌握 SQL Server 2008 数据库的系统组成
- 掌握数据库备份、还原和安全控制等概念

本章技能目标
- 掌握 SQL Server 2008 数据库的安装与环境搭建
- 掌握 SSMS 的基本操作
- 掌握如何创建和配置 SQL Server 数据库

本章重点难点
- SSMS 的基本操作
- 数据库的创建、配置和管理

当今社会已步入信息化时代,信息成为社会发展的关键资源。在互联网上,每天都有大量的数据不断产生,有调查数据显示,目前70%以上的应用软件都需要使用到数据库系统,如何安全有效地存储、管理及检索数据变得极其重要。

数据库技术是对大量数据进行组织和管理的重要技术手段,它使人们能够更加快速和方便地管理数据,主要体现在以下方面:

① 数据按照一定的模型进行组织和存储,方便用户进行检索和访问。数据库对数据进行分类保存,同时将有关联的数据建立联系,可以为用户提供对数据的快速查询。

② 可以保证数据的完整性。通过避免重复数据,对数据的取值范围进行限制,对关联数据进行检测,减少了数据的冗余,同时也最大程度上减少了用户对数据操作的失误。

③ 可以满足多用户使用数据的安全性。将所有数据放入到数据库中后,可以设置数据的安全访问。例如,在成绩管理数据库中,教师可以查询及修改成绩信息,而学生只能查看成绩,从而保证数据的安全性。

④ 数据库技术可以进行"大数据分析"。通过"数据挖掘"等产生新的有用信息,为决策提供数据依据。

1.1 认识数据库系统

1.1.1 数据库基本概念

1. 数据库

数据库(DataBase,DB),指长期存储在计算机内有组织的、共享的数据集合。数据库中的数据按一定的数据模型组织、描述和存储,具有较小的冗余度、较高的数据独立性和易扩展性,并可为各种用户共享。

2. 数据库管理系统

数据库管理系统(Database Management System,DBMS),指位于用户与操作系统之间的一层数据管理软件。数据库在建立、运用和维护时由数据库管理系统统一管理和控制。数据库管理系统使用户能方便地定义数据和操纵数据,并能够保证数据的安全性、完整性、多用户对数据的并发使用及发生故障后的系统恢复。

3. 数据库系统

数据库系统(Database System,DBS),指在计算机系统中引入数据库后构成的系统,一般由数据库、数据库管理系统、应用开发工具、应用系统、数据库管理员和用户构成。

数据库系统的结构如图1-1所示。

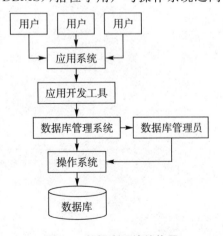

图1-1 数据库系统结构图

1.1.2 常用数据库系统

1. SQL Server 简介

SQL Server 是微软公司开发的大型关系型数据库系统。SQL Server 的功能比较全面，效率高，可以作为大中型企业或单位的数据库平台。目前用得比较多的是 SQL Server 2008 数据库系统，其优势是 Microsoft 产品所共有的易用性。Microsoft Windows 拥有大量的用户，Microsoft 所有的产品都遵循相似、统一的操作习惯，用户可以很快地学会使用 SQL Server，比较容易上手。

Windows 系统的易用性也让数据库管理员可以更容易、更方便、更轻松地管理系统。

2. Oracle 简介

Oracle 是 Oracle（甲骨文）公司的数据库管理系统。Oracle 成立于 1977 年，1979 年 Oracle 公司引入了第一个商用 SQL 关系数据库管理系统。Oracle 公司是最早开发关系数据库的厂商之一，其产品支持最广泛的操作系统平台。目前 Oracle 关系数据库产品的市场占有率名列前茅。Oracle 公司是目前全球最大的数据库软件公司，也是近年业务增长极为迅速的软件提供与服务商。

Oracle 的数据库产品被认为是运行稳定、功能齐全、性能超群的贵族产品。这一方面反映了它在技术方面的领先，另一方面也反映了它在价格定位上更着重于大型的企业数据库领域。对于数据量大、事务处理繁忙、安全性要求高的企业，Oracle 无疑是比较理想的选择（当然用户必须在费用方面做出充足的考虑，因为 Oracle 数据库在同类产品中是比较贵的）。随着 Internet 的普及，Oracle 适时地将自己的产品与网络计算紧密地结合起来，分别于 2007 年和 2013 年发布了 Oracle 11g 和 Oracle 12c 数据库版本，在 Internet 应用领域成为数据库厂商的佼佼者。

Oracle 数据库可以运行在 UNIX、Windows 等主流操作系统平台，完全支持所有的工业标准，并获得最高级别的 ISO 标准安全性认证。由于要支持很多的操作系统，Oracle 的配置、管理、系统维护涉及比较多的系统专业知识。

3. DB2 简介

DB2 是 IBM 公司的产品，DB2 系统在企业中应用十分广泛。DB2 主要应用于大型应用系统，具有较好的可伸缩性，可支持从大型机到单用户环境，应用于所有常见的服务器操作系统平台。DB2 提供了高层次的数据利用性、完整性、安全性、可恢复性，以及小规模到大规模应用程序的执行能力，具有与平台无关的基本功能和 SQL 命令。DB2 采用了数据分级技术，能够使大型机数据很方便地下载到 LAN 数据库服务器，使得客户机/服务器用户和基于 LAN 的应用程序可以访问大型机数据，并使数据库本地化及远程连接透明化。DB2 以拥有一个非常完备的查询优化器而著称，其外部连接改善了查询性能，并支持多任务并行查询。DB2 具有很好的网络支持能力，每个子系统可以连接十几万个分布式用户，可同时激活上千个活动线程，对大型分布式应用系统尤为适用。

4. MySQL 简介

MySQL 是最流行的开放源码 SQL 数据库管理系统，它是由 MySQL AB 公司开发、发布并支持的。目前 MySQL 被广泛地应用在 Internet 上的中小型网站和移动应用中。由于其体积小、速度快、总体拥有成本低，尤其是开放源码这一优点，许多中小型网站为了降低网站总体拥有成本而选择了 MySQL 作为网站数据库。

1.2 认识 SQL Server 2008

1.2.1 SQL Server 2008 的版本

(1) SQL Server 2008 企业版

企业版是功能最强大的版本,支持所有的 SQL Server 2008 提供的功能,能够满足大型企业复杂的业务需求。

(2) SQL Server 2008 标准版

标准版适合中小型企业的需求,功能弱于企业版,在价格上比企业版有优势。

(3) SQL Server 2008 工作组版

对于那些在大小和用户数量上对数据库没有限制的小型企业,工作组版是理想的数据管理解决方案,它可以用作前端 Web 服务器,也可以用于部门或分支机构的运营。

(4) SQL Server 2008 开发者版

开发者版允许开发人员构建和测试基于 SQL Server 的任意类型应用,这一版本拥有所有企业版的特性,但只限于在开发、测试和演示中使用。

(5) SQL Server 2008 Express 版

SQL Server 2008 Express 版是 SQL Server 的一个免费版本,它拥有核心的数据库功能,其中包括了 SQL Server 2008 中最新的数据类型,但它是 SQL Server 的一个微型版本。这一版本是为了学习、创建桌面应用和小型服务器应用而发布的。

1.2.2 数据库文件

在 SQL Server 中,数据库是由数据库文件和事务日志文件组成的。一个数据库至少应包含一个数据库文件和一个日志文件。

(1) 数据库文件 (Database File)

数据库文件是存放数据库数据和数据库对象的文件。一个数据库可以有一个或多个数据库文件,一个数据库文件只属于一个数据库。当有多个数据库文件时,有一个文件被定义为主数据库文件 (Primary Database File),扩展名为 mdf,它用来存储数据库的启动信息和部分或全部数据,一个数据库只能有一个主数据库文件。其他数据库文件被称为次数据库文件 (Secondary Database File),扩展名为 ndf,用来存储主文件没存储的其他数据。

(2) 日志文件 (Log File)

日志文件是用来记录数据库更新情况的文件,扩展名为 ldf。例如,使用 INSERT、UPDATE、DELETE 等对数据库进行的更新操作都会记录在此文件中,而如 SELECT 等对数据库内容不会有影响的操作则不会被记录。一个数据库可以有一个或多个日志文件。

1.2.3 系统数据库

SQL Server 数据库分为系统数据库和用户数据库。其中系统数据库又分为 master、model、msdb、tempdb 和 resource 数据库,这五个数据库在 SQL Server 中各司其职。

(1) master 数据库

master 数据库记录 SQL Server 系统的所有系统级别信息 (表 sysobjects),记录所有的登录账号(表 sysusers)和系统配置,并记录所有其他的数据库(表 sysdatabases),包括数据库文件的位置。

(2) model 数据库

model 数据库作为在系统上创建数据库的模板。当系统收到创建数据库命令时,新创建数据库的第一部分内容从 model 数据库复制过来,剩余部分由空页填充,所以 SQL Server 数据中必须有 model 数据库。

(3) msdb 数据库

msdb 数据库供 SQL Server 代理程序调度警报和作业以及记录操作员时使用。比如,备份一个数据库,将在表 backupfile 中插入一条记录,以记录相关的备份信息。

(4) tempdb 数据库

tempdb 数据库保存系统运行过程中产生的临时表和存储过程。当然,它还满足其他的临时存储要求,比如保存 SQL Server 生成的存储表等。tempdb 数据库在每次 SQL Server 启动的时候,都会清空该数据库中的内容,所以每次启动 SQL Server 后,该表都是干净的。临时表和存储过程在连接断开后会自动除去,而且当系统关闭后不会有任何活动连接,因此,tempdb 数据库中没有任何内容。

(5) resource 数据库

resource 数据库为只读数据库,它包含了 SQL Server 中的所有系统对象,不包含用户数据或用户元数据。

1.3 登录 SQL Server 数据库

1.3.1 建立数据库服务器连接

SQL Server Management Studio 可以连接多个 SQL Server 服务器,建立一个新数据库连接的操作步骤如下:

① 在 SSMS 的菜单栏中选择"文件"→"连接对象资源管理器"选项,弹出"连接到服务器"对话框,如图 1-2 所示。

图 1-2 "连接到服务器"对话框

②在"服务器名称"下拉列表框中选择已经连接的服务器，也可以选择"＜浏览更多…＞"选项来选择其他的服务器，如图 1-3 所示。

图 1-3　选择和连接到其他的数据库服务器

③在图 1-2 中，选择"身份验证"方式，单击"连接"按钮，即可完成连接。连接成功后进入主界面，如图 1-4 所示。

SQL Server 支持两种身份验证，即 Windows 身份验证和 SQL Server 身份验证。

Windows 身份验证是使用当前登录到操作系统的用户去登录，而 SQL Server 身份验证是使用 SQL Server 中建立的用户登录，在没有新建数据库用户前，如果选择 SQL Server 身份验证使用系统默认的用户名 sa 进行登录。

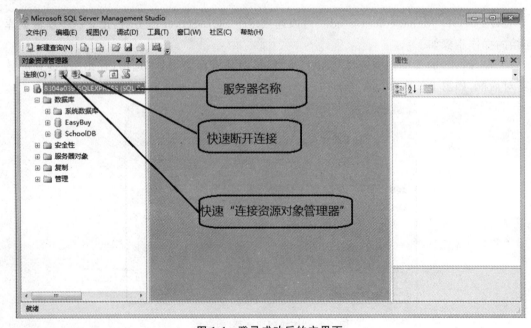

图 1-4　登录成功后的主界面

登录验证通过以后，就可以像管理本机 SQL Server 一样来管理远程机上的 SQL Server 服务。

1.3.2 技能训练——连接到数据库服务器

【训练 1-1】 连接到本地数据库服务器。

◆ 技能要点

(1) 安装 SQL Server 2008 数据库。

(2) 成功连接到数据库服务器。

◆ 需求说明

(1) 安装配置好 SQL Server 2008，在安装过程中遇到问题请参照附录 B。

(2) 在连接之前确保 SQL Server 服务器已经启动。

◆ 关键点分析

(1) SQL Server 服务器要先启动。

(2) "服务器名称"可以采用"localhost"、"."或本机 IP（如 127.0.0.1）等。

◆ 补充说明

(1) 在连接 SQL Server 之前，SQL Server 服务器必须已经启动，可以在操作系统的桌面上右击"计算机"后选择"管理"菜单项，在"服务"选项中启动 SQL Server 2008 的服务，如图 1-5 所示。

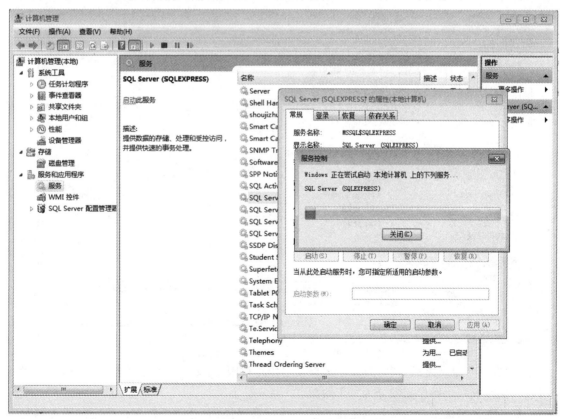

图 1-5 启动 SQL Server 服务设置界面

(2)选择 SQL Server 身份验证方式时,需要输入用户名和密码。

(3)SQL Server Management Studio 可以连接和管理多个其他计算机上的 SQL Server 数据库。

1.3.3 新建数据库登录名

使用 SQL Server 的第一步,就是用户使用合法的身份验证连接到 SQL Server,特别是多用户共用 SQL Server 服务的情况,需要对用户登录账户进行管理。

在 SQL Server 数据库中可以建立独立的登录账户,也称为"登录名"。一般情况下,建立数据库连接以后,首先就需要建立自己的登录账户,使用特定的登录账户来管理数据库和数据库对象。建立数据库登录名的步骤如下:

(1)在如图 1-4 所示的主界面中,展开"安全性"节点,右击"登录名",在弹出的快捷菜单中选择"新建登录名"选项,如图 1-6 所示。

(2)在弹出的"登录名-新建"对话框中输入登录名、密码,并指定其默认的数据库,如图 1-7 所示。

确定登录名和密码时需要注意以下两点:

①登录名默认是"Windows 身份验证",也可以选择"SQL Server 身份验证"。

图 1-6 建立数据库的登录名

②可以勾选"强制实施密码策略"复选框,对用户输入的密码提出要求。

图 1-7 确定登录名、密码和默认数据库

(3)有了登录名之后,还需要赋予该登录名操作权限,否则它将只能连接到服务器,而没有任何操作权限。操作权限分为以下两类。

第一类是指该用户在服务器范围内能够执行哪些操作,这一类权限由固定的服务器角

色来确定,如图1-8所示。在"服务器角色"一项中可以设置用户对服务器的操作权限。固定的服务器角色共分为9种,并且各自具有不同的操作权限。例如,dbcreator固定服务器角色可以创建、更改、删除和还原任何数据库。

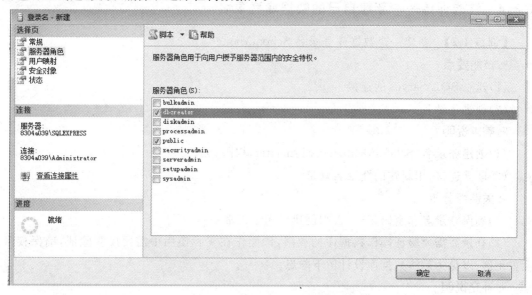

图1-8 设置登录名的服务器角色

第二类权限是指该登录名对指定数据库的操作权限,如图1-9所示。在"用户映射"一项中可以设置特定数据库的权限。

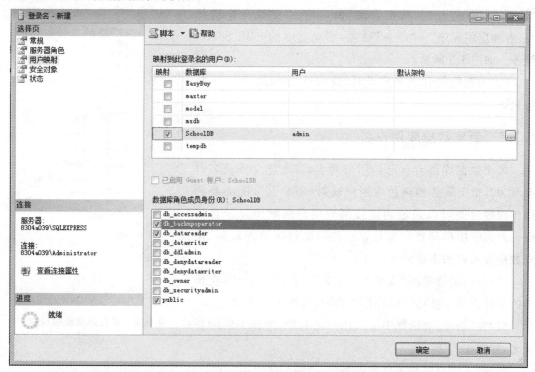

图1-9 设置登录名的数据库操作权限

固定的数据库操作权限有 10 个。例如,db_backupoperator 权限可以备份数据库,db_datareader 可以读取数据库中的数据,db_denydatareader 不允许读取数据库。

1.3.4 技能训练——新建自己的数据库登录名

【训练 1-2】 新建一个数据库登录名 SchoolMaster。

✧ 技能要点

(1)建立 SQL Server 的连接。

(2)创建登录名。

✧ 需求说明

(1)创建登录名:SchoolMaster;密码:master,权限:无。

(2)断开连接,用新建的登录名登录。

✧ 关键点分析

(1)确保登录名和密码正确,否则创建后无法正常登录。

(2)登录后需要验证操作数据库的权限,该操作在实际使用中需要反复验证,确保权限设置正确,以免为后续数据库设计留下隐患。

✧ 补充说明

(1)用本机已存在的登录名登录和连接到 SQL Server Management Studio。确认 SQL Server 服务已经启动,若服务停止,则右击"我的电脑",在弹出的快捷菜单中选择"管理"选项,打开"计算机管理"窗口,在左侧菜单中选择"服务和应用程序"→"服务"选项,启动其中的 SQL Server 服务。如图 1-5 所示。

(2)用新建的登录名登录时,应该选择 SQL Server 身份验证。

1.3.5 新建数据库用户名

每个数据库都有自己的用户列表,若在建立登录名时没有为其指定服务器角色或用户映射(即为其分配必要的操作权限),则可以通过建立数据库用户来赋予登录名权限。数据库用户和登录名是相互连接的权限管理机制,建立数据库用户的步骤如下:

(1)在指定数据库"安全性"分支下,右击"用户",在弹出的快捷菜单中选择"新建用户"选项,如图 1-10 所示。

(2)在"新建"对话框中输入用户的名称,选择关联的登录名,如图 1-11 所示。

图 1-10 建立数据库的用户

(3)有了用户名和关联登录名后,还需要赋予用户对该数据库的操作权限。

至此,数据库用户创建完毕,此时使用创建用户时选择的关联登录名进行登录,具备了该数据库的相应操作权限。

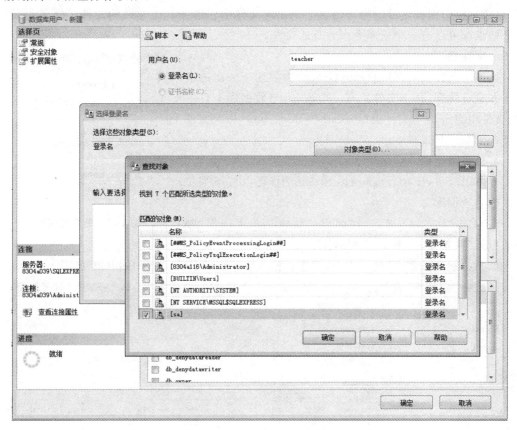

图 1-11 创建关联登录名

1.4 创建和管理 SchoolDB 数据库

1.4.1 创建数据库

在创建数据库之前,需要先了解与数据库文件相关的几个概念。在 SQL Server 中,数据库在磁盘上存储的文件不但包括数据库文件本身,还包括事务日志文件,因此一个数据库至少包含一个数据库文件和一个事务日志文件。

1. 数据库文件

数据库文件(Database File)是存放数据库数据和数据库对象的文件,一个数据库可以有一个或多个数据库文件,一个数据库文件只属于一个数据库。当有多个数据库文件时,有一个文件被定义为主数据库文件(Primary Database File),主数据库文件的扩展名为.mdf,它用来存储数据库的启动信息数据。一个数据库只能有一个主数据文件,其他数据库文件被称为次数据库文件(Secondary Database File),次数据库文件的扩展名为.ndf。

2. 事务日志文件

事务日志文件（Transaction Log File）用来记录数据库的更新情况，在对数据库进行操作时，数据库中内容更改的操作信息记录在此文件中。事务日志文件的文件扩展名为.ldf，一个数据库可以有一个或多个事务日志文件。

3. 文件组

类似于文件夹，文件组（File Group）主要用于分配磁盘空间并进行管理，每个文件组有一个组名，与数据库文件一样，文件组也分为主文件组（Primary File Group）和次文件组（Secondary File Group）。

4. 创建数据库

在 SQL Server Management Studio 中，可以按下列步骤来创建数据库。

（1）右击"数据库"结点，在弹出的快捷菜单中选择"新建数据库"菜单项，如图 1-12 所示。

图 1-12　新建数据库

（2）在"新建数据库"对话框中，首先要输入数据库的名称，如 SchoolDB，如图 1-13 所示。

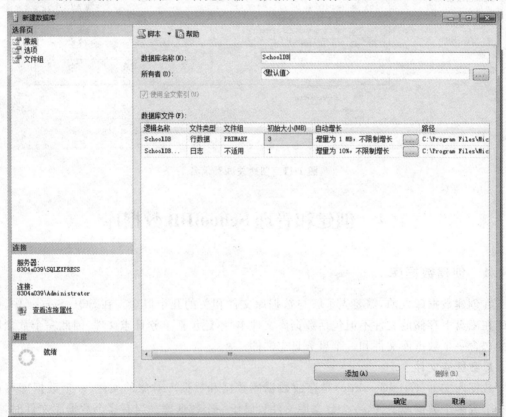

图 1-13　指定创建数据库的属性

在建立数据库的同时要指定数据库文件和事务日志文件，默认情况下数据库文件的文件名称与数据库名称一样，而事务日志文件的文件名需要加一个"_Log"作为文件名，但是这两个文件的文件名都可以直接单击修改。

在文件大小的设置上，默认情况下，数据库文件大小为 3MB，事务日志文件大小为 1MB，实际中，随着数据库中数据的增加，需要随时增加文件的大小来存放数据，因此必须有一个文件增长的策略，可以单击"…"按钮来设置文件增长策略，如图 1-14 所示。

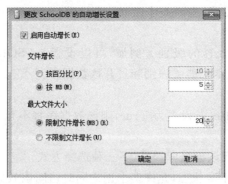

图 1-14　文件自动增长设置对话框

首先确定是否允许文件自动增长，若允许，再选择增长的方式，是按百分比增长还是每次按固定大小增长；其次确定是否有最大文件容量的限制。一般说来，数据库文件不会设置最大容量，而事务日志文件可能会设置最大容量。

在图 1-14 中，将允许事务日志文件自动增长，每次容量不够时固定增长 5MB，但是最大容量不能超过 20MB。

（3）确定文件容量之后，还可以设置数据库的选项，如图 1-15 所示。

图 1-15　设置数据库的选项

设置完毕后,单击"确定"按钮完成数据库的创建,刷新"对象资源管理器"即可以看到刚刚创建的数据库。

5. 数据库选项设置

数据库的设置选项比较多,主要关注以下几个选项。

(1)兼容级别

数据库对以前的版本兼容的级别。例如,可以设置为"SQL Server 2000(80)",那么 SQL Server 2008 以下的版本也能够识别和打开该数据库。

(2)数据库为只读

一般该项都设置为 False,若设置为 True,则该数据库将不允许再写入数据。

(3)访问限制

指定哪些用户可以访问该数据库,有以下三种选择方式:

- Multiple:数据库的正常状态,允许多个用户同时访问该数据库。
- Single:用于维护操作的状态,一次只允许一个用户访问该数据库。
- Restricted:只有管理员或者特定的成员才能使用该数据库。

(4)自动关闭

若设置为 True,则最后一个用户退出后,数据库会关闭并且自动释放资源。对那些经常被使用的数据库,此选项不要设置为 True,否则会因额外增加开关数据库的次数而带来负担。

(5)自动收缩

如果设置为 True,则该数据库将定期自动收缩,释放没有使用的数据库磁盘空间。

1.4.2 技能训练——创建 SchoolDB 数据库

【训练 1-3】 创建 SchoolDB 数据库。

↳ 技能要点

(1)创建数据库。

(2)设置数据库的参数。

↳ 需求说明

(1)数据库名称:SchoolDB。

(2)物理文件:D:\SchoolDB。

(3)数据库文件:初始大小为 10MB,允许自动增长,数据库文件大小不受限制。

(4)事务日志文件:初始大小为 1MB,最大为 20MB。

(5)其他选项:自动收缩,并且不创建统计信息。

↳ 关键点分析

(1)登录和连接到 SQL Server Management Studio。

(2)数据库参数的配置。

↳ 补充说明

(1)注意设置各项参数配置,如大小的设置,如果设置不合理,会给后续数据库使用带来隐患。

(2)在物理地址保存数据库文件。

1.4.3 技能训练——新建 SchoolDB 数据库的用户名

【训练 1-4】 新建 SchoolDB 数据库用户名：Master。

✧ 技能要点

(1)建立 SQL Server 的连接。

(2)创建数据库用户。

✧ 需求说明

(1)用本机已存在的登录名登录和连接到 SQL Server Management Studio。

(2)为 SchoolDB 创建数据库用户 Master。

(3)设置关联登录名为：SchoolMaster；权限：db_owner。

✧ 关键点分析

关联登录名及权限的设置需要验证，确保设置的正确性。

✧ 补充说明

在验证权限 db_owner 时，需要使用 Windows 身份验证。

1.4.4 分离和附加数据库

SQL Server 启动的时候，数据库文件是不能复制、粘贴的，但有时候希望将数据库物理文件复制到其他计算机上使用。例如，学生在实训室建立的 SQL Server 数据库，需要移植到自己的计算机上，课后继续完成任务，此时需要使用移动数据库的操作。

移动数据库分两步进行，首先是分离数据库，其次是附加数据库。分离数据库是从服务器中移除逻辑数据库，但不会删除数据库；附加数据库将会创建一个新的数据库，并使用已有的数据库文件和事务日志文件中的数据。

1. 分离数据库

展开"数据库"结点，选择需要分离的数据库，如：右击数据库"SchoolDB"，在弹出的快捷菜单中选择"任务"→"分离"选项，如图 1-16 所示。

图 1-16 分离数据库

在弹出的"分离数据库"对话框中对数据库执行分离操作,如图1-17所示。

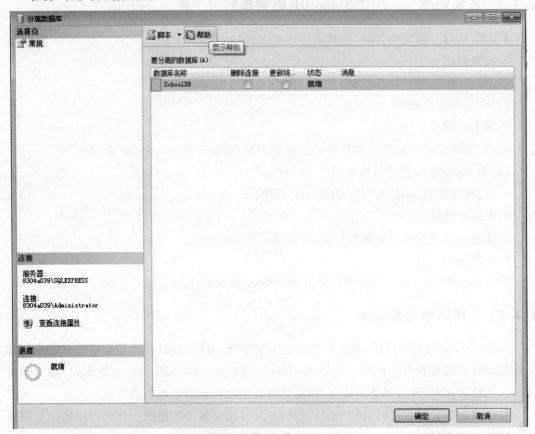

图1-17 "分离数据库"窗口

单击"确定"按钮以后,分离的数据库将不再显示在"数据库"列表中,其物理文件保存在磁盘中,此时可以对磁盘中的物理数据库文件进行复制、移动和删除等操作。

2. 附加数据库

把磁盘上的数据库文件复制到其他计算机后,通过右击"数据库"→"附加"操作将该数据库恢复到新的计算机中,具体操作如图1-18所示。

图1-18 附加数据库

在"附加数据库"对话框中,选择和指定数据库的文件,如图1-19所示。

单击"添加"按钮可以选择数据库的文件,一般会根据选择的数据文件识别出日志文件,最后单击"确定"按钮可以恢复数据库。附加成功后,可以从"数据库"结点中查看到新附加的数据库。

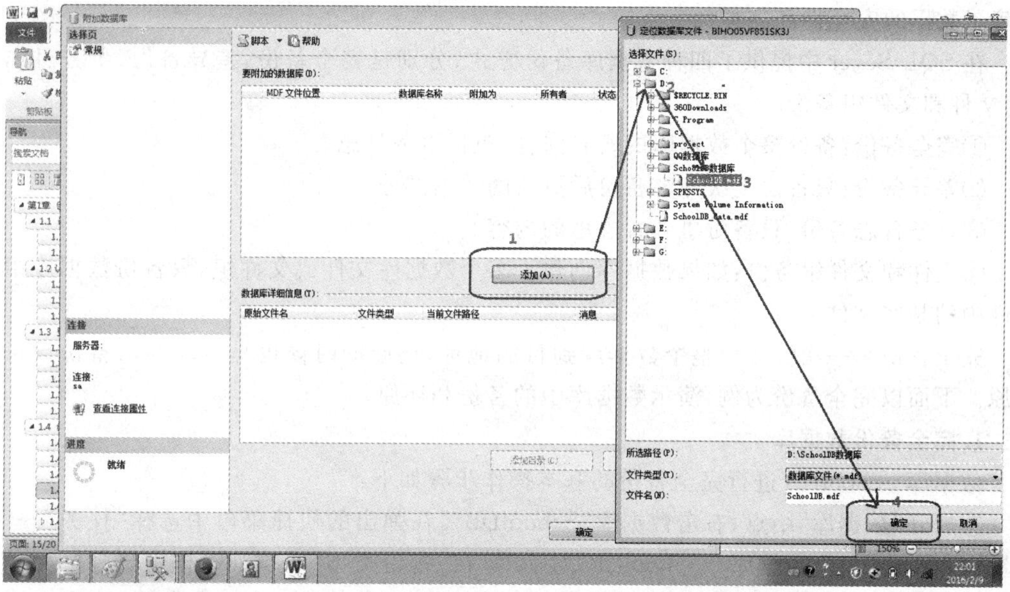

图 1-19 "附加数据库"窗口

1.4.5 技能训练——分离和附加 SchoolDB 数据库

【训练 1-5】 分离和附加 SchoolDB 数据库。

💡 技能要点

(1)分离数据库。
(2)附加数据库。

💡 需求说明

(1)分离数据库 SchoolDB。
(2)将物理文件剪切到其他物理位置。
(3)附加新位置的数据库 SchoolDB。

💡 关键点分析

(1)分离数据库是移除逻辑数据库,数据库文件存储在新建数据库时设置好的文件夹中,拷贝或者移动时到该文件夹中查找。
(2)附加数据库使用的是已有的数据库文件和事务日志文件中的数据。

💡 补充说明

(1)分离的数据库不再显示在"数据库"列表中,但其物理文件依然保存在磁盘中。
(2)数据库没有分离之前,不可以对物理数据库文件进行删除、复制、移动等操作。

1.4.6 数据库的备份和还原

在数据库运行中,难免会遇到诸如人为错误、硬盘损坏、电脑病毒、断电或是其他灾难,这些都会影响数据库的正常使用和数据的正确性,甚至破坏数据库,导致部分数据甚至全部数据丢失。备份和还原是一种保护数据库中数据的重要手段,在数据库的正常状态下对数据库进行备份,当数据库出现意外故障时就可以用备份把数据还原到正常状态,从而有效地保障了数据的安全性和完整性。

在 SQL Sever 中提供了四种数据库备份方式,分别是完全备份、差异备份、事务日志备份、文件和文件组备份。

①完全备份:备份整个数据库的所有内容,包括事务日志。

②差异备份:只备份上次完整备份后更改的数据部分。

③事务日志备份:只备份事务日志里的内容。

④文件和文件组备份:如果数据库创建了多个数据库文件或文件组,只备份数据库中的文件中的某些文件。

完全备份是一次性备份整个数据库到目的地址,还原的时候也是一次性从备份设备中还原。下面以完全备份为例,演示数据库中的备份和还原。

1. 完全备份数据库

数据库 SchoolDB 进行完全备份的基本操作步骤如下:

①展开"数据库"结点,右击数据库"SchoolDB",在弹出的快捷菜单中选择"任务"→"备份"选项,弹出"备份数据库－SchoolDB"对话框,在"备份类型"下拉列表框中选择"完整"选项,在"名称"文本框内输入备份集名称,在"说明"文本框中输入对备份集的描述(可选),如图 1-20 所示。

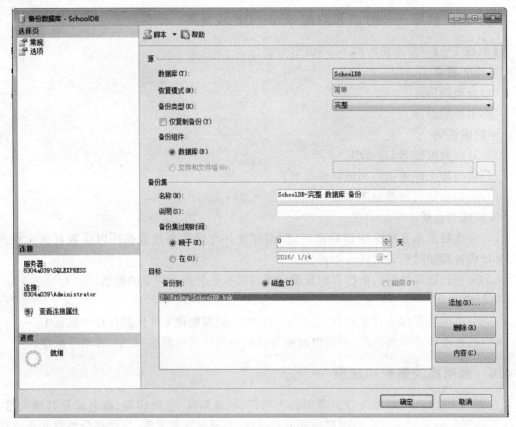

图 1-20　完全备份数据库

②在"备份到"选项下,点选"磁盘"单选按钮,如果不想使用系统默认的备份地址,选中默认地址删除后单击"添加"按钮,选择保存的位置,在弹出的"选择备份目标"对话框中选择数据库备份的位置,并输入数据库备份物理名称为 SchoolDB.bak,如图 1-21 所示。

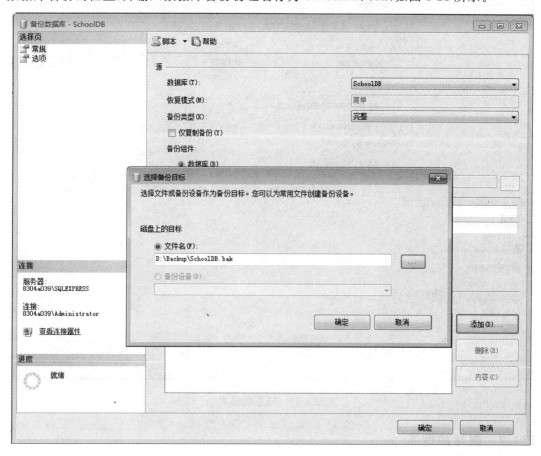

图 1-21 选择数据库备份目标

③单击"确定"按钮后,即可在磁盘物理位置(D:\Backup)下看到备份的文件 SchoolDB.bak。

2. 还原数据库

备份数据库后,当数据发生损坏或丢失时,就可以用备份的内容来还原数据库。

下面以数据库 SchoolDB 为例演示还原数据库的操作步骤。

①在 SSMS 中分离已损坏的数据库。

②右击"数据库"结点,在弹出的快捷菜单中选择"还原数据库选项",弹出"还原数据库"对话框,键入"目标数据库"名称"SchoolDB"。在"还原的源"区域点选"源设备"单选按钮,浏览选择备份文件的位置(如 D:\Backup\SchoolDB.bak),如图 1-22 所示。

③单击"确定"按钮,完成数据库的还原。

数据库的其他备份方式,请查阅相关资料获得帮助。

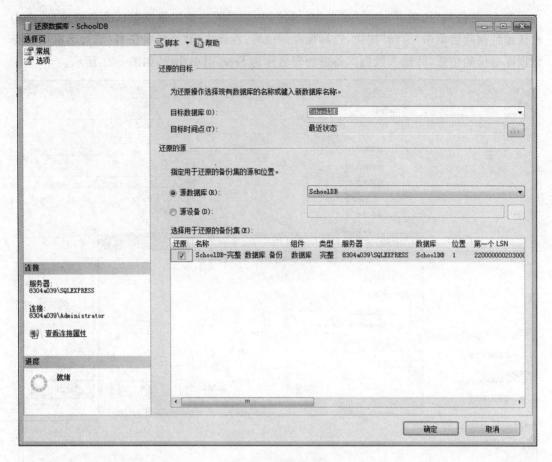

图 1-22 还原数据库

1.4.7 删除数据库

不再使用的数据库可以删除,以释放磁盘空间。

右击数据库,在弹出的快捷菜单中选择"删除"选项,可以直接删除数据库,包括删除数据库的数据库文件和事务日志文件。

在删除数据库的时候必须谨慎,因为一旦删除了数据库,该数据库中的所有信息都将丢失。

数据库的所有操作,包括数据库选项的配置,都可以使用 SQL 语句来完成,这部分内容将在后续章节中介绍。

1.4.8 技能训练——删除 SchoolDB 数据库

【训练 1-6】 删除 SchoolDB 数据库。

↳ 技能要点

删除数据库。

↳ 需求说明

删除 SchoolDB 数据库。

🔸 **关键点分析**

(1) 在删除数据库之前,请先分离或备份好该数据库,以免数据库丢失。

(2) 在删除数据库时,注意关闭该数据库。

(3) 在新建查询中,如果用到此数据库,也应关闭新建查询。

🔸 **补充说明**

新建查询将在后面章节中学习。

本章总结

➤ 用数据库来管理数据,将使数据库的存储、检索变得更加安全和高效。

➤ SQL Server 2008 是 Microsoft 公司提供的关系型数据库管理系统,SQL Server 也是当今流行的数据库。

➤ 数据库是表和数据库访问对象的集合,其中表分类地存储了不同的实体信息,每一行数据库对应一个实体的描述信息。

➤ SQL Server Management Studio 是 SQL Server 2008 最常用的操作环境,能够执行对数据库的日常管理操作和数据查询,如分离和附加数据库、备份和还原数据库、收缩数据库等。

➤ 连接 SQL Server 之前应先启动 SQL Server 服务,建库之前建好使用该数据库的用户。

➤ SQL Server 数据库的物理文件包括数据库文件和日志文件两部分,在创建数据库时指定。

习题 1

一、选择题

1. 某单位由不同的部门组成,不同的部门每天都会产生一些报告、报表等数据,以往都采用纸张的形式来进行数据的保存和分类,随着业务的扩展,这些数据越来越多,管理这些报告、报表也越来越费时费力,此时应该考虑( )。

   A. 由多个人来完成这些工作

   B. 在不同的部门中,由专门的人员去管理这些数据

   C. 采用数据库系统来管理这些数据

   D. 把这些数据统一成一样的格式

2. 数据完整性是指( )。

   A. 数据库中的数据不存在重复　　　　B. 数据库中所有的数据格式是一样的

   C. 所有的数据全部保存在数据库中　　D. 数据库中的数据能够正确地反映实际情况

3. SQL Server 中自己建立的 MySchool 数据库属于( )。

   A. 用户数据库　　　　　　　　　　　B. 系统数据库

   C. 数据库模板　　　　　　　　　　　D. 数据库管理系统

4. 一个登录名的数据库角色成员身份被设置为 db_denydatawriter,该用户对数据库将(   )。
   A. 只能写入数据,不能读取数据   B. 不能写入数据
   C. 既能写入数据,也能读取数据   D. 能够执行所有的管理操作
5. 数据冗余指的是(   )。
   A. 数据和数据之间没有联系   B. 数据有丢失
   C. 数据量太大   D. 存在重复的数据
6. (   )的操作是把已经存在于磁盘的数据库文件恢复成数据库。
   A. 附加数据库   B. 删除数据库
   C. 分离数据库   D. 压缩数据库
7. 通过数据库的选项可以设置数据库(   )。
   A. 是否是只读的   B. 物理文件是否允许被删除
   C. 允许创建的表的数目   D. 表中所允许的最大数据行的数目
8. SQL Server 数据库的主数据文件的扩展名应设置为(   )。
   A. .sql   B. .mdf   C. .mdb   D. .db
9. 创建数据库的命令是以下哪个选项?(   )
   A. CREATE PROCEDURE   B. ALTER DATABASE
   C. DROP DATABASE   D. CREATE DATABASE
10. 删除数据库的语句是以下哪个选项?(   )
    A. DROP TABLE   B. CREATE TABLE
    C. DROP DATABASE   D. ALTER DATABASE
11. SQL Server 中的数据库文件组分为(   )。
    A. 主文件组和用户自定义文件组   B. 主文件组和次文件组
    C. 用户自定义文件组和次文件组   D. 以上都不是
12. SQL Server 2008 中的数据库日志文件扩展名是(   )。
    A. .sql   B. .mdf   C. .mdb   D. .ldf
13. (   )的操作是把已经存在的数据库文件恢复成数据库。
    A. 压缩数据库   B. 创建数据库   C. 分离数据库   D. 附加数据库
14. (   )系统数据库包含系统的所有信息。
    A. Master 数据库   B. Resource 数据库
    C. Model 数据库   D. Msdb 数据库
15. 数据库的容量(   )。
    A. 只能指定固定的大小   B. 最小为 10MB
    C. 最大为 100MB   D. 可以设置为自动增长
16. SQL Server 2008 采用的身份验证模式有(   )。
    A. 仅 Windows 身份验证模式
    B. 仅 SQL Server 身份验证模式
    C. 仅混合模式
    D. Windows 身份验证模式和混合模式

17. (多选题)SQL Server 支持在线备份,但在备份过程中,不允许执行的操作是( )。
    A. 创建或删除数据库文件
    B. 创建索引
    C. 执行非日志操作
    D. 自动或手工缩小数据库或数据库文件大小
18. 下面关于 tempdb 数据库描述不正确的是( )。
    A. 是一个临时数据库   B. 属于全局资源
    C. 没有权限限制   D. 是用户建立新数据库的模板

二、操作题
1. 在自己的计算机上安装好 SQL Server 2008。
2. 在 SQL Server Management Studio 中,创建一个网吧计费的数据库,要求如下:
(1)数据库名:NetBar。
(2)物理文件位置:D:\NetBar。
(3)数据库物理文件初始大小:5MB。
(4)是否允许自动增长:是。
(5)自动增加方式:每次增加 1MB。
(6)最大数据容量:500MB。
(7)是否是只读数据库:否。
(8)是否自动收缩:是。
(9)数据库登录名:NetMaster。
(10)登录对数据库的访问权限:只能是执行查询,其他操作都不允许。
(11)对数据库进行分离,在后续各章节的课后练习中均使用该数据库,请保存好该数据库文件。

第 2 章
创建和管理数据表

本章工作任务
- 完成表的创建
- 完善表的结构
- 建立表间关系

本章知识目标
- 了解实体、记录的概念
- 理解数据完整性
- 理解每种约束的作用
- 熟悉常用的数据类型

本章技能目标
- 掌握表的创建
- 掌握常用约束的创建
- 掌握数据库关系图的创建
- 掌握表的删除

本章重点难点
- 数据完整性概念及每种约束在数据完整性中的作用
- 约束的创建
- 数据库关系图的创建

在第 1 章中主要学习了数据库的基本概念以及如何创建、设置和管理数据库。而数据库本身无法直接存储数据,如果要存储数据必须通过数据库中的表来实现。

2.1 数据表的完整性

2.1.1 实体和记录

实体是所有客观存在且可以被描述的事物。例如,学生、课程、教室、假期,这些都称为"实体"。

在描述实体时,是针对实体的特征进行描述的。例如,针对学生,可以从学号、姓名、性别、出生日期、班级及家庭住址等方面进行描述;针对课程,可以从课程编号、课程名称、学时及学分等方面进行描述。

对于学生而言,虽然都是从学号、姓名、性别、出生日期、班级及家庭住址等进行描述,但是具体到不同的学生,其学号、姓名、性别、出生日期、班级及家庭住址等是不一样的。因此,只要是对学生的描述,描述的格式是一样的,在这种格式下,不同的数据体现了不同的实体。

数据库中用数据表来存储相同类型和格式的实体。在图 2-1 所示的学生表中,每一行对应一个实体,通常也叫做一条记录。表中的每一列,如学号、姓名等,通常也称为"字段"。

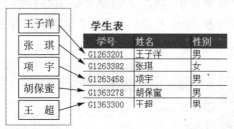

图 2-1 记录与实体

数据库由很多表组成,包含存储实体的数据表,也包含表达实体关系的表。例如,学生和课程之间是存在联系的,某个学生学习某门课程,因此需要建立学生与课程的"关系",这种关系也是通过表来存储的。

2.1.2 数据完整性

数据完整性是指数据的准确性,准确性是通过数据库表的约束来实现的。例如,在存储学生信息的表中,如果允许任意输入学生信息,则同一个学生的信息在同一张表中可能会重复出现;如果不对表中存储的性别加以限制,那么学生的性别可能出现除男或女以外的值,这样的数据不具备完整性。

SQL Server 中数据完整性包含四种类型:实体完整性、域完整性、参照完整性、用户自定义完整性。

1. 实体完整性

实体完整性要求表中的每一条记录反映不同的实体,不能存在相同的记录。通过主键约束、标识列属性、唯一约束或索引,可以实现表的实体完整性。

2. 域完整性

域完整性是指表中字段输入值的有效性。通过设置字段的类型、取值范围(CHECK 约束)、默认值(DEFAULT)和非空约束等,可以实现域完整性。比如,性别只能是男或女,为了确保不合格的数据进入数据库表中,可以使用 CHECK 约束进行限制。

3. 参照完整性

在输入或删除记录时,参照完整性保证了两张表中相关联字段值的一致性。

例如,在管理学生信息的时候,学生表中存储学生的信息,成绩表中存储考试成绩的信息,并且成绩表中有一列数值为学号,通过这个学号的值在学生表能查找到学生的详细信息,如图 2-2 所示。

学生表

学号	姓名	性别	…
G1263201	王子洋	男	
G1263382	张琪	女	
G1263458	项宇	男	
G1363278	胡保蜜	男	
G1363300	王超	男	

成绩表

学号	课程	成绩	…
G1263201	大学英语	76	
G1263201	高等数学	88	
G1263382	大学英语	99	
G1263382	高等数学	80	
G1263458	大学英语	91	
G1263458	高等数学	62	

图 2-2　学生成绩管理

从图 2-2 可以看出,在成绩表中,被存入的学号必须是在学生表中已经存在的,否则不能存到成绩表中,如图 2-3 所示,学生 G1263999 在学生表中不存在,则在成绩表中添加其成绩是错误的,需要给用户以信息提示。

成绩表

学号	课程	成绩	…
G1263201	大学英语	76	
G1263201	高等数学	88	
G1263382	大学英语	99	
G1263382	高等数学	80	
G1263458	大学英语	91	
G1263458	高等数学	62	
G1263999	大学英语	75	学号不存在，出现异常
…	…	…	

图 2-3　成绩表异常

此外,如果张琪已经有了成绩信息,如成绩表的第三、四行所示,当张琪毕业离校后,就不能直接从学生表中将其记录删除。

参照完整性通过外键约束来实现。

4. 用户自定义完整性

用户自定义完整性用来定义特定的规则。通过数据库的规则、触发器及存储过程等方法进行约束。

2.1.3　主键和外键

1. 主键(Primary Key)

主键约束可以实现数据的实体完整性。

规范化的数据库中的每张表都必须设置主键约束,主键的字段值必须是唯一的,不允许重复,也不能为空。

一张表只能定义一个主键,主键可以是单一字段,也可以是多个字段的组合。例如,在学生表中,可以设置"学号"为主键,因为在一所学校内部学号是唯一的。

2. 外键(Foreign Key)

外键约束可以使一个数据库的多张表之间建立关联,外键约束可以保证数据的参照完整性。

例如,在成绩表的学号字段上建立外键约束,关联到学生表的学号字段。此时,学生表称为"主表",成绩表称为"从表"(或称"相关表")。一个表可以有多个外键。

设置了外键约束后,外键的值只能取主表中主键的值或空值,从而保证了参照完整性。

2.2 创建数据表

2.2.1 数据类型

在 SQL Server 2008 中,每个字段(列)、局部变量和参数都有一个相关的数据类型,用来限定该对象所存储的数据的类型。表 2-1 列出了常见数据类型。

表 2-1　SQL Server 数据类型

分　类		数据类型	说　明
数值数据类型	精确数字	int smallint tinyint bigint	整数
		decimal(p[,s])	p 代表范围,指的是小数点左右所能存储的数字的总位数;s 是精度,指的是小数点右边存储的数字的位数。
	近似数字	float real	－1.79E＋308～1.79E＋308 －3.40E＋38～3.40E＋38
日期和时间类型	用于存储日期和时间,在单引号内输入,例如'2010-3-8'	datetime	从 1753 年 1 月 1 日到 9999 年 12 月 31 日间所有的日期和时间数据,精确到三百分之一秒或 3.33 毫秒
字符数据类型	字符数据保护任意字母、符号或数字字符的组合	char	固定长度的非 Unicode 字符数据,最大长度为 8000 个字符
		varchar	可变长度的非 Unicode 字符数据
		nchar	固定长度的 Unicode 字符数据
		nvarchar	可变长度的 Unicode 字符数据
		text	固定长度的长文本
		ntext	可变长度的长文本
货币数据类型	代表货币或货币值	money	精确到小数点后四位
二进制数据类型	用来存储非字符和文本的数据	binary	固定长度的二进制数据
		varbinary	可变长度的二进制数据
		image	可用来存储图像

2.2.2 使用 SSMS 建立数据表

数据表是数据库中最重要的对象,整个数据库中的数据都是物理存储在各个数据表中的。数据库中的表包含系统表和用户表。系统表是创建数据库的时候自动生成的,用来保存数据库自身的信息。用户表存储用户数据。

右击建立的数据库下的"表"选项,然后在弹出的快捷菜单中选择"新建表",如图 2-4 所示。

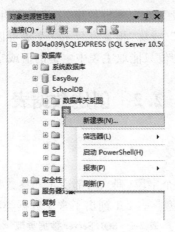

图 2-4 新建表

输入每个列的列名及数据类型,如图 2-5 所示。对于字符数据类型,还需要输入长度信息,如 char(10) 指长度为 10 的定长字符数据,其中括号中的长度可以根据实际需求进行修改。

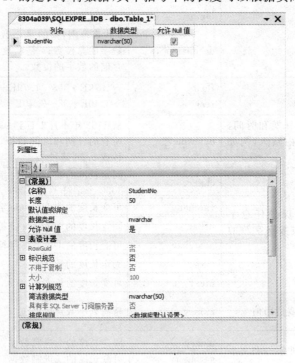

图 2-5 设置列名及数据类型

所有列及数据类型都确定后,就可以保存表了。选择"文件"菜单中的"保存"或快捷工具栏中的"保存"按钮,输入表名即可。

2.2.3 技能训练——创建 SchoolDB 数据库中的数据表

【训练 2-1】 为 SchoolDB 数据库创建数据表。

◆ 技能要点

(1)建立数据库表的步骤。
(2)表中各列的名称、数据类型。
(3)保存数据库表。

◆ 需求说明

(1)创建学生信息表 Student,如表 2-2 所示。

表 2-2 学生信息表

列 名	数据类型	是否允许为空	默认值	描 述
StudentNo	nvarchar(50)			学号,主键
StudentName	nvarchar(50)			姓名
Sex	char(2)			性别
BornDate	datetime	是		出生日期
GradeId	int			所在学期
Phone	nvarchar(50)			联系电话
Address	nvarchar(255)	是	安徽省合肥市	家庭地址
Email	nvarchar(50)	是		电子邮件
IdentityCard	varchar(18)	是		身份证号

(2)创建学期表 Grade,如表 2-3 所示。

表 2-3 学期表 Grade 结构

列 名	数据类型	是否允许为空	默认值	描 述
GradeId	int			学期编号,标识列,自增1,主键
GradeName	nvarchar(50)			学期名称

(3)创建课程表 Subject,如表 2-4 所示。

表 2-4 课程表 Subject 结构

列 名	数据类型	是否允许为空	默认值	描 述
SubjectId	int			课程编号,标识列,自增1,主键
SubjectName	nvarchar(20)			课程名称
ClassHour	int			学时
GradeId	int			所属学期

(4)创建成绩表 Result,如表 2-5 所示。

◆ 关键点分析

(1)登录和连接到 SQL Server Management Studio。

(2)在上一章中已经建好的 SchoolDB 数据库中创建数据表。
(3)逐一输入列名,选择合适的数据类型,参考需求说明中表的要求。

表 2-5　成绩表 Result 结构

列　名	数据类型	是否允许为空	默认值	描　述
Id	int			标识列,自增1,主键
StudentNo	nvarchar(50)			学号
SubjectId	int			所考课程编号
StudentResult	int	是		分数
ExamDate	datetime			考试日期

❤ 补充说明

(1)注意列的名称、类型等务必正确,否则后续章节的技能训练无法正常进行。
(2)注意用正确的名称保存各数据表。

2.3　完善数据表的结构设计

2.3.1　是否允许为空值

表的字段是否允许为空也是一项约束,如果该列允许为空,则在输入数据行的时候,这一项可以不输入。

列是否允许为空和具体的要求相关。例如,学生的地址不是很重要,可以为空;而姓名是重要的、不可或缺的信息,就不应该允许为空。

在 Student 表上单击右键,在弹出的快捷菜单选择"设计",就可以对表的结构进行修改,如图 2-6 所示。

图 2-6　修改表结构

将不允许空值的列名后的"允许 NULL 值"复选框取消,如图 2-7 所示。

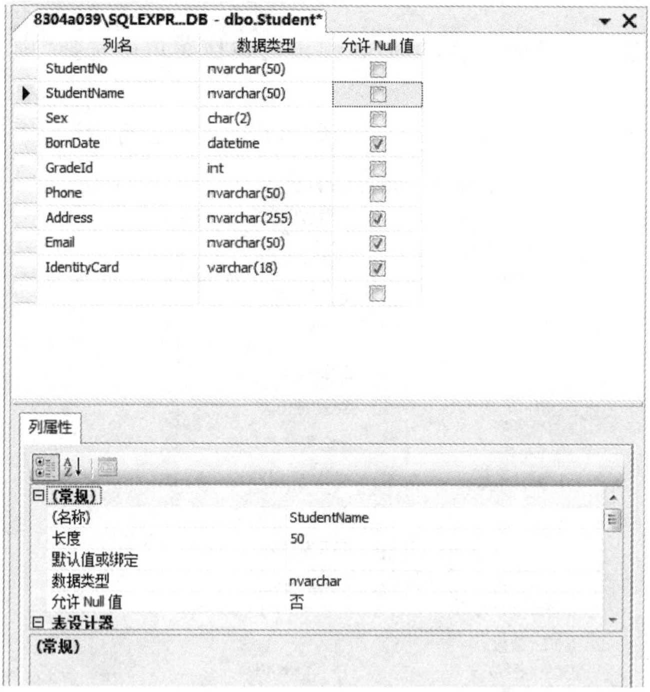

图 2-7 是否允许空值

2.3.2 技能训练——设计 Student 和 Result 表中允许为空的字段

【训练 2-2】 设计 Student 和 Result 表中允许为空的字段。

✦ 技能要点

(1)对表结构进一步优化。

(2)设置允许为空的字段。

✦ 需求说明

(1)根据表 2-2 的描述,对上一阶段创建的 Student 表进行完善,设置字段是否允许为空。

(2)根据表 2-2 的描述,对上一阶段创建的 Result 表进行完善,设置字段是否允许为空。

✦ 关键点分析

(1)右击数据表"Student",在弹出的快捷菜单中选择"设计"选项。

(2)进入表设计视图后,根据需求,设计 Student 表中为空的字段。

(3)对 Result 表进行类似的操作。

✦ 补充说明

(1)数据库中的列若允许为空,则在输入数据行的时候,该项可以不输入。

(2)重要的、不可或缺的信息,不允许为空。

2.3.3 建立主键

首先右击需要建立主键的列名,然后在弹出的快捷菜单中选择"设置主键",如图 2-8 所示。

设置该列为主键后,该列上会出现一个钥匙形状的图标进行标识。

图 2-8 设置主键

2.3.4 技能训练——设计 SchoolDB 数据库中的数据表的主键

【训练 2-3】 为 SchoolDB 数据库中的每张数据表建立主键。

⇨ 技能要点

建立主键。

⇨ 需求说明

根据表 2-2、表 2-3、表 2-4 和表 2-5 的业务需求,为 SchoolDB 数据库中的数据表建立主键。

⇨ 关键点分析

(1)建立主键前需要打开该表的设计视图。

(2)选择要建立主键的列右击,然后在弹出的快捷菜单中选择"设置主键"选项。

⇨ 补充说明

(1)表中的主键也可以是由多个列组合的复合主键。

(2)建立复合主键时,需要按住 Ctrl 键选择多列后,再设置主键。

2.3.5 默认值

表中某些字段数据经常为固定值,或出现的频率较多,为了减少用户的工作量,可以将这些字段的值事先设置为默认值。例如,借阅表中借出日期通常默认是当天。

如图 2-9 所示,学生家庭住址定义默认值为"安徽省合肥市",这一列可以在没有输入住址的情况下,都统一为该住址。

图 2-9 设置列的默认值

2.3.6 技能训练——设计 Student 表的默认值

【训练 2-4】 为 Student 表设计默认值。

✍ 技能要点

设置默认值。

✍ 需求说明

根据表 2-2 的业务表述,将 Student 表中字段 Address 设置为默认值。

✍ 关键点分析

进入设计视图,根据需求说明,对表结构进行完善。

✍ 补充说明

建立默认值后,当用户没有在该列中输入值,则将定义的值赋给该列。

2.3.7 建立检查约束

检查约束也称为"CHECK 约束",用于定义字段可以接受的数据值或格式。例如,年龄不能小于零,性别只能为男或女,这些要求可以通过表的 CHECK 约束来实现。

设置学生的出生日期必须在 1950 年之后。在学生表的设计视图中单击右键,从弹出的快捷菜单中选择"CHECK 约束"选项,然后在弹出的"CHECK 约束"对话框中单击"添加"按钮,将添加一个新的约束,如图 2-10 所示。

单击"表达式"最右边的小按钮,在弹出的"CHECK 约束表达式"对话框中输入约束表达式,单击"确定"按钮,最后关闭"CHECK 约束"对话框,如图 2-11 所示。

表的结构修改完成后,单击工具栏上的"保存"按钮,此时设计视图中学生表上的"*"消失,表示修改结果已经保存。

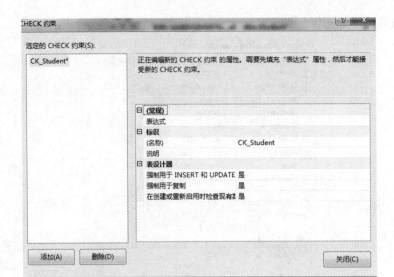

图 2-10 设置出生日期的 CHECK 约束

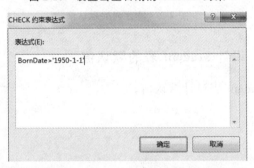

图 2-11 约束出生日期在 1950 年之后

2.3.8 技能训练——设计 SchoolDB 数据库中的数据表的检查约束

【训练 2-5】为 SchoolDB 数据库中的数据表添加检查约束。

✍ 技能要点

添加检查约束。

✍ 需求说明

（1）根据实际的业务需求，为 MySchool 中的四张表分别添加检查约束，具体要求如表 2-6、表 2-7 和表 2-8 所示。

表 2-6 学生信息表 Student 的结构

列 名	数据类型	是否允许为空	默认值	描 述
Sex	char(2)			性别，只能填写"男"或"女"
Email	nvarchar(50)	是		电子邮件，必须包含"@"字符

表 2-7 课程表 Subject 的结构

列 名	数据类型	是否允许为空	默认值	描 述
ClassHour	int			学时，必须大于零

表 2-8 成绩表 Result 的结构

列 名	数据类型	是否允许为空	默认值	描 述
StudentResult	int	是		分数,必须在 0～100 之间

🖑 关键点分析

明确表中各列可接受的数据值或者格式的要求。

🖑 补充说明

(1)建立了检查约束后,向表中该列输入、插入或者更新时,约束将起作用。

(2)如果输入的值与建立的约束不符,将出现错误报告。

2.3.9 标识列

很多情况下,存储的信息中不太容易找到不重复的信息作为列的主键。例如,在图书管理系统中,借阅表中的信息如果要做到不重复,需要考虑读者编号、图书编号和借阅日期,这里可以指定一个特殊的字段来区分每条记录。

SQL Server 提供了一个"标志列",标识列本身没有具体的意义,只是用来区分不同的记录。标识列的实现方式如下:

(1)设计为标识列的字段的数据类型必须为整型。

(2)定义标志列后,还需要设置"种子"和"增量",默认值都是1。

(3)定义了标识列后,每次输入数据时,标识列数据会随记录的增加而自动增加;记录被删除后,标识列的值也随之删除,以后输入记录时,标识列的数据会继续增加。

(4)标识列通常被定义为主键。如图 2-12 所示,设置课程表 Subject 中 SubjectId 为"标识列",初始值为1,每次增加的数值为1。

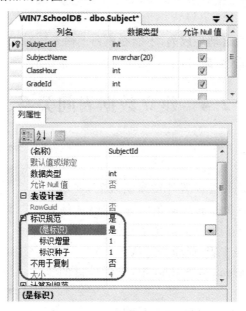

图 2-12 设置标识列

(5)修改后需要保存,然后退出。

2.3.10 技能训练——设计 SchoolDB 数据库中的数据表的标识列

【训练 2-6】 为 SchoolDB 数据库中的数据表添加标识列。

◇ 技能要点

添加标识列。

◇ 需求说明

(1)根据表 2-9 为学期表 Grade 添加标识列。

表 2-9 学期表 Grade 结构

列　名	数据类型	是否允许为空	默认值	描　述
GradeId	int			学期编号,标识列,自增 1

(2)根据表 2-10 为课程表 Subject 添加标识列。

表 2-10 课程表 Subject 结构

列　名	数据类型	是否允许为空	默认值	描　述
SubjectId	int			课程编号,标识列,自增 1

(3)根据表 2-11 为成绩表 Result 添加标识列。

表 2-11 成绩表 Result 结构

列　名	数据类型	是否允许为空	默认值	描　述
Id	int			标识列,自增 1

◇ 关键点分析

定义为标识列的列的数据类型为整型,如果不是整型,需要先修改类型。

◇ 补充说明

(1)标志列中的数据是自动生成的,不能在该列上输入数据。

(2)使用 SQL 语句插入数据时,也不允许为标识列指定值。

2.4 建立数据表间关系

2.4.1 设置外键约束

表和表之间的关系是通过设置外键来实现的,在建立主外键之前要设计好主表和外表之间的关系。如:成绩表(Result)中的列 StudentNo 引用了学生表(Student)中的 StudentNo,因此,学生表是主表,成绩表是从表。

在 SQL Server Management Studio 中,设置外键的步骤如下:

(1)右击从表成绩表(Result)进入设计视图,然后右击,在弹出的快捷菜单中选择"关系"选项,弹出"外键关系"对话框,如图 2-13 所示。

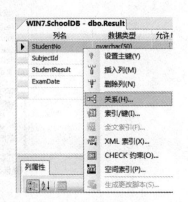

图 2-13 选择建立关系

(2)在弹出的"外键关系"对话框中,单击"添加"按钮添加新的关系,如图 2-14 所示。

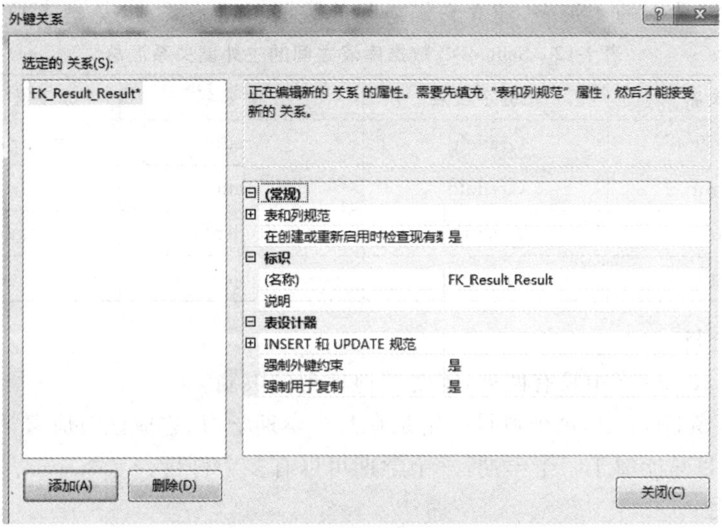

图 2-14 "外键关系"对话框

(3)单击"表和列规范"右侧的小按钮,弹出"表和列"对话框,进行具体的主键表及主键列设置,如图 2-15 所示。

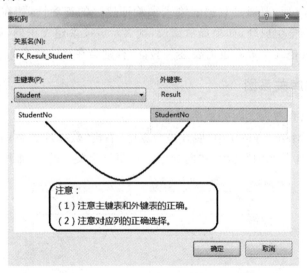

图 2-15 选择要引用的主键表和主键列

(4)选择主键表为 Student,主键列为 StudentNo,对应的外键表 Result 的列为 StudentNo。单击"确定"按钮,并保存表结构,这样它们之间的主外键关系就建立了。

2.4.2 技能训练——建立 SchoolDB 数据库中表间关系

【训练 2-7】 为 SchoolDB 数据库建立表间关系。

✎ 技能要点

(1)表的主外键对应。

(2)表间关系的建立。

◇ 需求说明

(1)对于已经建立的 4 张表,建立它们之间的数据引用关系,如表 2-12 所示。

表 2-12 SchoolDB 数据库表之间的主外键关系汇总

外键表名	外键字段名	主键表名	主键字段名
Subject	GradeId	Grade	GradeId
Student	GradeId	Grade	GradeId
Result	StudentNo	Student	StudentNo
Result	SubjectId	Subject	SubjcctId

◇ 关键点分析

(1)学期表 Grade 当中只有两列,不受其他表列的限制。

(2)课程表 Subject 中,每个科目一定是在某个学期学习,它应该对应着学期表 Grade 中的信息,一个科目只能属于一个学期,一个学期可以有多个科目。

◇ 补充说明

(1)学生信息表 Student,每个学生肯定在读某个学期,一个学期可以包含多个学生。

(2)成绩表 Result 与学生表 Student 和课程表 Subject 有关系,每条成绩表示某个学生的某个课程的成绩。

(3)表间关系建立后,要通过数据的输入来验证建立的正确性,如在成绩表中输入一个在学生表中不存在的学生成绩,如果提示错误,则表示该关系建立正确,如果能输入,则表示该关系建立错误。其他几个关系也需要逐一验证,否则会在后续章节练习中留下隐患。

2.4.3 建立数据库关系图

通过关系图可以查看表之间的关系。

在 SQL Server Management 中,展开该数据库,右击"数据库关系图",在弹出的快捷菜单中选择"新建数据库关系图"选项,在向导中选择要显示关系的表,如图 2-16 所示。

图 2-16 创建数据库关系图

选择好建立的关系图的表后,建立的关系如图 2-17 所示。

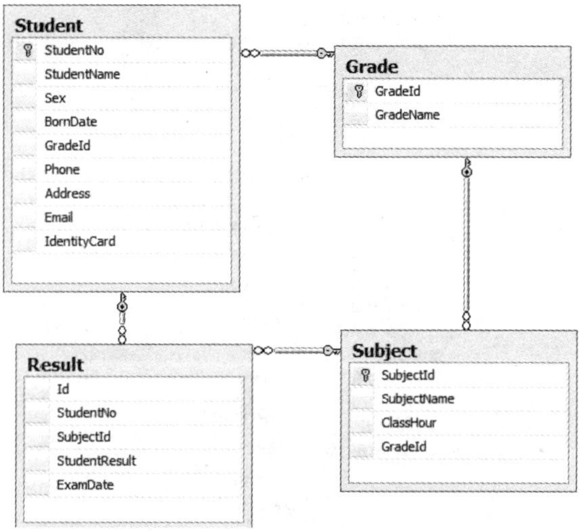

图 2-17 School 数据库中的关系图

对于建立了主外键关系的表,录入数据时需先录入主表的数据,然后才能录入从表的数据,并且从表中外键的值只能是主表中已经存在的值。例如,在上面的 School 数据库中,首先要录入学期表(Grade),然后录入学生表(Student)和课程表(Subject),最后才能录入成绩表(Result)。

2.4.4 技能训练——创建 SchoolDB 数据库关系图

【训练 2-8】 为 SchoolDB 建立数据库关系图。

✧ 技能要点

创建数据库关系图。

✧ 需求说明

对 SchoolDB 数据库已经建立的四张表及表间关系,创建数据库关系图,完整关系图如图 2-17 所示。

✧ 关键点分析

建立各表之间正确的表间关系。

✧ 补充说明

(1)建立数据关系图之前要建立各表之间的关系,如果没有建立表间的主外键关系就无法建立关系图。

(2)关系图建立后,随时可以查看,有利于后续数据库的设计与应用。

2.5 删除数据表

对于不再使用的数据表,可以在数据库中将该表删除,以节省系统空间,减少系统维护负担。删除表的方法如下:

选择需要删除的数据表,右击该表,在弹出的快捷菜单中选择"删除"选项,可以直接把该表删除,如图 2-18 所示。

图 2-18 删除表

对于建立了主外键关系的表,若要删除主表,则首先要删除从表以保证参照完整性,否则系统会报错。

本章总结

➢ SQL Server 创建表的过程是设置数据列属性的过程,同时也是实施数据完整性(包括实体完整性、引用完整性、域完整性和用户自定义完整性)的过程。
➢ 实体完整性要求数据行不能有重复,每一行数据都由主键来唯一确定。
➢ 域完整性实现了对输入到特定列数值的限制。
➢ 创建数据库表需要确定表的列名、数据类型、是否允许为空,还需要确定主键、必要的默认值、标识列和检查约束。
➢ 如果建立了主表和从表的关系,则有以下几种情况:
(1)从表中相关项目的数据在主表中必须存在。
(2)主表中相关项的数据更改了,则从表对应的数据项也应当随之改变。
(3)在删除从表之前,不能够删除主表。

习题 2

一、选择题

1. SQL Server 提供了四种类型的约束实现数据完整性,包括实体完整性约束、域完整性约束、参照完整性约束和自定义完整性约束。实现实体完整性约束的方式不包括（　　）。

　　A.索引　　　　　B.唯一约束　　　　C.主键约束　　　　D.外键约束

2. 主键用来实现（　　）。

　　A.实体完整性约束　　　　　　　　B.参照完整性约束

　　C.域完整性约束　　　　　　　　　D.自定义完整性约束

3. 电话号码应当采用（　　）格式的数据类型来存储。

　　A.字符　　　　　B.整数　　　　　　C.浮点数　　　　　D.bit

4. 表 Course 中的列 CourseID 是标识列,属于自动增长数据类型,标识种子是 2,标识增量是 3。在新创建的表中,首先插入三行数据,然后再删除最后一行,在向表中增加数据行的时候,标识值将是（　　）。

　　A.9　　　　　　　B.8　　　　　　　C.11　　　　　　　D.14

5. 在 SQL Server 2008 数据库中,标识列本身没有实际意义,而是为了区分表中不同的记录。下列关于标识列的说法中,错误的是（　　）。

　　A.即使一个表已经存在主键,也可以设置某列为标识列

　　B.不能对标识列加上默认值

　　C.标识列可以是任意数据类型

　　D.不能为标识列输入值

6. 在 SQL Server 中,创建一个员工信息表,其中员工的薪水、医疗保险和养老保险分别采用 3 个列来存储。但是该公司规定:任何一个员工,医疗保险和养老保险两项之和不能大于薪水的 1/3,这一项规则可以采用（　　）来实现。

　　A.主键约束　　　B.外键约束　　　　C.检查约束　　　　D.默认约束

7. （　　）数据类型可以表示日期和时间。

　　A.datetime　　　B.int　　　　　　C.char　　　　　　D.text

8. 外键是用来实施（　　）。

　　A.参照完整性　　　　　　　　　　B.域完整性

　　C.实体完整性　　　　　　　　　　D.用户自定义完整性

9. CHECK()是用来实施（　　）。

　　A.参照完整性　　　　　　　　　　B.域完整性

　　C.实体完整性　　　　　　　　　　D.用户自定义完整性

10. 关于主键描述正确的是（　　）。

　　A.包含一列　　　　　　　　　　　B.包含两列

　　C.包含一列或者多列　　　　　　　D.以上都不正确

11. 关系数据库中,外键是（　　）。

　　A.两个表间的联系　　　　　　　　B.允许导入外部数据

　　C.用于两个表之间的连接查询　　　D.不允许有多个外键

二、操作题

1. 在前一章创建的网吧计费数据库 NetBar 中,创建如表 2-13、表 2-14、表 2-15 所要求的数据库表。

表 2-13 上网卡表(Card)的结构

列 名	数据类型	长 度	是否允许为空	列说明
ID	varchar	10	否	主键
PassWord	varchar	50	否	密码
Balance	int		是	卡上的余额
UserName	varchar	50	是	持卡人的姓名

表 2-14 计算机表(Computer)的结构

列 名	数据类型	长 度	是否允许为空	列说明
ID	varchar	10	否	主键
OnUse	varchar	1	否	是否正在使用
Note	varchar	100	是	备注和说明信息

表 2-15 上机信息表(Record)的结构

列 名	数据类型	长 度	是否允许为空	列说明
ID	int		否	主键
CardID	varchar	10	否	外键,引用 Card 表的 ID 列
ComputerID	varchar	10	否	外键,引用 Computer 的 ID 列
BeginTime	smalldatetime		是	开始上机时间
EndTime	smalldatetime		是	下机时间
Fee	numeric		是	本次上机费用

2.对创建的表完成以下需求:

(1)针对 Record 表的 CardID、ComputerID 列,分别与 Card 表、Computer 表建立主外键关系(引用完整性约束)。

(2)Card 表中,卡上的余额不能超过 1000。

(3)Computer 表中,OnUse 只能是 0 或 1。

(4)Record 表中,EndTime 不能早于 BeginTime。

第3章
用 T-SQL 语句操作数据

本章工作任务
- 完成数据表中数据的增加、修改和删除
- 完成数据的导入和导出

本章知识目标
- 了解 SQL 和 T-SQL 的概念
- 熟悉运算符的用法

本章技能目标
- 使用 T-SQL 向表中插入数据
- 使用 T-SQL 更新表中数据
- 使用 T-SQL 删除表中数据
- 掌握数据的导入和导出

本章重点难点
- 使用 T-SQL 插入、更新和删除数据
- 数据的导入

在进行数据管理时,如果每次创建数据库、表和从数据库中读取数据都通过 SSMS 进行,不但管理不方便,而且处在数据库中的数据也无法提供给程序使用。数据库也需要一套指令集,能够识别指令、执行相应的操作并为程序提供数据,目前标准的指令集就是 SQL 语言。

SQL 语言是一门针对数据库而言的语言,可以创建数据库、创建数据表、添加约束等,可以针对数据库的数据进行增、删、改、查等操作,可以创建视图、存储过程、赋予用户权限等。

3.1 T-SQL 简介

3.1.1 SQL 和 T-SQL

1. SQL 与 T-SQL 的联系

SQL 的全称是"结构化查询语言(Structured Query Language)",是 1974 年由 Boyce 和 Chamberlin 提出来的。1975—1979 年由 IBM 公司研制的关系数据库管理系统原形系统 System R 实现了这种语言,经过多年的发展,SQL 语言已成为关系数据库的标准语言。

美国国家标准局(ANSI)和国际标准化组织(ISO)都制定了 SQL 标准,1992 年 ISO 发布了 SQL 国际标准,称为"SQL-92"。ANSI 随之也发布了相应版本的 ANSI SQL-92,有时候直接称为"ANSI SQL"。尽管不同的关系数据库使用的 SQL 版本有一些差异,但大多数都遵循 ANSI SQL 标准,SQL Server 使用 ANSI SQL-92 的扩展集 TransacT-SQL,简称为"T-SQL"。

SQL 语言不同于 C♯这样的程序设计语言,它是只能被数据库识别的指令,但是在程序中,可以利用其他编程语言组织 SQL 语句发送给数据库,数据库再执行相应的操作。例如,在 C♯程序中要得到 SQL Server 数据库表中的记录,可以在 C♯程序中编写 SQL 语句,然后发送到数据库,数据库接收到 SQL 语句并执行,再把执行结果返回给 C♯程序。

2. SQL 的组成

SQL 语言主要由以下 4 部分组成:

①数据定义语言(Data Definition Language,DDL),用来建立数据库、数据库的对象等,如:CREATE TABLE 等。

②数据操纵语言(Data Manipulation Language,DML),主要功能是插入、修改和删除数据库中的数据,如:INSERT、UPDATE、DELETE 等。

③数据查询语言(Data Query Language,DQL),用来对数据库中的数据进行查询,如:SELECT 等。

④数据控制语言(Data Control Language,DCL),用来控制数据库组件的存取许可、存取权限等,如:GRANT 等。

另外,SQL 语言还具有数据通信、数据维护等功能,还包含有变量说明、内部函数等其他命令。

3.1.2 T-SQL 中的运算符

运算符是一种符号,是用来进行列间或者变量之间的比较和数学运算的。在 T-SQL 中,常用的运算符有算术运算符、赋值运算符、比较运算符和逻辑运算符。

1. 算术运算符

算术运算符包括:＋(加)、－(减)、*(乘)、/(除)、%(模)5 个,如表 3-1 所示。

算术运算符用来在两个数或表达式上执行数学运算,这两个表达式可以是任意两个数字数据类型的表达式。

表 3-1　T-SQL 中的算术运算符

运算符	说　　明
＋	加运算,求两个数或表达式相加的和
－	减运算,求两个数或表达式相减的差
*	乘运算,求两个数或表达式相乘的积
/	除运算,求两个数或表达式相除的商,例如,5/5 的值为 1,5.7/3 的值为 1.900000
%	取模运算,求两个数或表达式相除的余数,例如,5%3 的值为 2

2. 赋值运算符

T-SQL 有一个赋值运算符,即"＝"(等号),用于将一个数、变量或表达式赋值给另一个变量,如表 3-2 所示。

表 3-2　T-SQL 中的赋值运算符

运算符	说　　明
＝	把一个数、变量或表达式赋值给另一个变量,例如:Name='张成叔'

3. 比较运算符

比较运算符用来判断两个表达式的关系,除 text、ntext 或 image 数据类型的表达式外,比较运算符几乎可以用于其他所有的表达式,比较运算符的符号及其说明如表 3-3 所示。

表 3-3　T-SQL 中的比较运算符

运算符	说　　明
＝	等于
＞	大于
＜	小于
＜＞	不等于
＞＝	大于等于
＜＝	小于等于
!=	不等于(非 SQL 92 标准)

4. 逻辑运算符

逻辑运算符用来对某个条件进行判断,以获得判断条件的真假,返回带有 TRUE 或 FALSE 值的布尔数据类型,如表 3-4 所示。

表 3-4　T-SQL 中的逻辑运算符

运算符	说　　明
AND	当且仅当两个布尔表达式都为 TRUE 时,返回 TRUE
OR	当且仅当两个布尔表达式都为 FALSE 时,返回 FALSE
NOT	对布尔表达式的值取反,优先级别最高

3.2 使用 T-SQL 向数据表中插入数据

3.2.1 使用 INSERT 语句插入数据

对数据库表使用 INSERT 语句一行一行地插入数据,其语句格式如下:
　　INSERT [INTO] 表名 [(列名 列表)] VALUES (值列表)
例如,向学生表中插入一行数据的命令如下:
　　INSERT INTO STUDENT(StudentNo,Address,StudentName,Sex,GradeId,Email,Phone)
　　VALUES('G1563399','上海松江','艾边成','男',1,'ABC@163.com','18356508309')

SQL 语句的执行可以在"查询"窗口中进行,先单击"新建查询"按钮,在"查询"窗口中输入 SQL 语句,如图 3-1 所示。

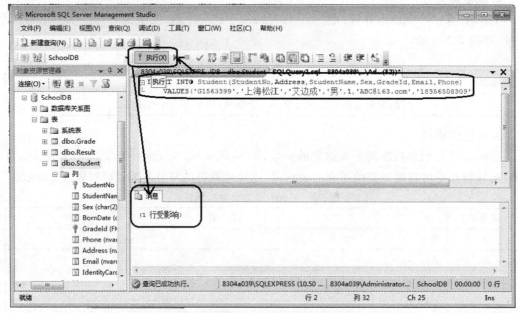

图 3-1　在"查询"窗口中执行插入语句

输入完语句后,单击"执行"按钮,以上 SQL 语句的执行如图 3-1 所示。

在插入数据时,需要注意以下事项。

(1) 值的顺序和类型要与列名的顺序和类型一致。

(2) 对于字符类型、日期类型的列,当插入数据的时候,其值用单引号引起来。

(3) 当每个列都有数据时,可以不指定列名,但是最好明确指定插入的列和对应的值,这样比较清晰。

(4) INSERT 语句不能为标识列指定值,因为它是自动增长的,如:
　　INSERT Course(CourseName,Credit,SemesterId) VALUES('图形图像处理',4,1)

(5) INSERT 语句不能为计算列指定值,因为它是自动计算得到的。

(6) 若在设计表时指定某列不允许为空,则该列必须插入数据,否则将报错。

(7) 若某列设置了默认值,则用 DEFAULT(默认)关键字来表示插入的是默认值,如:

```
INSERT INTO Student(StudentNo,Address,StudentName,Sex,GradeId,Email,Phone)VALUES
('G1563399',DEFAULT,'艾边成','男',1,'ABC@163.com','18356508309')
```
(8)SQL语句中不支持中文的符号,包括空格都必须在英文状态下输入,否则都会提示语句错误。

(9)如果有语法错误,系统会给出错误提示,请根据错误提示进行修改后再"执行"。

3.2.2 技能训练——向 SchoolDB 的数据表插入数据

【训练 3-1】 向学期表 Grade 和学生信息表 Student 中插入数据。

✦ 技能要点

(1)使用 INSERT 语句向数据库表插入数据。

(2)根据系统提示对错误进行编辑和修改。

✦ 需求说明

(1)向学期表 Grade 插入 6 条数据,具体数据如表 3-5 所示。

表 3-5　学期表 Grade 中的测试数据

GradeId	GradeName
1	S1
2	S2
3	S3
4	S4
5	S5
6	S6

(2)新学期开始后,需要将新同学信息录入到系统中,将如下表 3-6 中的数据插入数据库 SchoolDB 的 Student 表中。

表 3-6　学生信息表测试数据

StudnetNo	姓名	Sex	学期	Phone	Address	BornDate	Email	IdentityCard
G1263201	王子洋	男	5	18655290000	安徽省蚌埠市	1993/8/7	wzy@163.com	340423199308070000
G1263382	张琪	女	5	15678090000	合肥长江路	1993/5/7	zhangqi@126.com	340104199305070000
G1263458	项宇	男	5	18298000000		1992/12/10	xiangyu@163.com	340881199212100000
G1363278	胡保蜜	男	3	18965000000	安徽省利辛县	1993/6/29		346542199306290000
G1363300	王超	男	3	18123560000	安徽省涡阳县	1993/4/30	wangchao@126.com	340409199304300000
G1363301	党志鹏	男	3	15876550000	安徽省郎溪县	1994/12/20	dzp@suho.com	456765199412200000
G1363302	胡仲友	男	3	15032450000	安徽省寿县	1994/6/13	12454344@qq.com	340043199406130000
G1363303	朱晓燕	女	3	15155670000	安徽省枞阳县	1994/4/18	yanyan@163.com	
G1463337	高伟	男	1	18390870000	安徽省灵璧县	1995/6/7		450504199506070000
G1463342	胡俊文	男	1	13976870000	安徽省定远县	1995/4/20		340408199504200000
G1463354	陈大伟	男	1	15067340000	安徽省怀远县	1995/8/23	wangkuan@163.com	340422199508230000
G1463358	温海南	男	1	18028760000		1995/1/30		450560199501300000
G1463383	钱嫣然	女	1	18656430000	安徽省潜山县	1994/1/14	yanran@126.com	340408199401140000
G1463388	卫丹丹	女	1	15134870000	安徽省凤阳县	1995/4/17		340411199504170000

(3)向课程表中增加如表 3-7 所示的课程表记录。

表 3-7　课程表测试数据

SubjectName	ClassHour	GradeId
C 语言程序设计	64	1
大学英语	96	1
图形图像处理	64	1
网页设计	64	2
C#面向对象设计	64	2
数据库设计与应用	96	2
Android 应用开发	64	3
Java 面向对象设计	64	3
Web 客户端编程	64	3
数据结构与算法	64	4
JavaWeb 应用开发	64	4
计算机网络基础	64	4
软件测试技术	32	5
Linux 操作系统	32	5

(4)向成绩表 Result 中增加如表 3-8 所示的成绩记录。

表 3-8　成绩表测试数据

StudentNo	SubjectId	StudentResult	ExamDate
G1263201	13	76	2014/11/15
G1263201	14	88	2014/11/16
G1263382	13	79	2014/11/15
G1263382	14	56	2014/11/16
G1263458	13	92	2014/11/15
G1263458	14		2014/11/16
G1363278	7	55	2015/1/5
G1363278	8	78	2015/1/7
G1363278	9	76	2015/1/6
G1363300	7	83	2015/1/5
G1363300	8	49	2015/1/7
G1363300	9	64	2015/1/6
G1363301	7	65	2015/1/5
G1363301	8	87	2015/1/7
G1363301	9	55	2014/11/20

续表

StudentNo	SubjectId	StudentResult	ExamDate
G1363301	9	90	2015/1/6
G1363302	7	80	2015/1/5
G1363302	8	56	2015/1/7
G1363302	9	87	2015/1/6
G1363303	7	61	2015/1/5
G1363303	8	87	2015/1/7
G1363303	9	81	2015/1/6
G1463337	1	82	2014/11/20
G1463337	1	90	2015/1/5
G1463337	2	92	2014/1/8
G1463337	3	56	2015/1/9
G1463342	1	86	2015/1/5
G1463342	2	68	2014/1/8
G1463354	1	52	2014/11/20
G1463354	1	67	2015/1/5
G1463354	2	68	2015/1/7
G1463354	3	75	2015/1/9
G1463358	1	65	2015/1/5
G1463358	2	92	2015/1/7
G1463383	1	88	2014/11/20
G1463383	1	87	2015/1/5
G1463383	2	92	2015/1/7
G1463383	3	89	2015/1/9
G1463388	1	80	2014/11/20
G1463388	1	78	2015/1/5
G1463388	2	92	2015/1/7
G1463388	3	83	2015/1/9

(5) 保存 T-SQL 为"训练 3-1 向表中添加数据.sql"。

❀ 关键点分析

(1) 使用 INSERT 语句插入数据时，要充分了解数据表的结构，包括各种约束条件。本例中，需要注意默认值的插入方式、日期型数据的插入方式及允许空值的列插入方式。

(2) 在 SQL Server Management Studio 中，新建一个"查询"窗口，然后在窗口上方的下拉列表框中选择数据库 SchoolDB,如图 3-2 所示。

图 3-2 选择操作的数据库

(3)在查询框中,插入第一条数据的 T-SQL 语句如下:
INSERT INTO Grade(GradeName) VALUES('S1')

(4)输入 SQL 语句完成后,可以单击"√"图标按钮,检查 SQL 语句的语法是否正确,然后单击"执行"按钮运行该 SQL 语句。

(5)打开表检查数据是否正确插入,右击表名"Student",选择"编辑前 200 行",如图 3-3 所示。

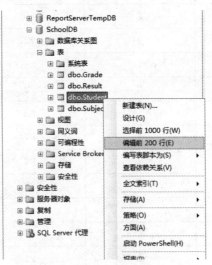

图 3-3 打开表查看数据

(6)允许为空的列可以不输入数据。

如果学生没有电子邮件,Email 列就不用写,用 NULL 代替。如高伟同学的 Email 为空,参考的 T-SQL 语句为:
INSERT INTO Student VALUES('G1463337','高伟','男','1','18390870000','安徽省灵璧县','1995/6/7',NULL,'450504199506070000')

(7)默认值的输入。设置了默认值的列可以使用"DEFAULT"代替。如:温海南的地址为默认值,参考的 T-SQL 语句如下:
```
INSERT INTO Student VALUES('G1463358','温海南','男','1','18028760000',DEFAULT,'1995/1/30',
NULL,'450560199501300000')
```
(8)完成数据的插入,单击上方的"保存"按钮,保存编写好的 T-SQL 语句,输入保存文件的名称为"增加记录.sql"。

补充说明

(1)逗号输入的是英文的(半角),而不是中文的(全角)。
(2)日期、字符等对应的数据项要用单引号括起来。

3.2.3 一次插入多行数据

1. 通过 INSERT SELECT 语句向表中添加数据

例如,创建一张新表 AddressList 来存储本班的通讯录信息,则可以从学生表中提取相关的数据插入建好的 AddressList 表中,T-SQL 语句如下:
```
INSERT INTO AddressList(姓名,地址,电子邮件)
    SELECT StudentName,Address,Email
    FROM Student
```
Select 语句用于查询,上面的 SQL 语句用来把学生信息表中的姓名、地址、和 Email 信息读取并保存到新的 AddressList 表中。

需要注意以下两点:
(1)查询得到的数据个数、顺序、数据类型等必须与插入的项保持一致。
(2)AddressList 表必须预先创建好、并且具有姓名、地址、和电子邮件三个列。

2. 通过 SELECT INTO 语句将现有表中的数据添加到新表中

与上面的 INSERT INTO 类似,SELECT INTO 语句也是从一个表中选择一些数据插入到新表中,所不同的是,这个新表是执行查询语句的时候创建的,不能够预先存在。

例如,以下的 T-SQL 语句:
```
SELECT Student.StudentName,Student.Address,Student.Email
    INTO AddressList
    FROM Student
```
创建新表 AddressList,将 Student 表中的 StudentName、Address、Email 作为 AddressList 表的新列,并且把查询到的数据全部插入新表中。

在向一个新表插入数据时,又会牵涉到一个新的问题:如何插入标识列?

因为标识列的数据是不允许指定的,因此可以创建一个新的标识列,语法如下:
```
SELECT IDENTITY(数据类型,标识种子,标识增长值) AS 列名
    INTO 新表
    FROM 原始表
```
上面的语句可以修改为:
```
SELECT
Student.StudentName,Student.Address,Student.Email,IDENTITY(int,1,1)
    AS StudentID INTO AddressList FROM Student
```

3. 通过 UNION 关键字合并数据进行插入

UNION 语句用于将两个不同的数据或查询结果组合成一个新的结果集。

当然,不同的数据或查询结果,也要求数据个数、顺序、数据类型都一致,因此,当向表中多次插入数据时,可以使用 SELECT…UNION 来简化操作。

例如,可以通过以下 T-SQL 语句实现一次插入多条记录。

INSERT Student (StudentNo, StudentName, GradeId, Sex)
SELECT ´G1263201´,´王子洋´,6,´男´ UNION
SELECT ´G1263382´,´张琪´,6,´女´ UNION
SELECT ´G1263458´,´项宇´,5,´男´ UNION
SELECT ´G1363301´,´党志鹏´,4,´男´ UNION
SELECT ´G1463337´,´高伟´,6,´男´ UNION
SELECT ´G1463354´,´陈大伟´,6,´男´

3.2.4 技能训练——创建学生通讯录

【训练 3-2】 为 SchoolDB 数据库创建学生通讯录。

✎ 技能要点

使用 INSERT 插入数据。

✎ 需求说明

(1)根据学生信息表 Student,使用 INSERT SELECT 语句创建通讯录表 Address_IS。
(2)根据学生信息表 Student,使用 SELECT INTO 语句创建通讯录表 Address_SI。
(3)保存 T-SQL 为"训练 3-2 创建通讯录.sql"。

✎ 关键点分析

创建完毕后,对象资源管理器中对应的数据表如图 3-4 所示。

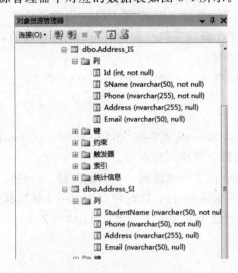

图 3-4 创建学生通讯录

✎ 补充说明

使用 INSERT SELECT 语句创建通讯录表 Address_IS 时,该表必须预先创建好。

3.3 使用 T-SQL 更新数据表中的数据

3.3.1 使用 UPDATE 语句更新数据

使用 UPDATE 语句可以将表的数据更新。语法如下：

UPDATE 表名 SET 列名 = 更新值 [WHERE 更新条件]

其中：

(1)SET 后面可以紧跟多个数据列的更新值，不限一个，多个数据列之间以逗号","分隔开。

(2)WHERE 子句是可选的，用来限制条件。如果不限制，则更新整个表的所有数据行。

例如，在学生表中，将所有学生的性别都改为"男"，SQL 语句如下：

UPDATE Student SET Sex = ´男´

3.3.2 技能训练——更新 SchoolDB 的数据表中数据

【训练 3-3】 修改 SchoolDB 的数据表。

♦ 技能要点

使用 UPDATE 语句修改数据库表中的数据。

♦ 需求说明

(1)修改学号为 G1363300 的学生地址为"山东省济南市文化路 2 号院"。

(2)修改学号为 G1363301 的学生的所属学期为 2。

(3)修改"大学英语"课程的学时数为 55。

(4)将 2015 年 1 月 7 日考试的"Java 面向对象设计"课程分数低于 60 分的学生全部提高 5 分。

(5)将学号为 G1363300 的学生在 2015 年 1 月 5 日考试的"Android 应用开发"课程的分数修改为 80。

(6)将电子邮件为空的学生电子邮件统一修改为"未知@"。

♦ 关键点分析

(1)在 SQL Server Management Studio 中，新建一个"查询"窗口，选择数据库 SchoolDB。

(2)修改学生的住址，参考如下的 T-SQL 语句：

UPDATE Student SET Address = ´山东省济南市文化路 2 号院´

WHERE StudentNo = ´G1363300´

(3)相同的思路完成需求 2 和需求 3。

(4)需求 4 参考代码参考如下的 T-SQL 语句：

UPDATE Result SET StudentResult = StudentResult + 5

WHERE ExamDate = ´2015-1-7´ AND SubjectId = 8 And StudentResult＜60

这里的课程编号 SubjectId 是数据库表中对应的值。

(5)相同的思路完成需求 5。

(6)需求 6 参考如下 T-SQL 语句：

UPDATE Student SET Email = ´未知@´ WHERE Email IS NULL

这里一个关键点是"邮箱为空"的表达方法。

(7) 保存 T-SQL 为"训练 3-3 修改记录.sql"。

✎ 补充说明

(1) 对于含有日期条件的修改，如需求 4，需要确定某个特定日期，但在数据表中插入的数据位带有小时分秒，如：'2015-1-7 00:00:00'，比较时采用如下形式：

  WHERE ExamDate = '2015-1-7'

(2) 对于含有多个条件的修改，如需求 4，条件既有日期、课程的限制，又有分数的限制，需要用到"AND"来连接多个条件。如：

  WHERE ExamDate = '2015-1-7' AND SubjectId = 8 And StudentResult＜60

(3) 判断列是否为空，使用关键字"IS NULL"判断电子邮件是否为空，语句如下：

  WHERE Email IS NULL

3.4 T-SQL 删除数据表中的数据

3.4.1 使用 DELETE 语句删除表中记录

使用 T-SQL 语句删除表中的数据，相关语法如下：

  DELETE [FROM] 表名 [WHERE 删除条件]

例如，在学生表中删除姓名为"项宇"的语句如下：

  DELETE FROM Student WHERE StudentName = '项宇'

需要指出的是，若删除行的主键值被其他表引用，将会报错，无法删除。例如，在学生表中删除姓名为"胡保蜜"时，使用如下语句：

  DELETE FROM Student WHERE StudentName = '胡保蜜'

执行该语句时，系统将报告与外键约束冲突的错误信息，因为在学生成绩表有关于"胡保蜜"同学的记录。

使用 Delete 语句删除的是整条记录，不会只删除单个字段。

3.4.2 技能训练——删除 SchoolDB 的数据表中数据

【训练 3-4】 删除 SchoolDB 的数据表中的学生记录。

✎ 技能要点

使用 DELETE 语句删除数据。

✎ 需求说明

(1) 由于入学年龄条件限制，学校要求不允许 2000 年 7 月 1 日(含)后出生的学生入学，由于操作失误，已经将不符合要求的学生信息录入数据库表 Student 中，现在需要进行删除。

(2) 保存 T-SQL 为"训练 3-4 删除记录.sql"文件。

✎ 关键点分析

(1) 注意条件子句的表达。

(2) 注意日期表达式的使用，2000 年 7 月 1 日后指大于等于这一天的日期。

✎ 补充说明

由于删除的是整条记录，在删除之前要设计好条件，避免误删除不该删除的记录。

3.5 数据的导出和导入

3.5.1 数据的导出

SSMS 提供了将数据库表中的数据导出为 Excel 文件、文本文件等，便于用户进行后续数据的处理，满足用户更多的需求。

导出数据库"SchoolDB"中表 Student 的数据，并保存为文本文件，步骤如下：

（1）右击数据库"SchoolDB"，在弹出的快捷菜单中选择"任务"→"导出数据"选项，如图 3-5 所示。

图 3-5 导出数据

（2）选择从何处取得数据，这时可以选择 SQL Server 自身，并在下方选择"SchoolDB"数据库，如图 3-6 所示。

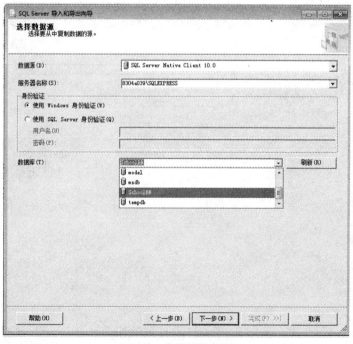

图 3-6 选择导出数据

(3)确定将数据导出到什么位置,这时候可以在上方的"目标"下拉列表框中选择"平面文件目标"选项,然后在"文件名"文本框中输入文件的名称或单击"浏览"按钮选择文件名,并确定文件相关的选项,如图3-7所示。

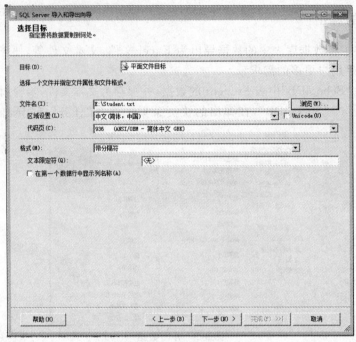

图 3-7　选择将数据导出到何处

(4)选择复制一个或多个表、视图的数据,单击"下一步"按钮。

(5)选择表名并设置文本文件的格式,如图3-8所示。

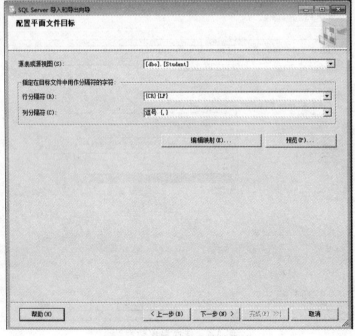

图 3-8　设置文本文件的格式

在界面上选择表 Student,设置每一行采用换行符来分隔,每一列采用逗号来分隔。

(6)确定是否立即运行,单击"下一步"按钮直到完成转换。最后导出的文本文件如图 3-9 所示。

导出数据库表的数据到 Excel 文件的步骤与上述过程基本一致,只是在图 3-6 的步骤中选择目标时有所不同。

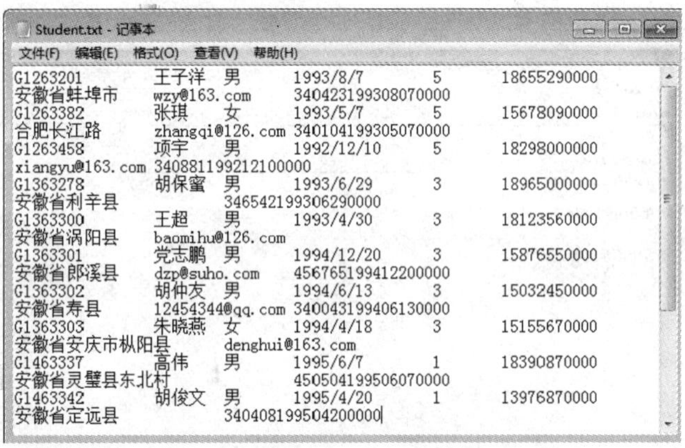

图 3-9 从数据库表中导出的文本文件

3.5.2 技能训练——导出 SchoolDB 的数据表中数据

【训练 3-5】 导出 SchoolDB 数据库中学生信息表 Student。

⮕ 技能要点

导出数据。

⮕ 需求说明

将数据表 Student 以 Excel 文件的格式导出。

⮕ 关键点分析

选择导出目标时应选择"平面文件目标"。

3.5.3 数据的导入

下面将 Excel 文件(E:\Subject.xlsx)中的数据导入到数据库 SchoolDB 的表 Subject 中,步骤如下:

(1)首先准备数据(E:\Subject.xlsx),如图 3-10 所示。

	A	B	C	D
1	SubjectId	SubjectName	ClassHour	GradeId
2	1	C语言程序设计	64	1
3	2	大学英语	96	1
4	3	图形图像处理	64	1
5	4	网页设计	64	2
6	5	C#面向对象设计	64	2
7	6	数据库设计与应用	96	2
8	7	Android应用开发	64	3
9	8	Java面向对象设计	64	3
10	9	Web客户端编程	64	3
11	10	数据结构与算法	64	4
12	11	JavaWeb应用开发	64	4
13	12	计算机网络基础	64	4
14	13	软件测试技术	32	5
15	14	Linux操作系统	32	5
16				

图 3-10 Excel 文件数据

(2)右击数据库"SchoolDB",在弹出的快捷菜单中选择"任务"→"导入数据"选项。

(3)选择要从何处取得数据,如图 3-11 所示。这时选择 Microsoft Excel,并在"Excel 文件路径"文本框中输入路径或单击"浏览"按钮选择"E:\Subject.xlsx"。

图 3-11　选择从中复制的数据源

(4)将选择的数据源复制到目标源,如图 3-12 所示,选择表 Subject。

图 3-12　复制到目标表

再单击"编辑映射"按钮进入图 3-13,进行目标列的对应选择,单击"确定"按钮。

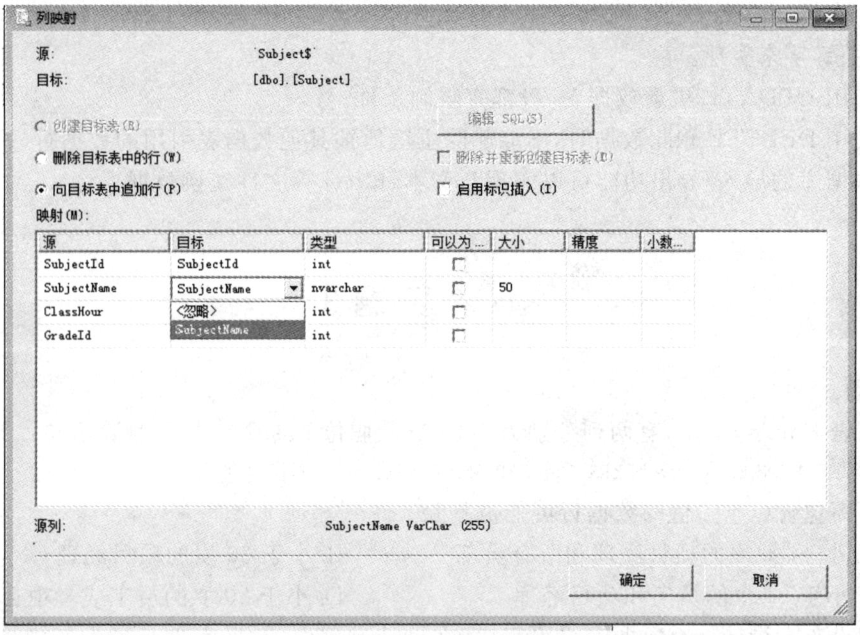

图 3-13　目标列的对应

(5)确定后,单击"下一步"按钮,直到完成转换。

将文本文件导入到数据库表的步骤与上述过程基本一致,只是在图 3-10 的步骤中选择数据源时有所不同。

3.5.4　技能训练——向 SchoolDB 的数据表中导入数据

【训练 3-6】　向 SchoolDB 中的相关表导入数据。

✧ 技能要点

从 Excel 文件中导入数据到数据库表中。

✧ 需求说明

(1)将提供的文件 Subject.xlsx 中的数据导入数据库表 Subject 中。
(2)将提供的文件 Student.xlsx 中的数据导入数据库表 Student 中。
(3)将提供的文件 Result.xlsx 中的数据导入数据库表 Result 中。

✧ 关键点分析

在导入数据时要先导入 Subject.xlsx,再导入 Student.xlsx,最后导入 Result.xlsx,确保表之间关联的有效性,否则导入数据失败。

本章总结

➢ SQL 语言是数据库能够识别的通用的指令集。

> 在 T-SQL 中，WHERE 用来限制条件，其后紧跟条件表达式。
> 一次插入多行数据，可以使用 INSERT SELECT 语句、SELECT INTO 语句或者 UNION 关键字来实现。
> 使用 UPDATE 更新数据，一般都有限制条件。
> 使用 DELETE 删除数据时，不能删除主键值被其他数据表引用的数据行。
> 数据库的导入/导出功能可以实现与文本、Excel 等文件交换数据。

习题 3

一、选择题

1. 在表 Employee 中，有两列分别为年龄 Age、职位 Position，执行删除语句：
   DELETE FROM Employee WHERE Age＜30 AND Position = ´项目经理´
   下面包含（　　）值的数据行可能被删除。
   A. 小于 30 岁的项目经理和所有员工　　B. 小于 30 岁的项目经理
   C. 小于 30 岁的员工和项目经理　　　　D. 小于 30 岁的员工或者项目经理

2. 假设正在设计一个数据库应用程序，在设计过程中，数据库进行了重新规划，对原来的数据库做了调整。其中对一个很重要的表进行简化，选择原表中的若干列组成了一个新的表结构。由于原表中已经保存了大量的数据，为了把原表中的数据移动到新表中，以下（　　）中的方法是最好的。
   A. 重新在新的数据库表中录入数据
   B. 使用数据转换服务的输出功能把原来的数据库保存为文本文件，再把文本文件复制到新的数据库中
   C. 使用一个"INSERT INTO［新的表名］SELECT［旧的表名］"的插入语句进行数据添加
   D. 使用 UNION 语句一次插入多个数据行

3. 假设 Students 表中有主键 SCode 列，Score 表中有外键 SID 列，SID 引用 SCode 列来实施引用完整性约束，此时如果使用 T-SQL：
   UPDATE Students SET SCode = ´001201´ WHERE SCode = ´001201´
   来更新 Students 表的 SCode 列，可能的运行结果是（　　）。
   A. 肯定会产生更新失败
   B. 可能会更新 Students 表中的两行数据
   C. 可能会更新 Score 表中的一行数据
   D. 可能会更新 Students 表中的一行数据

4. （选择两项）下列删除数据的 SQL 语句在运行时不会产生错误信息的是（　　）。
   A. DELETE * FROM Employee WHERE SGrade = ´6´
   B. DELETE FROM Employee WHERE SGrade = ´6´
   C. DELETE Employee WHERE SGrade = ´6´
   D. DELETE Employee SET SGrade = ´6´

5. 删除表 Students 中的数据,使用:

   TRUNCATE TABLE Students

   运行结果可能是(　　)。

   A. 表 Students 中的约束依然存在

   B. 表 Students 被删除

   C. 表 Students 中的数据被删除了一半,再次执行时,将删除剩下的一半数据行

   D. 表 Students 中不符合检查约束要求的数据被删除,而符合检查约束要求的数据依然保留

6. (选择两项)假设 Students 表中 SEMail 列的默认值为"TEST@163.COM",同时还有 SAddress 列和 SSex 列,则执行 T-SQL:

   INSERT Students(SAddress,SSEX) VALUES('学生宿舍',1)

   下列说法中正确的是(　　)。

   A. SEMail 列的值为"TEST@163.COM"　　　　B. SAddress 列的值为空

   C. SSex 列的值为 1　　　　　　　　　　　　D. SEMail 列的值为空

7. 假设 Employee 表中的 EmpID 列为主键,并且为自动增长的标识列,同时还有 EmpGrade 列和 EmpSalaryGrade 列,所有列的数据类型都是整数,目前还没有数据,则执行插入数据的 T-SQL 语句:

   INSERT Employee(EmpID,EmpGrade,EmpSalaryGrade)VALUES(1,2,3)

   运行的结果(　　)。

   A. 插入数据成功,EmpID 列的数据为 1

   B. 插入数据成功,EmpID 列的数据为 2

   C. 插入数据成功,EmpGrade 列的数据为 3

   D. 插入数据失败

8. 假设学生表中包含主键列"学号",则执行"Update 学生表 SET 学号=177 WHERE 学号=188",执行的结果可能是(　　)。

   A. 修改了多行数据　　　　　　　　　　　　B. 没有修改数据

   C. 删除了一行不符合要求的数据　　　　　　D. T-SQL 语法错误,不能执行

9. 以下哪个 T-SQL 语句能够向表中添加记录?(　　)

   A. CREATE　　　B. UPDATE　　　C. INSERT　　　D. DELETE

10. 下列选项中,执行数据的删除语句在运行时不会产生错误信息的选项是(　　)。

    A. DELETE * FROM ABC WHERE ASS='6'

    B. DELETE FROM ABC WHERE ABC='6'

    C. DELETE ABC WHERE ASS='6'

    D. DELETE ABC SET ASS='6'

11. 执行语句,"DELETE FROM 学生表 WHERE 姓名列 LIKE '_nnet'时,下列选项中哪些姓名所在的数据行可能删除(　　)。

    A. Whyte　　　B. Carson　　　C. Annet　　　D. Hunyer

12. 下列各运算符中(　　)不属于逻辑运算符。

    A. &　　　　　B. not　　　　　C. and　　　　　D. or

13. 有如下定义,(　　)插入语句是正确的。

CREATE TABLE student
(
  studentid int not null,
  name char(10) null,
  age int not null,
  sex char(1) not null,
  dis char(10)
)

 A. INSERT INTO student VALUES(11, ´abc´,20, ´f´)
 B. INSERT INTO student(studentid,sex,age) VALUES (11, ´f´,20)
 C. INSERT INTO student(studentid,sex,age) VALUES (11,20, ´f´,NULL)
 D. INSERT INTO student SELECT 11, ´ABC´,20, ´F´, ´test´

二、操作题

1. 在 NetBar 的数据库表 Card 中,为 ID 列增加约束,要求 ID 列的格式同时满足以下 5 个条件:
(1)只能是 8 位字符;(2)前两位是 0;(3)3～4 位为数字;(4)第 5 位为下划线;(5)6～8 位为字母。

2. 使用 T-SQL 语句为 NetBar 的数据库表 Card 增加以下数据行,如表 3-9 所示。

表 3-9　Card 表中的数据

ID	PassWord	Balance	UserName
0023_ABC	abc	100	张安财
0024_ABD	abd	200	胡电信
0024_ABE	abe	300	计算机

3. 对数据库执行增加、修改和删除数据的操作,使其数据行改变为如表 3-10 所示。

表 3-10　Card 表中更新后的数据

ID	PassWord	Balance	UserName
0023_ABC	0023abc	98	张安财
0024_ABE	abe	44	计算机
0036_CCD	36ccd	100	陈良
0089_EDE	zhang	134	房丙

第 4 章 简单数据查询

本章工作任务
- 查询学生信息

本章知识目标
- 理解查询处理的机制
- 熟悉常用的系统函数

本章技能目标
- 能使用 SELECT 语句进行条件查询
- 掌握查询排序
- 使用表达式、运算符和函数实现查询

本章重点难点
- 基本查询格式
- 查询条件的构造
- 系统函数的灵活应用

查询是针对表中已经存在的数据行而言的，可以简单地理解为“筛选”，将符合条件的数据抽取出来。

数据表在接受查询请求时，它将逐行判断是否符合查询条件。如果符合查询条件就提取出来，然后把所有选中的行组织在一起，构成查询的结果，通常称作记录集。记录集的结构类似于表结构。在记录集上可以再次进行查询。

4.1 T-SQL 查询基础

4.1.1 使用 SELECT 语句进行查询

T-SQL 语言中最主要、最核心的部分是它的查询功能。查询语言用来对已经存在于数据库中的数据按照特定的组合、条件或者一定次序进行检索。

最简单的查询语句的格式可以表示如下。

```
SELECT <列名表>
FROM <表名>
[WHERE <查询条件>]
[ORDER BY <排序的列名>[ASC|DESC]]
```

SELECT 指定了要查看的列（字段），FROM 指定这些数据来自哪里（表或者视图），WHERE 则指定了要查询哪些行（记录），ORDER BY 用于排序。

查询语句一般都在 SQL Server Management Studio 的查询窗口中进行调试和运行，以下分别举例说明基本查询的不同情况。

1. 查询所有的数据行和列

SELECT 后面加上“*”可以查询所有的数据行和数据列，“*”代表所有的列。如查询学生表中所有的学生信息语句如下：

```
SELECT * FROM Student
```

执行结果如图 4-1 所示。

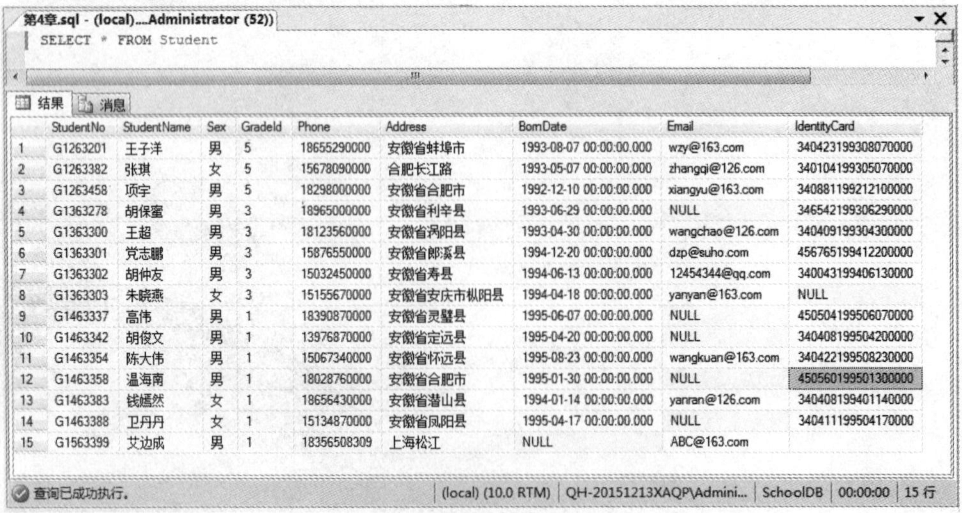

	StudentNo	StudentName	Sex	GradeId	Phone	Address	BornDate	Email	IdentityCard
1	G1263201	王子洋	男	5	18655290000	安徽省蚌埠市	1993-08-07 00:00:00.000	wzy@163.com	340423199308070000
2	G1263382	张琪	女	5	15678090000	合肥长江路	1993-05-07 00:00:00.000	zhangqi@126.com	340104199305070000
3	G1263458	项宇	男	5	18298000000	安徽省合肥市	1992-12-10 00:00:00.000	xiangyu@163.com	340881199212100000
4	G1363278	胡保蜜	男	3	18965000000	安徽省利辛县	1993-06-29 00:00:00.000	NULL	346542199306290000
5	G1363300	王超	男	3	18123560000	安徽省涡阳县	1993-04-30 00:00:00.000	wangchao@126.com	340409199304300000
6	G1363301	党志鹏	男	3	15876550000	安徽省郎溪县	1994-12-20 00:00:00.000	dzp@suho.com	456765199412200000
7	G1363302	胡仲友	男	3	15032450000	安徽省寿县	1994-06-13 00:00:00.000	12454344@qq.com	340043199406130000
8	G1363303	朱晓燕	女	3	15155670000	安徽省安庆市枞阳县	1994-04-18 00:00:00.000	yanyan@163.com	NULL
9	G1463337	高伟	男	1	18390870000	安徽省灵璧县	1995-06-07 00:00:00.000	NULL	450504199506070000
10	G1463342	胡俊文	男	1	13976870000	安徽省定远县	1995-04-20 00:00:00.000	NULL	340408199504200000
11	G1463354	陈大伟	男	1	15067340000	安徽省怀远县	1995-08-23 00:00:00.000	wangkuan@163.com	340422199508230000
12	G1463358	温海南	男	1	18028760000	安徽省合肥市	1995-01-30 00:00:00.000	NULL	450560199501300000
13	G1463383	钱嫣然	女	1	18656430000	安徽省潜山县	1994-01-14 00:00:00.000	yanran@126.com	340408199401140000
14	G1463388	卫丹丹	女	1	15134870000	安徽省凤阳县	1995-04-17 00:00:00.000	NULL	340411199504170000
15	G1563399	艾边成	男	1	18356508309	上海松江	NULL	ABC@163.com	

图 4-1　查询所有的数据行和列

2. 查询部分行和列

使用格式：

  SELECT ＜列名表＞FROM ＜表名＞WHERE ＜查询条件＞

说明：

（1）"列名表"中多个字段用逗号","隔开。

（2）使用 WHERE 子句来设计部分行的条件。

例如，要查询地址不是安徽省蚌埠市的学生的学号、姓名和班级，可输入下面的 SQL 语句：

  SELECT StudentNo,StudentName,Address FROM Student

  WHERE Address ＜＞´安徽省蚌埠市´

执行结果如图 4-2 所示。

图 4-2　查询部分行和列

3. 在查询中使用列的别名

在显示结果时，可以指定以别名来代替原来的字段名称，有以下 3 种不同的方法。

（1）采用"字段名称 As 别名"的格式。

（2）采用"字段名称 别名"的格式。

（3）采用"别名＝字段名称"的格式，其中别名用单引号括起来。

例如：

  SELECT StudentNo AS 学生学号,StudentName AS 学生姓名,Address AS 学生地址 FROM Student

  WHERE Address ＜＞´安徽省蚌埠市´

执行结果如图 4-3 所示。

还有一种情况是使用计算、合并得到新列的命名。例如，假设在某数据库的雇员表 Employees 中存在 FirstName 列和 LastName 列，现在需要将这两列合并成一个"姓名"的

列,可以使用以下查询语句:

SELECT FirstName+´.´+LastName AS 姓名 From Employees

重新命名列名还有一种方法,就是采用"="来命名,例如:

SELECT 姓名=FirstName+´.´+LastName From Employees

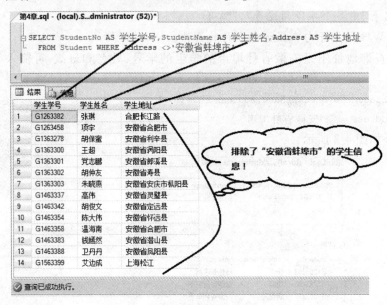

图 4-3　在查询中重新命名列名

4. 查询空值

表中有些字段的值会出现空值,在 T-SQL 语句中采用"IS NULL"或者"IS NOT NULL"来判断是否为空,因此,如果要查询学生信息表中没有填写 Email 信息的学生,可以使用以下查询语句:

SELECT StudentName FROM Student WHERE Email IS NULL

执行结果如图 4-4 所示。

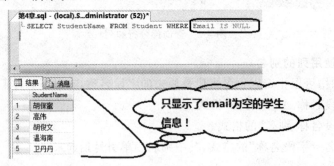

图 4-4　查询 Email 信息为空的学生姓名

5. 在查询中使用常量列

为方便统计或查看,可以将一些常量的信息添加到查询输出中。例如,查询学生信息的时候,学校名称统一都是"安徽财贸",查询语句如下:

SELECT 姓名=StudentName,地址=Address,´安徽财贸´ AS 学校名 FROM Student

执行结果如图 4-5 所示。

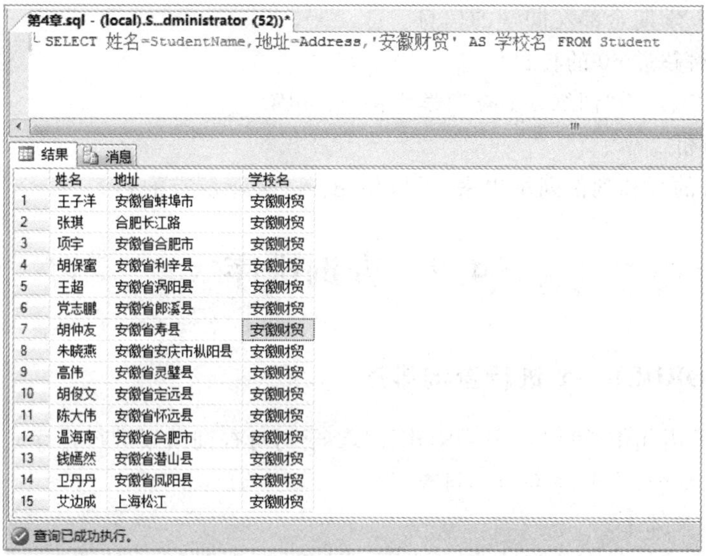

图 4-5 在查询中使用常量列

6. 查询返回限制的行数

如果一个表中有多条记录,而用户只是查看记录的样式和内容,这就没有必要显示全部的记录。如果要限制返回的行数,可以使用 TOP 关键字。例如,要返回学生表中前 3 条记录,查询语句如下:

SELECT TOP 3 * FROM Student

如果要返回一定百分比的记录,还需加上 PERCENT 关键字。例如,要返回学生表中前 20% 的记录,查询语句如下:

SELECT TOP 20 PERCENT StudentName,Address FROM Student WHERE Sex =´女´

执行结果如图 4-6 所示。

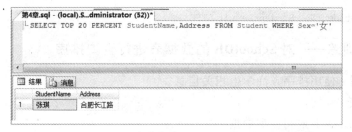

图 4-6 在查询中限制返回的行数

4.1.2 技能训练——对 SchoolDB 的数据表进行简单查询

【训练 4-1】 对课程表 Subject 和学生信息表 Student 进行简单查询。

◈技能要点

使用 SELECT 语句进行查询。

◈需求说明

(1) 查询第一学期的全部学生信息。

(2)查询第二学期的全部学生的姓名和电话。

(3)查询第一学期全部女同学的信息。

(4)查询课时超过 60 的科目信息。

(5)保存 T-SQL 为"训练 4-1 查询学生信息.sql"。

✦ 关键点分析

把表中所有的行和列都列举出来,可以使用"＊"表示所有的列。

4.2 查询排序

4.2.1 使用 ORDER BY 进行查询排序

在 SELECT 语句中,可以使用 ORDER BY 子句对查询结果进行排序。其语法格式为:

［ORDER BY 次序表达式［ASC|DESC］］

其中各项含义如下:

(1)次序表达式为排序的表达式,可以是一个列、列的别名、表达式。

(2)关键字 ASC 表示升序排列,DESC 表示降序排列,默认值为 ASC,排序时,空值(NULL)被认为是最小值。

例如,查询学生的成绩信息,并按照学号进行排列,SQL 语句如下:

SELECT *

FROM Result

ORDER BY StudentNo

还可以按照多列进行排序。例如,在成绩排序中,当学号相同,按照成绩从高到低的次序排序,SQL 语句如下:

SELECT *

FROM Result

ORDER BY StudentNo, StudentResult DESC

4.2.2 技能训练——对 SchoolDB 的数据表进行查询排序

【训练 4-2】 使用排序查询学生相关信息。

✦ 技能要点

(1)使用 SELECT 语句查询数据。

(2)使用 ORDER BY 将结果排序。

✦ 需求说明

(1)按照出生日期查询第一学期的学生信息。

(2)按日期先后、成绩由高到低的次序查询编号为 1 的科目考试信息。

(3)查询 2015 年 01 月 05 日参加"C 语言程序设计"考试的前五名学生的成绩信息。

(4)查询 S1 的课时最多的科目名称。

(5)查询年龄最小学生的姓名及所在的年级。

(6)查询 2015 年 01 月 07 日参加考试的最低分出现的科目。

(7)查询学号为"G1263458"的学生参加过的所有考试信息,并按照时间先后次序显示。

(8)查询学号为"G1263458"的学生参加过的所有考试中的最高分及时间、科目。

(9)保存 T-SQL 为"训练 4-2 使用排序查询.sql"。

◆关键点分析

(1)在 SSMS 中,新建一个查询窗口,然后在数据库为 SchoolDB 或者在查询窗口中输入语句"USE SchoolDB",建议使用后者。

(2)需求四的参考代码:

SELECT TOP 1 SubjectName 课时最多的科目名称,ClassHour 课时 FROM Subject
WHERE GradeID = ⋯ ORDER BY ClassHour DESC

◆补充说明

按照多个列进行排序时(如需求 2),在每列之间使用逗号分隔,并且在每列后面考虑排序的升降序,如:⋯ORDER BY 列 1 ASC,列 2 DESC。

4.3 在查询中使用函数

SQL Server 提供了内置函数,使用这些函数,可以插入当前日期、计算工龄、产生随机验证码等。常用的内置函数有字符串函数、日期函数、数学函数和系统函数。

4.3.1 字符串函数

字符串函数用于对字符串数据进行处理,并返回一个字符串或数字。如表 4-1 列出了部分常用的字符串函数。

表 4-1 部分常用的字符串函数

函数名	描 述	举 例
CHARINDEX	用来寻找一个指定的字符串在另一个字符串中的起始位置	SELECT CHARINDEX('Happy','I am happy',1) 返回:6
LEN	返回传递给它的字符串长度	SELECT LEN('Java 面向对象程序设计') 返回:12
UPPER	把传递给它的字符串转换为大写	SELECT UPPER('Java 面向对象程序设计') 返回:JAVA 面向对象程序设计
LTRIM	清除字符串左边的空格	SELECT LTRIM(' 王子洋 ') 返回:王子洋(后面的空格保留)
RTRIM	清除字符串右边的空格	SELECT LTRIM(' 王子洋 ') 返回:王子洋(前面的空格保留)
RIGHT	从字符串右边返回指定数目的字符	SELECT RIGHT('卡尔.马克思',3) 返回:马克思
REPLACE	替换一个字符串中的字符	SELECT REPLACE('莫乐可切.杨可','可','兰') 返回:莫乐兰切.杨兰
STUFF	在一个字符串中,删除指定长度的字符,并在该位置插入一个新的字符串	SELECT STUFF('ABCDE',2,3,'心随舞动') 返回:A 心随舞动

4.3.2 日期函数

日期和时间函数主要用来处理日期和时间值,通常不能对日期直接运用数学运算。例如,如果执行一个诸如"当前日期+1"的语句,SQL Server 无法理解要增加的是一日、一月还是一年。

日期函数帮助提取日期值中的日、月及年,以便分别操作它们,表 4-2 列出了部分常用的日期函数。

表 4-2 部分常用的日期函数

函数名	描　述	举　例
GETDATE	取得当前系统日期	SELECT GETDATE() 返回:今天的日期
DATEADD	将指定的数值添加到指定的日期部分后的日期	SELECT DATEADD(mm,4,′01/01/2016′) 返回:以当前的日期格式返回 05/01/2016
DATEDIFF	两个日期之间的指定日期部分的间隔	SELECT DATEDIFF(mm,′01/01/2015′,′05/01/2015′) 返回:4
DATENAME	日期中指定日期部分的字符串形式	SELECT DATENAME(dw,′01/01/2000′) 返回:Saturday 或星期六
DATEPART	日期中指定日期部分的整数形式	SELECT DATEPART(day,′01/15/2016′) 返回:15

在实际使用中,日期部分的参数及其缩写都有严格的格式,不可以随意表达,需要遵照格式设计参数。

表 4-3 列出了 SQL Server 可识别的日期部分参数及其缩写。

表 4-3 日期部分参数及其缩写

日期部分参数	缩　写	日期部分参数	缩　写
year	yy,yyyy	weekday	dw,w
quarter	qq,q	hour	hh
month	mm,m	minute	mi,n
dayofyear	dy,y	second	ss,s
day	dd,d	millisecond	ms
week	wk,ww		

4.3.3 数学函数

数学函数用于对数值型数据进行处理,并返回处理结果。表 4-4 列出了部分常用的数学函数。

表 4-4　部分常用的数学函数

函数名	描　　述	举　　例
RAND	返回从 0 到 1 之间的随机 float 值	SELECT RAND() 返回:0.767553509644696
ABS	取数值表达式的绝对值	SELECT ABS(−26) 返回:26
CEILING	向上取整,取大于或等于指定数值、表达式的最小整数	SELECT CEILING(28.5) 返回:29
FLOOR	向下取整,取小于或等于指定表达式的最大整数	SELECT FLOOR(28.5) 返回:28
POWER	取数值表达式的幂值	SELECT POWER(3,2) 返回:9
ROUND	将数值表达式四舍五入为指定精度	SELECT ROUND(28.543,1) 返回:28.500
SIGN	对于正数返回+1,对于负数返回−1,对于 0 则返回 0	SELECT SIGN(−28) 返回:−1
SQRT	取浮点表达式的平方根	SELECT SQRT(4) 返回:2

4.3.4　系统函数

系统函数用来获取有关 SQL Server 中对象和设置的系统信息,表 4-5 列出了部分常用的一些系统函数。

表 4-5　部分常用的系统函数

函数名	描　　述	举　　例
CONVERT	用来转变数据类型	SELECT`CONVERT(VARCHAR(4),8888) 返回:字符串 8888
CURRENT_USER	返回当前用户的名字	SELECT CURRENT_USER 返回:你登录的用户名
DATALENGTH	返回用于指定表达式的字节数	SELECT DATALENGTH('A 联盟') 返回:5
HOST_NAME	返回当前用户所登录的计算机名字	SELECT HOST_NAME() 返回:你所登录的计算机的名字
SYSTEM_USER	返回当前所登录的用户名称	SELECT SYSTEM_USER 返回:你当前所登录的用户名
USER_NAME	从给定的用户 ID 返回用户名	SELECT USER_NAME(1) 返回:从任意数据库中返回"dbo"

4.3.5　技能训练——使用函数对 SchoolDB 的数据表进行查询

【训练 4-3】　使用函数查询学生相关信息。

↪技能要点

(1)使用 SELECT 语句查询数据。

(2)使用函数处理数据。

💡 **需求说明**

(1)查询年龄超过 20 周岁的第三学期的学生信息(假设一年 365 天)。

(2)查询 1 月份过生日的学生信息。

(3)查询今天过生日的学生姓名及所在年级。

(4)查询学号为"G1263458"的学生 Email 的域名。例如,假设他的 Email 地址为"mimichoi276@yahoo.com",则查询出他的 Email 域名为"yahoo.com"。

(5)新生入学,为其分配一个 Email 地址,规则如下:S1+当前日期+4 位随机数+@jbit.com。例如,当前日期是 2016 年 1 月 12 日,产生的四位随机数为 5468,则产生的 Email 地址为"S120161125468@jbit.com"。

(6)保存 T-SQL 为"训练 4-3 使用函数查询.sql"。

💡 **关键点分析**

(1)学生的出生日期与当前日期的天数差值如果大于 365 * 20 天,就说明该学生年龄超过 20 周岁,参考如下 T-SQL 语句:

  DATEDIFF(DD,BornDate,GETDATE())>=365*20。

(2)获取 Email 的域名,分三步实现。

①获取符号"@"的位置 N。

②获取字符串 Email 的长度 L。

③从字符串 Email 右侧截取(L-N)个字符。

(3)获取当前日期的年、月、日,实际就是将当前日期进行拆分,取得指定部分的整数,如下所示为获取当前日期的年份。同理可获得当前日期的月份和日期。

  CONVERT(VARCHAR(4),DATEPART(YYYY,GETDATE()))。

(4)随机数将使用到随机函数 RAND(),取得这个随机数之后,还需要取其最后面的四位数作为"真正的随机数",可以再使用 RIGTH()函数取后面的四位数字。取最后面的四位随机数可以编写以下语句:

  RIGHT(RAND(),4)

4.3.6 技能训练——函数综合技能训练

💡 **【训练 4-4】** 更新用户卡信息。

💡 **技能要点**

函数的综合应用

💡 **需求说明**

(1)某公司印了一批充值卡,卡的密码是随机生成的,现在出现这个问题:对于卡里面的字母"O"和数字"0"、字母"i"和数字"1",用户反映看不清楚,公司决定,把存储在数据库中的密码所有的"O"都改成"0",所有的"i"都改成"1"。

(2)数据库表名:Card;密码列名:Password。

(3)保存 T-SQL 为"训练 4-4 函数的综合应用.sql"文件。

◆ 关键点分析

（1）这是更新操作，需要用 UPDATE 语句实现。

（2）因为牵涉到字符串的替换，需要用到 SQL Server 中的函数 REPLACE()。

（3）可以使用两条语句实现，还可以只使用一条语句，即使用 REPLACE 的连续操作来实现。

使用一条 T-SQL 语句的代码如下：

UPDATE Card SET Password = REPLACE(REPLACE(Password,´0´,´0´),´i´,´1´)

使用 2 条 T-SQL 语句实现代码如下：

UPDATE Card SET Password = REPLACE(Password,´0´,´0´)

UPDATE Card SET Password = REPLACE(Password,´i´,´1´)

◆ 补充说明

（1）实现该功能先需要建立表、添加必要的测试数据。

（2）本技能训练提供的参考建表和添加测试数据如图 4-7 所示。

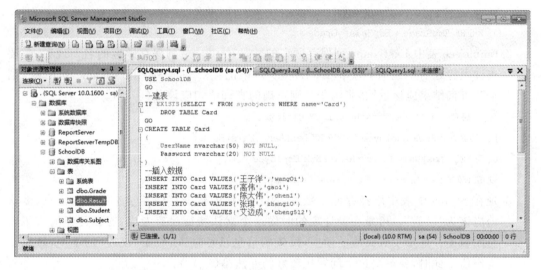

图 4-7　建表和添加测试数据参考图

建表的 T-SQL 语句将在第 8 章进行学习。

本章总结

➢ 查询是按照条件逐行筛选表中的记录，将符合要求的记录组合形成记录集，记录集中的字段就是查询中需要显示的字段。

➢ 使用 IS NULL 判断一行中的某列是否为空。

➢ 使用 ORDER BY 进行查询记录集的排序，并且可以按照多个列进行排序。

➢ 在查询中，可以对字段重命名为用户容易理解的名字

➢ 在查询中，可以使用常量、表达式、运算符或函数。

习题 4

一、选择题

1. 假设 Employee 表有三列 EmpID、EmpGrade、EmpSalaryGrade,并且列值都是整型数据类型,则以下(　　)中的语句能正确执行。

   A. SELECT EmpID FROM Employee ORDER BY EmpID
      WHERE EmpID = EmpGrade

   B. SELECT EmpID FROM Employee
      WHERE EmpID = EmpGrade = EmpSalaryGrade

   C. SELECT EmpID FROM Employee
      ORDER BY EmpGrade + EmpSalaryGrade

   D. SELECT EmpID,EmpGrade FROM Employee
      WHERE EmpGrade + EmpSalaryGrade

2. Employee 表中 LastName 列保存顾客的姓,FirstName 列保存顾客的名。现在,需要查询顾客姓名的组合,例如,LastName 列中的"张",同一行 FirstName 列中的"国华",查询结果应该返回"张国华",则正确的查询语句应该是(　　)。

   A. SELECT LastName,FirstName FROM Employee

   B. SELECT * FROM Employee ORDER BY LastName,FirstName

   C. SELECT LastName + FirstName FROM Employee

   D. SELECT LastName And FirstName From Employee

3. 现在 Students 表中已经存储了数据,Nation 列的数据存储了学生的民族信息,默认值应该为"汉族"。可是在设计表的时候这个默认特征没有考虑,现在已经输入了大量的数据。对于少数民族的学生,民族的信息已经输入,对于"汉族"的学生,数据都为空值。此时,要解决这个问题比较好的办法是(　　)。

   A. 在表中为该列添加 NOT NULL 约束

   B. 使用"UPDATE Students SET Nation='汉族' WHERE Nation IS NULL"进行数据更新

   C. 使用"UPDATE Students SET Default='汉族'"进行数据更新

   D. 手动输入所有的汉族

4. 一个小组正在开发一个大型的银行存款系统,系统中包含上百万行顾客的信息。现在正在调试 SQL 语句,以进行查询的优化。可是,他们每次执行查询时,都返回好几百万行数据,显示查询结果非常费时。此时,比较好的解决办法是(　　)。

   A. 删除这些数据

   B. 把这些数据转换到文本文件中,再在文本文件中查找

   C. 在查询语句中使用 TOP 子句限制返回行数

   D. 在查询语句中使用 ORDER BY 子句进行排序

5. 执行以下 SQL 语句:SELECT TOP 40 PERCENT SName,SAddress FROM Students

结果返回了 20 行数据,则( )。

    A. 表 Students 中只有 40 行数据   B. 表 Students 中只有 20 行数据

    C. 表 Students 中大约有 50 行数据   D. 表 Students 中大约有 100 行数据

6. 表 Math 中有 Ori 和 Dest 两列,要把 Ori 列的平方根写到 Dest 列,正确的 SQL 语句为( )。

    A. UPDATE Math SET Dest=SQRT(Ori)

    B. UPDATE Math SET Ori=Ori/2

    C. SELECT Dest FROM Math SET Dest=Ori.SQRT

    D. SELECT Ori FROM Math SET Dest=Ori/2

7. 以下( )能够得到今天属于哪个月份。

    A. SELECT DATEDIFF(mm,GETDATE())

    B. SELECT DATEPART(mm,GETDATE())

    C. SELECT DATEPART(n,GETDATE())

    D. SELECT DATENAME(dw,GETDATE())

8. 以下( )能够在结果集中创建一个新列"查询用户",并且使用 SQL Server 中的当前用户来填充列值。

    A. SELECT SName,'USER' AS 查询用户 FROM Students

    B. SELECT SName,SYSTEM_USER AS 查询用户 FROM Students

    C. SELECT SName,查询用户 FROM Students

    D. SELECT SName,SYSTEM_USER=查询用户 FROM Students

9. 假设 Users 表中有 4 行数据,Score 表中有 3 行数据,且表中数据均为有效数据,如果执行以下的语句:SELECT * FROM Users,Score WHERE Users.ID=Score.ID,则可能返回( )行数据。

    A. 0   B. 3   C. 9   D. 12

10. SQL 查询中使用 ORDER BY 子句指出的是( )。

    A. 查询目标   B. 查询结果排序   C. 查询视图   D. 查询条件

11. 查询 Student 表中的所有非空 email 信息,以下语句正确的是( )。

    A. SELECT email FROM Student Where email !=null

    B. SELECT email FROM Student Where email not is null

    C. SELECT email FROM Student Where email <>null

    D. SELECT email FROM Student Where email is not null

12. SELECT 语句中使用关键字( )可以限定返回数据的行数。

    A. TOP   B. UNION   C. ALL   D. DISTINCT

13. 在 SELECT 语句中使用 top 5 时,返回结果是( )。

    A. 表中前五行数据   B. 行编号有"5"的数据

    C. 表中前五行有空值的数据   D. 表中第五行数据

14. 在查询结果集中将 NAME 字段显示为联系人,应该使用( )语句。

    A. SELECT name FROM Customers as '联系人'

    B. SELECT name='联系人' FROM Customers

C. SELECT * FROM Customers WHERE name='联系人'

D. SELECT name '联系人' FROM Customers

15. 用于求系统日期函数的是(　　)。

　　A. YEAR()　　　B. GETDATE()　　　C. COUNT()　　　D. SUM()

16. 函数 FLOOR(－41.3)返回(　　)

　　A. －41　　　B. －42　　　C. 42　　　D. 以上都不是

17. 表达式 LEN('电子学院')+DATALENGTH(GETDATE())的值为(　　)。

　　A. 8　　　B. 10　　　C. 12　　　D. 16

二、操作题

1. 使用前面章节习题中的 NetBar 数据库,编写查询语句分别满足以下的需求。

(1)由于最近屡次发生卡密码丢失事件,因此机房规定:要求密码与姓名或者卡号不能一样。请编写 SQL 语句,查出密码与姓名或者卡号一样的人的姓名,以方便通知。

(2)编号为 B01 的计算机坏了,请通过查询得到这台计算机最近一次上机的卡号。

(3)为了提高上门率,上个月举行了优惠活动:周六和周日每小时上机的费用为半价。请统一更新数据库表中的上机费用信息。

(4)编写查询显示本月上机时间最长的前三名用户的卡号。

2. 已知一张银行开户表 cardInfo 包含卡号(cardID)、开户日期(OpenDate)等列,如何使用 T-SQL 语句和日期函数获得本周开卡的信息。

提示:DATEPART(weekday,openDate)表示开发日期是一星期中的第几天(周日为第一天,周一为第二天……)。

第5章
模糊查询和聚合函数

本章工作任务
- 对学生信息进行模糊查询
- 对成绩信息进行汇总统计

本章知识目标
- 掌握通配符的概念及应用
- 掌握聚合函数的用法

本章技能目标
- 使用 LIKE、BETWEEN、IN 进行模糊查询
- 使用聚合函数统计和汇总查询信息

本章重点难点
- 使用 LIKE、BETWEEN、IN 进行模糊查询
- 汇总统计
- 聚合函数的适用范围

在实际使用数据库时，查询者往往对要查询的数据了解得不全面，其查询条件是模糊的、不确定的。例如，查询"安徽省的学生"、查询"姓王"的学生或查询分数在70～90分的考试成绩，这种查询不是指定某个固定的地区、某个人的姓名或一个具体的分数，这样的查询都属于模糊查询。

模糊查询可以使用"LIKE"关键字加上通配符来进行，模糊查询还有基于某个范围内的查询和在某些列举值内的查询。

5.1 模糊查询

5.1.1 通配符

通配符是一类字符，它可以代替一个或多个真正的字符，查找信息时作为替代字符出现。T-SQL 中的通配符必须与"LIKE"关键字一起使用。

在 T-SQL 中，提供了如表 5-1 所示的通配符。

表 5-1 通配符

通配符	解　释	示　例
_	一个字符	A LIKE ′C_′，则符合条件的 A 如 CS、Cd 等
%	任意长度的字符串	B LIKE ′MA%′，则符合条件的 B 如 MARRY、MAKE 等
[ ]	括号中所指定范围内的一个字符	C LIKE ′15[1—2]′，则符合条件的 C 如 151 或 152
[^]	不在括号中所指定范围内的任意一个字符	D LIKE ′18[^1—2]′，则符合条件的 D 如 183 或 187 等

5.1.2 使用 LIKE 进行模糊查询

LIKE 运算符搜索与指定模式匹配的字符串。由于该运算符只用于字符串，所以仅与字符数据类型（如 char 或 varchar 等）联合使用。

在数据更新、删除、或者查询的时候，依然可以使用"LIKE"关键字进行匹配查找。

例如，查找姓王的学生信息：

SELECT * FROM Student WHERE StudentName LIKE ′王%′

执行结果如图 5-1 所示。

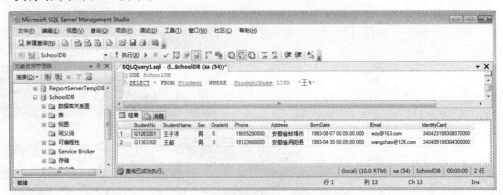

图 5-1 查询"姓王"的学生信息

再如,查询住址包含"安徽省"字样的学生信息:

SELECT * FROM Student WHERE Address LIKE'%安徽省%'

执行结果如图 5-2 所示。

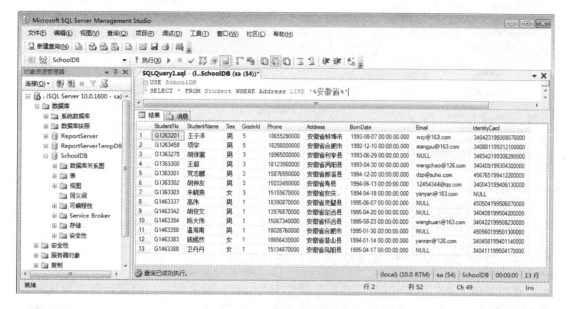

图 5-2 查询住址包含"安徽省"字样的学生

5.1.3 技能训练——使用 LIKE 对 SchoolDB 的数据表进行模糊查询

【训练 5-1】 使用 LIKE 模糊查询学生的相关信息。

↔技能要点

使用 LIKE 关键字进行模糊查询。

↔需求说明

(1)查询住址为"定远县"的学生姓名、电话、住址。

(2)查询名称中含有"设计"字样的课程名称、学时及所属年级,并按年级由低到高显示。

(3)查询电话号码以"1515"开头的学生姓名、住址和电话。

(4)保存 T-SQL 为"训练 5-1 查询学生基本信息.sql"文件。

↔关键点分析

(1)在 SQL Server Management Studio 中,新建一个查询窗口,选择数据库 SchoolDB 或在查询窗口中输入语句"USE SchoolDB",建议使用后者,如图 5-2 所示。

(2)住址为定远县,并没有说明定远县什么地方,所以使用匹配多个字符的通配符,参考如下 T-SQL 语句:

SELECT StudentName,Phone,Address FROM Student WHERE Address LIKE'%定远县%'

执行结果如图 5-3 所示。

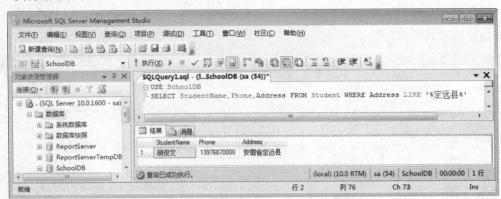

图 5-3 查询"定远县"的学生信息

💡 补充说明

如果写成"LIKE '定远县%'"可能会漏查数据,只能查询到以定远县开头的数据。

5.1.4 使用 BETWEEN 在某个范围内进行查询

使用关键字 BETWEEN 可以查找那些介于两个已知值之间的一组值。要实现这种查找,必须知道查找的初值和终值,并且初值要小于等于终值,初值和终值用 AND 关键字分开。

例如,查询分数在 60(含)80(含)之间的信息如下:

SELECT * FROM Result WHERE StudentResult BETWEEN 60 AND 80

执行结果如图 5-4 所示。

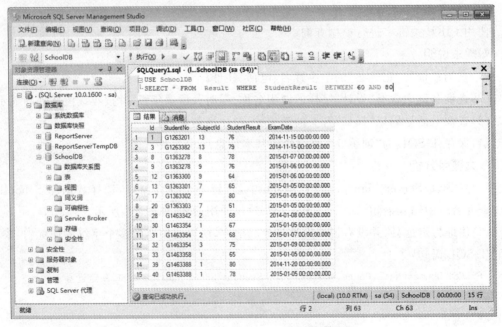

图 5-4 查询分数在 60~80 之间的信息

如果写成如下形式：

SELECT * FROM Result WHERE StudentResult BETWEEN 80 AND 60

执行结果如图 5-5 所示，没有查询到任何信息，因为初值没有小于等于终值。

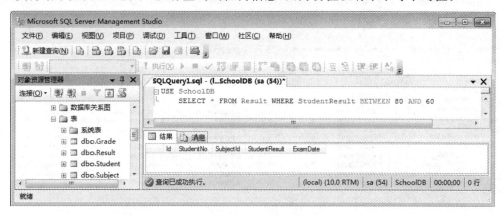

图 5-5　查询不到相应信息

此外，BETWEEN 查询在查询日期范围的时候使用得比较多。例如，查询不在 2014 年 11 月 1 日到 2015 年 1 月 7 日之间考试的成绩信息。

SELECT * FROM Result WHERE ExamDate NOT BETWEEN ´2014-11-1´ AND ´2015-1-7´

运行结果如图 5-6 所示。

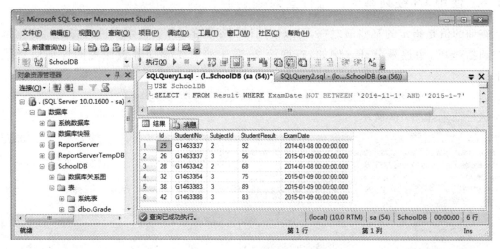

图 5-6　NOT 使用实例

注意：使用 NOT 来对限制条件进行"取反"操作，实现不在"2014 年 11 月 1 日到 2015 年 1 月 7 日之间"的表达式。

5.1.5　技能训练——使用 BETWEEN 对 SchoolDB 的数据表进行模糊查询

【训练 5-2】　使用 BETWEEN 模糊查询学生的相关信息。

✎ 技能要点

使用 BETWEEN 关键字进行模糊查询。

◈ 需求说明

查询出生日期中 1994-1-1 到 1995-12-31 之间的学生信息,执行结果如图 5-7 所示。

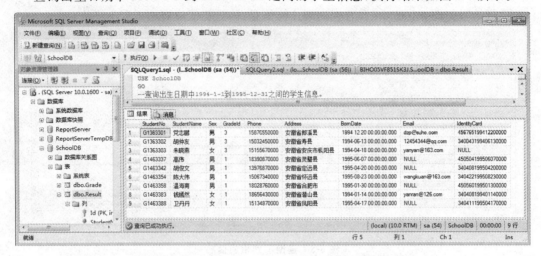

图 5-7　查询 1994-1-1 到 1995-12-31 之间的学生信息的参考结果

◈ 关键点分析

两个日期值之间的信息,初值要小于等于终值。

5.1.6　使用 IN 在列举值内进行查询

查询的值是指定的某些值之一,可以使用带列举值的 IN 关键字来进行查询。将列举值放在圆括号里,用逗号分开。例如,查询第 2、第 3 和第 4 学期开设课程的详细信息代码如下:

SELECT * FROM Subject WHERE GradeId IN(2,3,4) ORDER BY GradeId

执行结果如图 5-8 所示。

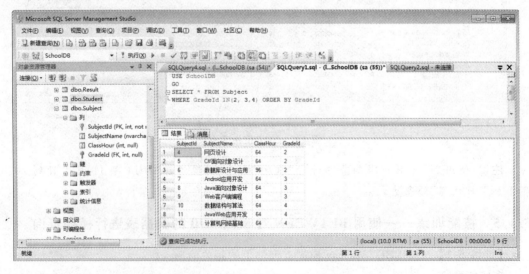

图 5-8　IN 关键字代码执行参考结果图

同样可以把 IN 关键字和 NOT 关键字合起来使用,这样可以达到所有不匹配列举值的行。

注意:列举值类型必须与匹配的列具有相同的数据类型。

5.1.7 技能训练——使用 IN 对 SchoolDB 的数据表进行模糊查询

【训练 5-3】 使用 IN 关键字进行模糊查询学生相关信息。

✎ 技能要点

使用 IN 关键字进行模糊查询。

✎ 需求说明

查询学号为 G1463337 的学生参加的科目编号为 1、2、3 的考试成绩信息。

✎ 关键点分析

(1)学号为 G1463337,并且科目编号为 1、2、3,这 2 个条件必须使用 AND 连接。
(2)使用 IN 来限定科目编号为 1、2、3。
(3)参考 T-SQL 语句如下:

SELECT… WHERE StudentNo = ´G1463337´ AND SubjectId IN(1,2,3)

(4)执行结果如图 5-9 所示。

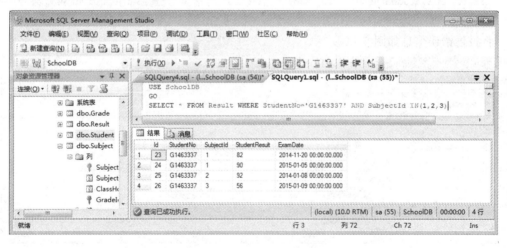

图 5-9 执行参考结果图

5.2 T-SQL 中的聚合函数

5.2.1 SUM( )函数

SUM()函数返回表达式中所有数值的总和,忽略其中的空值。SUM()函数只能用于数字类型的列,不能够汇总字符、日期等其他数据类型。例如,查询学生学号为 G1263201 的考试总分,可以使用如下查询。

SELECT SUM(StudentResult) AS 学号为 G1263201 的学生总分 FROM Result
    WHERE StudentNo = ´G1263201´

查询结果如图 5-10 所示。

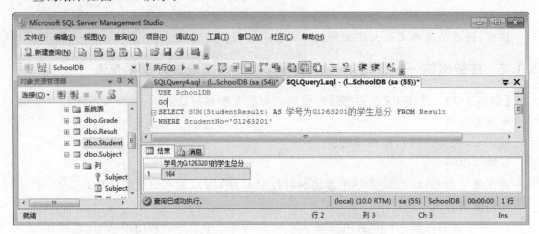

图 5-10　查询学号为 G126201 学生的考试总分

注意这种查询只返回一个数值,因此,不能够直接与可能返回多行的列一起使用来查询。例如,

```
SELECT SUM(StudentResult) AS '学号为 G1263201 的学生总分',SubjectId AS 科目编号 FROM
Result WHERE StudentNo = 'G1263201'
```

将报告错误信息如图 5-11 所示。

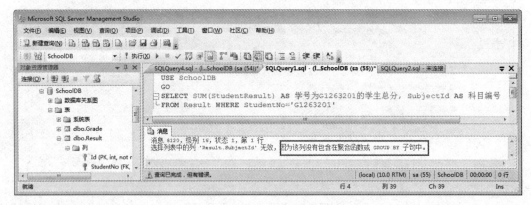

图 5-11　错误提示

在一个查询中可以同时使用多个聚合函数。

5.2.2　AVG( )函数

AVG()函数返回表达式中所有数值的平均值,空值将被忽略。AVG()函数也只能用于数字类型的列。

例如,在成绩表中数据如表 5-2 所示。要查询及格以上的学生的平均成绩。

表 5-2 学生成绩表中的数据

Id	StudentNo	SubjectId	StudentResult
1	G1263201	13	76
2	G1263201	14	88
3	G1263382	13	79
4	G1263382	14	56
5	G1263458	13	92
6	G1263458	14	
7	G1363278	7	55
8	G1363278	8	78
9	G1363278	9	76
10	G1363300	7	83
11	G1363300	8	49
12	G1363300	9	64
13	G1363301	7	65
14	G1363301	8	87
15	G1363301	9	55
16	G1363301	9	90
17	G1363302	7	80
18	G1363302	8	56
19	G1363302	9	87
20	G1363303	7	61
21	G1363303	8	87
22	G1363303	9	81
23	G1463337	1	82
24	G1463337	1	90
25	G1463337	2	92
26	G1463337	3	56
27	G1463342	1	86
28	G1463342	2	68
29	G1463354	1	52
30	G1463354	1	67
31	G1463354	2	68
32	G1463354	3	75
33	G1463358	1	65
34	G1463358	2	92
35	G1463383	1	88
36	G1463383	1	87
37	G1463383	2	92
38	G1463383	3	89
39	G1463388	1	80
40	G1463388	1	78
41	G1463388	2	92
42	G1463388	3	83

参考 T-SQL 语句如下：

SELECT AVG(StudentResult) AS 平均成绩

FROM Result WHERE StudentResult>=60

执行结果如图 5-12 所示。

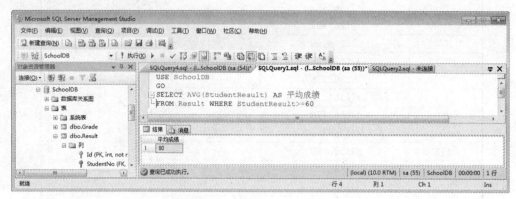

图 5-12　使用 AVG( )聚合函数求平均值

5.2.3　MAX( )函数和 MIN( )函数

MAX()函数返回表达式中的最大值，MIN()函数返回表达式中的最小值，这两个函数同样都忽略任何空值，并且它们都可以用于数字型、字符型及日期/时间类型的列。对于字符序列，MAX()函数查找排序序列的最大值。而 MIN()函数同理，返回排序序列的最小值。

例如，查询平均成绩、最高分、最低分的语句如下：

SELECT AVG(StudentResult) AS 平均成绩,MAX(StudentResult) AS 最高分,MIN(StudentResult)

AS 最低分 FROM Result WHERE StudentResult>=60

查询结果如图 5-13 所示。

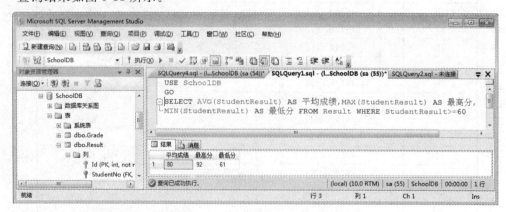

图 5-13　使用 MAX( )和 MIN( )聚合函数求最大值和最小值

5.2.4　COUNT( )函数

COUNT()函数返回记录集的条数。COUNT()函数可以用于除去 text、image、ntext 以外任何类型的列。一般使用星号(*)作为 COUNT 的表达式,使用星号可以不必指定特定的列而计算所有的行数,当对所有的行进行计数时,则包括包含空值的行。

例如,查询总记录数的语句如下:

SELECT COUNT(*) AS 总记录数 FROM Result

查询结果如图 5-14 所示。

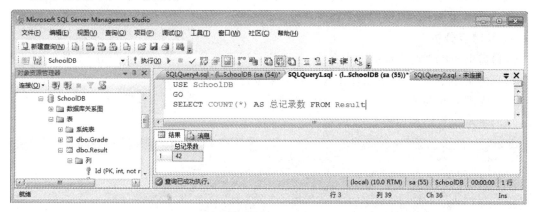

图 5-14　使用 COUNT( )聚合函数得到行数

此外,也可以对某列(StudentResult)进行计数,如:

SELECT COUNT(StudentResult) AS 分数记录数 FROM Result

查询结果如图 5-15 所示,单列统计总记录时忽略了空值,所以结果为 41。

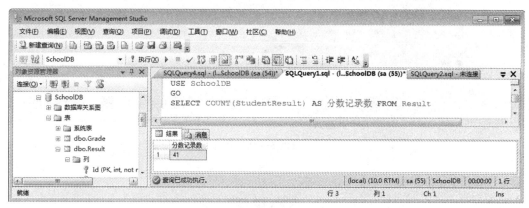

图 5-15　使用 COUNT( )聚合函数得到某列的行数

5.2.5　技能训练——使用聚合函数对 SchoolDB 的数据表进行汇总查询

【训练 5-4】　查询汇总信息。

❖ 技能要点

聚合函数的使用。

❖ 需求说明

(1)统计数据库中学生总人数。

(2)查询 S1 学期总学时。

(3)查询学号为 G1463354 的学生 S1 学期考试的总成绩。

(4) 查询学号为 G1463354 的学生 S1 学期所有考试的平均分。

(5) 查询 2015 年 1 月 7 日课程"大学英语"的最高分、最低分、平均分。

(6) 查询 2015 年 1 月 7 日课程"大学英语"及格学生的平均分。

(7) 查询所有参加"C 语言程序设计"课程考试的学生的平均分。

(8) 保存 T-SQL 为"训练 5-4 查询学生.sql"。

◆ **关键点分析**

(1) 需求 4 中需要查询某学生在 S1 学期的考试成绩统计,首先需要知道 S1 学期的课程编号,只能是用手工查询,然后使用聚合函数来进行计算。

(2) 需求 6 需要了解"大学英语"的课程编号。

(3) 参考执行结果如图 5-16 所示。

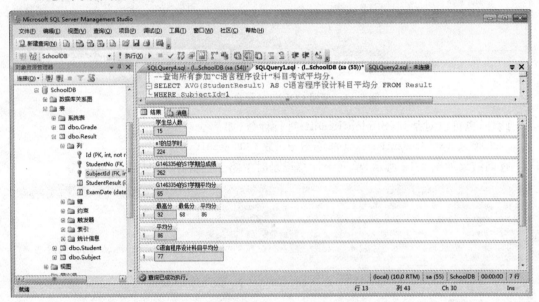

图 5-16　技能 5-4 执行参考结果

本章总结

➢ 通配符是一类字符,它可以代替一个或多个真正的字符,查找信息时作为替代字符出现。

➢ "_"和"%"分别匹配一个字符或多个字符。

➢ 使用 LIKE、BETWEEN、IN 关键字,能够进行模糊查询。

➢ 聚合函数能够对列进行计算,对于分析和统计非常有用。

➢ 常用的聚合函数有 SUM()、AVG()、MAX()、MIN() 和 COUNT()。

习题 5

一、选择题

1. 在 T-SQL 聚合函数中,以下( )用于返回表达式中所有值的总和。
   A. SUM()　　　B. COUNT()　　　C. AVG()　　　D. MAX()

2. 在 T-SQL 中,聚合函数能够基于列进行计算,以下关于聚合函数描述错误的是( )。
   A. COUNT(*)返回组中项目的数量,这些项目不包括 NULL 值和重复项
   B. MAX()忽略任何空值,对于字符列,MAX()查找排序序列的最高值
   C. MIN()忽略任何空值,对于字符列,MIN()查找排序序列的最高值
   D. SUM()返回表达式中所有值的和,空值将被忽略

3. 假设 Sales 表用于存储销售信息,SName 列为销售人员姓名,SMoney 列为销售额度,现在需要查询最大一笔销售额度是多少,则正确的查询语句是( )。
   A. SELECT MAX(SMoney) FROM Sales WHERE MAX(SMoney)>0
   B. SELECT SName,MAX(SMoney) FROM Sales WHERE COUNT(SName)>0
   C. SELECT SName,MAX(SMoney) FROM Sales ORDER BY SName,SMONEY
   D. SELECT MAX(SMoney) FROM Sales

4. 假设 Users 表中的 TelNumber 列存储电话号码信息,则查询不是以 7 开头的所有电话号码的查询语句是( )。
   A. SELECT TelNumber FROM Users WHERE TelNumber IS NOT '％7'
   B. SELECT TelNumber FROM Users WHERE TelNumber LIKE '％7'
   C. SELECT TelNumber FROM Users WHERE TelNumber NOT LIKE '7％'
   D. SELECT TelNumber FROM Users WHERE TelNumber LIKE'[1—6]％'

5. 要查询一个班级中低于平均成绩的学生,需要使用( )。
   A. TOP 子句　　　B. ORDER BY 子句　　C. HAVING 子句　D. 聚合函数 AVG()

6. 以下( )不属于聚合函数。
   A. MAX()　　　B. COUNT()　　　C. CONVERT()　　　D. MIN()

7. 在 SELECT 语句的 WHERE 子句的表达式中,可以匹配 0 个到多个字符的通配符是( )。
   A. *　　　　　B. ％　　　　　　C. -　　　　　　D. ?

8. 下列哪些选项在 T-SQL 语言中使用时不用括在单引号中( )。
   A. 单个字符　　B. 字符串　　　C. 通配符　　　D. 数字

9. 函数 Sum 的意思是求所在字段内所有的值的( )。
   A. 和　　　　　B. 平均值　　　C. 最小值　　　D. 第一个值

10. 可以使用 BETWEEN 运算符的数据类型是( )。
    A. 字符　　　　B. 日期　　　　C. 二进制　　　D. 时间戳

11. 在条件子句中可用于限定日期范围的运算符是( )。
    A. BETWEEN　　B. IN　　　　　C. LIKE　　　　D. EXISTS

12. 下列聚合函数中不忽略空值（null）的是（　　）。
    A. SUM（列名）　　B. MAX（列名）　　C. COUNT（*）　　D. AVG（列名）
13. SQL 中，聚合函数 COUNT（列名）用于（　　）
    A. 计算元组个数　　　　　　　　B. 计算属性的个数
    C. 对一列中的非空值计算个数　　D. 对一列中的非空值和空值计算个数
14. 在数据库表 employee 中查找字段 empid 中以两个数字开头第三个字符是下划线"_"的所有记录。请选择以下正确的语句:（　　）。
    A. SELECT * FROM employee WHERE empid LIKE '[0-9][0-9]_%'
    B. SELECT * FROM employee WHERE empid LIKE '[0-9][0-9]_[%]'
    C. SELECT * FROM employee WHERE empid LIKE '[0-9]9[_]%'
    D. SELECT * FROM employee WHERE empid LIKE '[0-9][0-9][_]%'

二、操作题

1. 在之前的 NetBar 数据库完成以下需求：
（1）一位家长想看看自己儿子这个月的上机次数，已知他儿子的卡号为 0023_ABC。
（2）查询 24 小时以内上机的信息。
（3）查询本周的上机人员的信息，并按照卡号进行分组。
（4）查询卡号第 6 位和第 7 位是"AB"的人员的上机费用汇总。

2. 在 SQL Server 数据库中，房屋信息表结构如表 5-3 所示，现在需要查询如下信息，请编写 T-SQL 语句实现。
（1）房屋类型包含"一厅"的房屋信息。
（2）房主姓名为"于*玲"的房屋信息，其中*代表一个字。
（3）地理位置为"解放区"的出租屋信息。
（4）所有"一室一厅"出售房的平均面积。

表 5-3　房屋信息表 HouseInfo 结构

序　号	字段名称	字段说明	类　型	位　数	备　注
1	HouseID	序　号	int		自动编号，主键
2	HouseType	房屋类型	nvarchar	30	如一室一厅等
3	Area	面积	float		房屋建筑面积
4	Landlord	房主姓名	nvarchar	20	
5	LandlordID	身份证号	nvarchar	18	房主证件号码
6	ExchangeType	交易类型	nvarchar	2	只输入"出租"或"出售"
7	LandlordTel	联系电话	varchar	20	
8	Address	地理位置	nvarchar	50	

3. 在 SQL Server 数据库中，雇员信息表的结构如表 5-4 所示，现在需要查询如下信息，请编写 T-SQL 语句来实现。
（1）所有男员工的平均年龄。
（2）学历本科的员工信息。
（3）年龄超过 25 岁的员工平均工资。

(4)男、女员工最高工资和最低工资。

表 5-4 雇员信息表 Employee 结构

序号	字段名称	字段说明	类型	位数	备注
1	EmployeeID	员工号	int		自动编号,主键
2	Name	姓名	nvarchar	50	不允许为空
3	Age	年龄	int		默认为0,不允许空
4	Sex	性别	char	2	默认为男,不允许空
5	Education	学历	nvarchar	20	
6	Job	职位	nvarchar	50	不允许空
7	Salary	薪水	money	8	默认为0,不允许空

4.某公司的产品销售系统有两个表 Product 和 Sales,其中存在的数据记录如表 5-5 和 5-6 所示。

其中字段含义如下:

(1)ProductID:产品编号。

(2)ProductName:产品名称。

(3)Price:销售价格。

(4)ClientName:客户姓名。

(5)ProductNumber:购买数量。

(6)SalesPrice:实际销售价格。

编写 T-SQL 语句实现以下的查询功能:

(1)查询美国购买产品的总金额。

(2)查询购买过商品"坦克"的客户名称、购买数量。

(3)查询并统计轮船的销售总金额。

表 5-5 Product 表

ProductID	ProductName	Price
1	飞机	11000
2	轮船	22000
3	坦克	33000
4	火箭炮	44000

表 5-6 Sales 表

ProductID	ClientName	ProductNumber	SalesPrice
2	科威特	5	20000
1	科威特	6	11000
3	美国	1	31000
2	美国	4	22000
1	美国	10	9000
3	英国	8	29000
3	法国	7	32000

第 6 章
分组查询和连接查询

本章工作任务
- 统计学生成绩信息
- 通过多表连接获得学生成绩单

本章知识目标
- 掌握分组查询的机制
- 掌握连接查询的机制

本章技能目标
- 使用 GROUP BY 进行分组查询
- 使用 HAVING 对分组进行筛选
- 掌握多表连接查询

本章重点难点
- 使用 GROUP BY 进行分组
- 多表连接
- 外连接和内连接的区别

在实际使用数据库中，经常需要进行分类统计，如：统计每个人的平均成绩，也就是说，首先需要对成绩表的记录按照学号来分组，然后再对每组计算平均成绩。

分类统计的情况很多，例如有网上书店销售系统，销售种类的图书，就需要分类统计不同种类图书的总数、平均价格等。这时就必须首先按照图书种类进行分类，这样就分成很多组，然后在每组的基础上分别进行汇总和统计。分组后的统计计算要利用前面学习过得聚合函数，如：COUNT()、AVG()等。

6.1 分组查询

6.1.1 使用 GROUP BY 进行分组查询

1. 单列分组查询

成绩表中存储了学生参加考试的成绩。现在需要统计不同科目的平均成绩，也就是说，首先需要对成绩表中的记录按照科目来分组，分组以后再针对每个组进行平均成绩计算。

这实际上也就是分组查询的原理。分组后的统计计算要利用前面学习过的聚合函数，如 SUM()、AVG()等。

【演示 6-1】 统计表 6-1 中每门课程的平均分。

表 6-1 学生成绩表中的数据

Id	StudentNo	SubjectId	StudentResult	Id	StudentNo	SubjectId	StudentResult
1	G1263201	13	76	22	G1363303	9	81
2	G1263201	14	88	23	G1463337	1	82
3	G1263382	13	79	24	G1463337	1	90
4	G1263382	14	56	25	G1463337	2	92
5	G1263458	13	92	26	G1463337	3	56
6	G1263458	14		27	G1463342	1	86
7	G1363278	7	55	28	G1463342	2	68
8	G1363278	8	78	29	G1463354	1	52
9	G1363278	9	76	30	G1463354	1	67
10	G1363300	7	83	31	G1463354	2	68
11	G1363300	8	49	32	G1463354	3	75
12	G1363300	9	64	33	G1463358	1	65
13	G1363301	7	65	34	G1463358	2	92
14	G1363301	8	87	35	G1463383	1	88
15	G1363301	9	55	36	G1463383	1	87
16	G1363301	9	90	37	G1463383	2	92
17	G1363302	7	80	38	G1463383	3	89
18	G1363302	8	56	39	G1463388	1	80
19	G1363302	9	87	40	G1463388	1	78
20	G1363303	7	61	41	G1463388	2	92
21	G1363303	8	87	42	G1463388	3	83

从表中的数据可以看出，该成绩记录了 8 门课程的学生成绩，科目号（SubjectId）分别是 1、2、3、7、8、9、13、14。此时，要统计不同科目的平均成绩。首先把相同的 SubjectId 分为一组，这样就将数据分成了 8 组，如表 6-2 所示。然后针对每一组使用前面的聚合函数取平均分，这样就得到了每门科目的平均分数。

在编写 SQL 语句之前，先想想我们想要的输出结果是什么？我们想要的输出结果应该首先是不同的科目，其次是每门科目的平均分。那么，我们还能够在查询中输出显示这张表中学生编号的信息吗？答案显示是不行了。很明显，学生的编号与课程再也不是一对一的关系，因为科目已经被"分组"了，分组后的数量减少为 9 组，而学生没有被"分组"，依然保持原来的个数。

表 6-2 分组后的成绩表

Id	StudentNo	SubjectId	StudentResult	Id	StudentNo	SubjectId	StudentResult
23	G1463337	1	82	7	G1363278	7	55
24	G1463337	1	90	10	G1363300	7	83
27	G1463342	1	86	13	G1363301	7	65
29	G1463354	1	52	17	G1363302	7	80
30	G1463354	1	67	20	G1363303	7	61
33	G1463358	1	65	8	G1363278	8	78
35	G1463383	1	88	11	G1363300	8	49
36	G1463383	1	87	14	G1363301	8	87
39	G1463388	1	80	18	G1363302	8	56
40	G1463388	1	78	21	G1363303	8	87
25	G1463337	2	92	9	G1363278	9	76
28	G1463342	2	68	12	G1363300	9	64
31	G1463354	2	68	15	G1363301	9	55
34	G1463358	2	92	16	G1363301	9	90
37	G1463383	2	92	19	G1363302	9	87
41	G1463388	2	92	22	G1363303	9	81
26	G1463337	3	56	1	G1263201	13	76
32	G1463354	3	75	3	G1263382	13	79
38	G1463383	3	89	5	G1263458	13	92
42	G1463388	3	83	2	G1263201	14	88
				4	G1263382	14	56
				6	G1263458	14	

以上这种类型的查询，在 SQL Server 中称为分组查询，分组查询采用 GROUP BY 子句来实现。采用分组查询实现的 T-SQL 语句如下：

SELECT SubjectId AS 课程编号,AVG(StudentResult) AS 课程平均成绩 FROM Result
GROUP BY SubjectId

查询结果如图 6-1 所示。

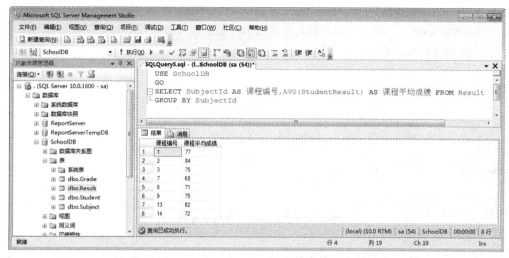

图 6-1 分组查询的输出结果

【演示 6-2】 查询男女学生的人数。

首先按照性别列进行分组:GROUP BY Sex。其次对每个组进行总数的统计,用到聚合函数 COUNT()。

参考 T-SQL 语句如下:

```
SELECT COUNT( * ) AS 人数,Sex FROM Student GROUP BY Sex
```

查询结果如图 6-2 所示。

	人数	Sex
1	11	男
2	4	女

图 6-2 查询男女学生的人数

【演示 6-3】 查询每个学期的总人数。

思路同前面的一样,按照学期进行分组即可。

参考 T-SQL 语句如下:

```
SELECT COUNT( * ) AS 学期人数,GradeId AS 学期 FROM Student GROUP BY GradeId
```

查询结果如图 6-3 所示。

	学期人数	学期
1	7	1
2	5	3
3	3	5

图 6-3 查询每个学期的总人数

【演示 6-4】 查询每个科目的平均分,并且按照由高到低的顺序排列显示。

思路同前面的一样,按照科目进行分组。

分数由高到低进行排序,需要用到 ORDER BY 子句,问题是 ORDER BY 子句放在哪个位置? GROUP BY 子句之前还是之后? 现在仔细想一想,进行排序时,应该是对分组后平均分进行排序,这样想应该放在 GROUP BY 子句之后,答案的确如此,应该放在 GROUP BY

子句之后。

参考 T-SQL 语句如下：

SELECT SubjectId,AVG(StudentResult) AS 课程平均成绩 FROM Result
GROUP BY SubjectId
ORDER BY AVG(StudentResult) DESC

查询结果如图 6-4 所示。

	SubjectId	课程平均成绩
1	2	84
2	13	82
3	1	77
4	3	75
5	9	75
6	14	72
7	8	71
8	7	68

图 6-4　查询每个科目的平均分

2. 多列分组查询

分组查询时还可以按照多个列来进行分组。例如，学生信息表 Student 中记录了每个学生的信息，包括所属学期和性别，如表 6-3 所示。

如果要统计每个学期的男女学生人数，则理论上先把每个学期分开，然后针对每个学期，把男女生人数各自统计，也就是需要按照两个列进行分组：所属学期和性别。

表 6-3　学生表部分记录

StudnetNo	StudentName	Sex	GradeId	Phone	Address	BornDate	…
G1263201	王子洋	男	5	18655290000	安徽省蚌埠市	1993/8/7	
G1263382	张琪	女	5	15678090000	合肥长江路	1993/5/7	
G1263458	项宇	男	5	18298000000	安徽省合肥市	1992/12/10	
G1363278	胡保蜜	男	3	18965000000	安徽省利辛县	1993/6/29	
G1363300	王超	男	3	18123560000	安徽省涡阳县	1993/4/30	
G1363301	党志鹏	男	3	15876550000	安徽省郎溪县	1994/12/20	
G1363302	胡仲友	男	3	15032450000	安徽省寿县	1994/6/13	
G1363303	朱晓燕	女	3	15155670000	安徽省枞阳县	1994/4/18	
G1463337	高伟	男	1	18390870000	安徽省灵璧县	1995/6/7	
G1463342	胡俊文	男	1	13976870000	安徽省定远县	1995/4/20	
G1463354	陈大伟	男	1	15067340000	安徽省怀远县	1995/8/23	
G1463358	温海南	男	1	18028760000	安徽省合肥市	1995/1/30	
G1463383	钱嫣然	女	1	18656430000	安徽省潜山县	1994/1/14	
G1463388	卫丹丹	女	1	15134870000	安徽省凤阳县	1995/4/17	
…							

参考 T-SQL 语句如下：

SELECT COUNT(*) AS 人数,GradeId AS 学期,Sex AS 性别
FROM Student GROUP BY GradeId,Sex ORDER BY GradeId

查询输出结果如图 6-5 所示。

图 6-5　分组查询后的每个学期男女学生人数

在使用 GROUP BY 关键字时,在 SELECT 列表中可以指定的列是有限制的,仅允许以下几项:

(1)被分组的列。

(2)为每个分组返回一个值的表达式,如聚合函数计算出的列。

6.1.2　技能训练——使用 GROUP BY 对 SchoolDB 的数据表进行分组查询

【训练 6-1】　使用分组查询学生相关信息。

✧ 技能要点

(1)使用 GROUP BY 进行分组查询。

(2)ORDER BY 的使用。

✧ 需求说明

(1)查询每个学期的总学时数,并按照升序排列。参考结果如图 6-6 所示。

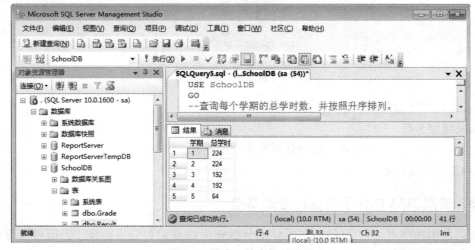

图 6-6　需求 1 的参考结果图

(2)查询每个参加考试学生的平均分。参考结果如图 6-7 所示。

学号	平均分
G1263201	82
G1263382	67
G1263458	92
G1363278	69
G1363300	65
G1363301	74
G1363302	74
G1363303	76
G1463337	80
G1463342	77
G1463354	65
G1463358	78
G1463383	89
G1463388	83

图 6-7 需求 2 的参考结果

(3)查询每门科目的平均分,并按照降序排列。参考结果如图 6-8 所示。

课程编号	课程平均成绩
2	84
13	82
1	77
3	75
9	75
14	72
8	71
7	68

图 6-8 需求 3 的参考结果

(4)查询每个学生参加的所有考试的总分,并按照降序排列。参考结果如图 6-9 所示。

学号	总分
G1463383	356
G1463388	333
G1463337	320
G1363301	297
G1463354	262
G1363303	229
G1363302	223
G1363278	209
G1363300	196
G1263201	164
G1463358	157
G1463342	154
G1263382	135
G1263458	92

图 6-9 需求 4 的参考结果

(5)保存 T-SQL 为"训练 6-1 分组查询.sql"。

🔑 关键点分析

(1)SUM()、AVG()聚合函数与分组的综合的使用。

(2)排序与分组的关系和顺序。

6.1.3 使用 HAVING 子句进行分组筛选

通过前面的学习,我们已经基本了解了分组查询的意义和应用场合。下面再来分析以下几个查询需求。

【演示6-5】 查询学期总人数超过4的学期。

首先可以通过分组查询获取每个学期的总人数,对应的 T-SQL 语句如下:

SELECT COUNT(*) AS 人数,GradeId AS 学期 FROM Student GROUP BY GradeId

查询结果如图 6-10 所示。

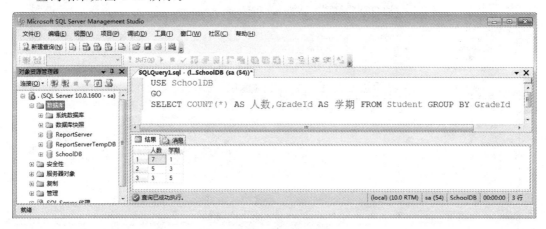

图 6-10 每个学期总人数

但是还有一个条件:人数超过4的学期。这个时候,牵扯到分组统计后的条件限制,限制条件为 COUNT(*)>4。这个时候使用 WHERE 子句是不能满足查询要求的。因为 WHERE 子句只能对没有分组统计前的数据进行筛选。

对分组后的条件筛选必须使用 HAVING 子句,简单地说,HAVING 子句用来对分组后的数据进行筛选,将"组"看作"列"来限定条件,以上需求的 T-SQL 语句如下:

SELECT COUNT(*) AS 人数,GradeId AS 学期 FROM Student

　　GROUP BY GradeId

　　HAVING COUNT(*)>4

查询结果如图 6-11 所示。

图 6-11 总人数超过4的学期

【演示6-6】 查询平均分数达到及格的科目信息。

在查询每个科目平均分的基础上,增加了一个条件:平均分及格的科目。这样按照科目进行分组后,使用 AVG(StudentResult)>=60 控制及格条件即可,T-SQL 语句如下:

SELECT SubjectId AS 课程编号,AVG(StudentResult) AS 课程平均成绩

　　FROM Result

　　GROUP BY SubjectId

　　HAVING AVG(StudentResult)>=60

查询结果如图 6-12 所示。

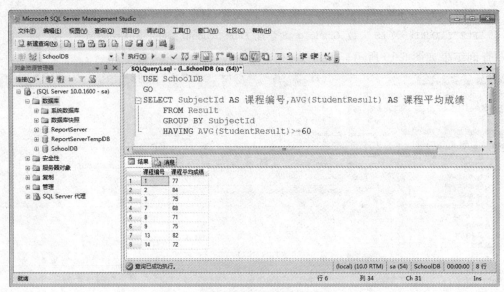

图 6-12　查询平均分及格的科目信息

HAVING 和 WHERE 子句可以在同一个 SELECT 语句中一起使用，使用顺序如图 6-13 所示。

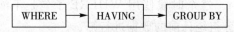

图 6-13　WHERE、GROUP BY 和 HAVING 的使用顺序

【演示 6-7】　查询每门科目及格总人数和及格学生的平均分。

通过需求了解到所查询的信息，要求及格的统计，首先从数据源中将不及格的学生信息进行滤除，然后对符合及格要求的数据再进行分组处理，完整的 T-SQL 语句如下：

SELECT COUNT(＊) AS 人数,AVG(StudentResult) AS 平均分,SubjectId AS 课程

FROM Result WHERE StudentResult＞＝60 GROUP BY SubjectId

查询结果如图 6-14 所示。

	人数	平均分	课程
1	9	80	1
2	6	84	2
3	3	82	3
4	4	72	7
5	3	84	8
6	5	79	9
7	3	82	13
8	1	88	14

图 6-14　及格总人数和及格平均分

【演示 6-8】　查询每门科目及格总人数和及格平均分在 80 分以上的记录。

同上一个查询需求思路一致，只是增加了一个对分组后数据进行筛选的条件：及格平均分在 80 分以上，增加 HAVING 子句即可，完整的 T-SQL 语句如下：

SELECT COUNT(＊) AS 人数,AVG(StudentResult) AS 平均分,SubjectId AS 课程

FROM Result WHERE StudentResult＞＝60 GROUP BY SubjectId

HAVING AVG(StudentResult)＞＝80

查询结果如图 6-15 所示。

	人数	平均分	课程
1	9	80	1
2	6	84	2
3	3	82	3
4	3	84	8
5	3	82	13
6	1	88	14

图 6-15　及格总人数和及格平均分 80 分以上

【演示 6-9】　在学生成绩表中,查询"有两次及以上分数不低于 85 的学生的学号"。

利用 WHERE 子句首先滤除分数低于 85 的记录,然后再按照学号进行分组,最后对分组后的记录进行条件限定,完整的 T-SQL 语句如下:

SELECT StudentNo,COUNT(＊) AS 次数 FROM Result
WHERE StudentResult＞= 85
GROUP BY StudentNo HAVING COUNT(＊)＞1

查询的结果如图 6-16 所示。

	StudentNo	次数
1	G1363301	2
2	G1463337	2
3	G1463383	4

图 6-16　两次及以上分数不低于 85 的学生

6.1.4　技能训练——使用 HAVING 子句对 SchoolDB 的数据表进行分组筛选

【训练 6-2】　限定条件的分组查询。

◆ 技能要点

(1)GROUP BY 子句。

(2)HAVING 子句。

(3)聚合函数。

◆ 需求说明

(1)查询每学期学时超过 50 的课程数。查询结果如图 6-17 所示。

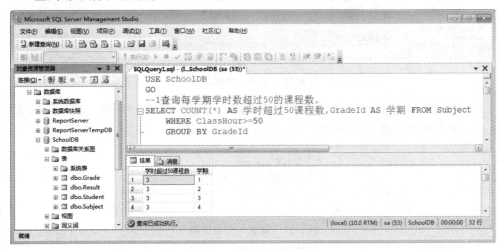

图 6-17　需求 1 查询结果

(2)查询每学期学生的平均年龄。查询结果如图 6-18 所示。

	平均年龄	学期
1	20	1
2	21	3
3	22	5

图 6-18　需求 2 查询结果

(3)查询安徽地区的每学期学生人数。查询结果如图 6-19 所示。

	安徽地区总人数	学期
1	6	1
2	5	3
3	2	5

图 6-19　需求 3 查询结果

(4)查询参加考试的学生中,平均分及格的学生记录,并按照成绩降序排列。查询结果如图 6-20 所示。

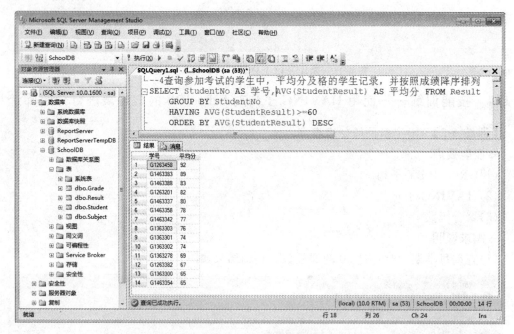

图 6-20　需求 4 查询结果

(5)查询考试日期为 2014 年 11 月 20 日的科目的及格平均分(排除不及格的成绩后求平均分)。查询结果如图 6-21 所示。

	及格平均分	课程
1	83	1

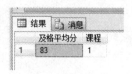

图 6-21　需求 5 查询结果

(6)查询至少一次考试不及格的学生学号、不及格次数。查询结果如图 6-22 所示。

	学号	不及格次数
1	G1263382	1
2	G1363278	1
3	G1363300	1
4	G1363301	1
5	G1363302	1
6	G1463337	1
7	G1463354	1

图 6-22　需求 6 查询结果

(7)保存 T-SQL 为"训练 6-2HAVING 分组查询.sql"。

⌬ 关键点分析

(1)需求 2 中计算学生的年龄。在表 Student 中存储的是学生的出生日期,由出生日期计算年龄,需要用到日期函数 DATEDIFF(),与当前的日期比较,计算出天数差,然后天数差除以 365,即可得学生的年龄。

参考如下 T-SQL 语句:

```
DATEDIFF(dd,BornDate,GETDATE())/365
```

(2)需求 6 中至少一次不及格的信息,首先 WHEERE 进行不及格的条件限定,然后再根据学号来分组获取所需信息。

⌬ 补充说明

在 SELECT 语句中,WHERE、GROUP BY、HAVING 子句和聚合函数的执行次序如下:WHERE 子句从数据源中去掉不符合其搜索条件的数据;GROUP BY 子句搜集数据行到各个组中,统计函数为各个组计算统计值;HAVING 子句去掉不符合其组搜索条件的各组数据行。

6.2　多表连接查询

6.2.1　内连接查询

内连接查询是最典型、最常用的连接查询,它根据表中共同的列来进行匹配。特别是两个表存于主外键时通常会使用内连接查询。

内连接使用 INNER JOIN…ON 关键字或 WHERE 子句来进行表之间的关联。

1. 在 WHERE 子句中指定连接条件

例如,查询学生姓名和成绩的 T-SQL 语句如下:

```
SELECT Student.StudentName,Result.SubjectId,Result.StudentResult
FROM Student,Result WHERE Student.StudentNo = Result.StudentNo
```

上面这种形式的查询,相当于 FROM 后面紧跟两个表名,然后在字段列表中用"表名.列名"来区分列,再在 WHERE 条件子句中加以判断,要求学生学号信息相等。查询结果如图 6-23 所示。

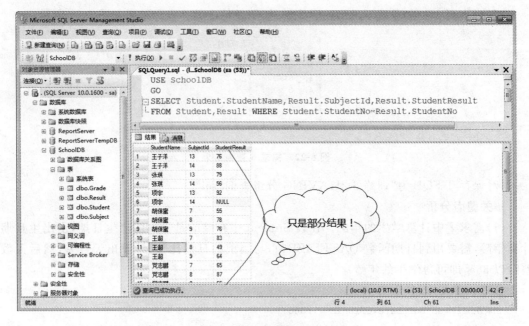

图 6-23　多表查询结果

2. 在 FROM 子句中使用 INNER JOIN…ON

上面的查询也可以通过以下的 JOIN…ON 子句来实现。

  SELECT S.StudentName,R.SubjectId,R.StudentResult

  FROM Student AS S

  INNER JOIN Result AS R ON (S.StudentNo = R.StudentNo)

在上面的内连接查询中,注意以下几点：

①INNER JOIN 用来连接两个表。

②INNER 可以省略。

③ON 用来设置条件。

④AS 指定表的"别名"。如果查询的列名在用到的两个或多个表中不重复,则对这一列的引用不必用表名来限定。

查询结果如图 6-23 所示。

再看以下 T-SQL 语句：

  SELECT S.StudentName,R.SubjectId,R.StudentResult

  FROM Student AS S

  INNER JOIN Result AS R

  ON (S.StudentNo = R.StudentNo)

  WHERE R.StudentResult>= 60 AND R.SubjectId = 1

查询将返回科目编号为 1 的及格学生的姓名和分数。WHERE 子句用来限定查询条件。

查询结果如图 6-24 所示。

	StudentName	SubjectId	StudentResult
1	高伟	1	82
2	高伟	1	90
3	胡俊文	1	86
4	陈大伟	1	67
5	温海南	1	65
6	钱嫣然	1	88
7	钱嫣然	1	87
8	卫丹丹	1	80
9	卫丹丹	1	78

图 6-24　科目编号为 1 的及格学生信息

内连接查询通常不仅仅连接两个表,有时候还会涉及三个表或者更多表。

例如,除了学生信息表、学生成绩表之外,还存在科目表。上面的查询不仅仅要显示学生姓名、分数,而且要通过科目编号来显示科目表中对应的名称,可以使用以下三表连接查询的 T-SQL 语句来实现。

```
SELECT S.StudentName AS 学生姓名,SJ.SubjectName AS 课程名称,R.StudentResult AS 考试成绩
FROM Student AS S
INNER JOIN Result AS R ON (S.StudentNo = R.StudentNo)
INNER JOIN Subject AS SJ ON (SJ.SubjectId = R.SubjectId)
```

执行以上的 T-SQL 语句,查询结果如图 6-25 所示。

注意以上的数据分别来自三个不同的数据表,并且只显示了部分数据。

	学生姓名	课程名称	考试成绩
1	王子洋	软件测试技术	76
2	王子洋	Linux操作系统	88
3	张琪	软件测试技术	79
4	张琪	Linux操作系统	56
5	项宇	软件测试技术	92
6	项宇	Linux操作系统	NULL
7	胡保蜜	Android应用开发	55
8	胡保蜜	Java面向对象设计	78
9	胡保蜜	Web客户端编程	76
10	王超	Android应用开发	83
11	王超	Java面向对象设计	49
12	王超	Web客户端编程	64
13	党志鹏	Android应用开发	65
14	党志鹏	Java面向对象设计	87
15	党志鹏	Web客户端编程	55
16	党志鹏	Web客户端编程	90
17	胡仲友	Android应用开发	80
18	胡仲友	Java面向对象设计	56
19	胡仲友	Web客户端编程	87
20	朱晓燕	Android应用开发	61
21	朱晓燕	Java面向对象设计	87

图 6-25　三表连接查询

6.2.2　技能训练——使用内连接对 SchoolDB 的数据表进行查询

【训练 6-3】 使用内连接查询信息。

技能要点

(1)两表内连接查询。

(2)三表内连接查询。

(3)INNER JOIN…ON 的使用。

(4)WHERE 的使用。

需求说明

(1)以下所有查询均使用 INNER JOIN…ON 和 WHERE 两种方式完成。

(2)查询学期编号为1的学期名称、科目名称及学时。查询结果如图 6-26 所示。

图 6-26　需求 3 查询结果

(3)查询学生姓名、所属学期名称及联系电话。查询结果如图 6-27 所示。

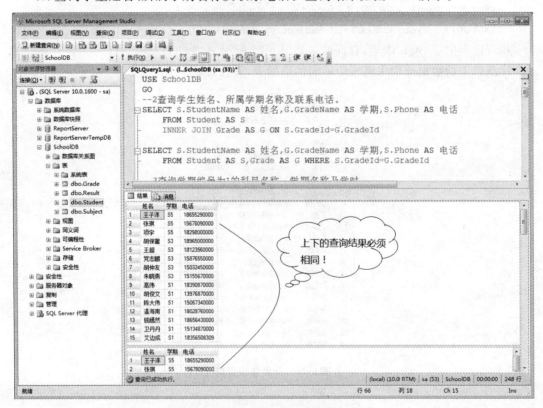

图 6-27　需求 2 查询结果

(4) 查询参加考试科目编号为 1 的学生姓名、分数、考试日期。查询结果如图 6-28 所示。

图 6-28　需求 4 查询结果

(5) 查询学号为 G1263458 的学生参加考试科目的名称、分数、考试日期。查询结果如图 6-29 所示。

图 6-29　需求 5 查询结果

(6) 查询参加考试的学生学号，所考科目名称、分数、考试日期。查询结果如图 6-30 所示。

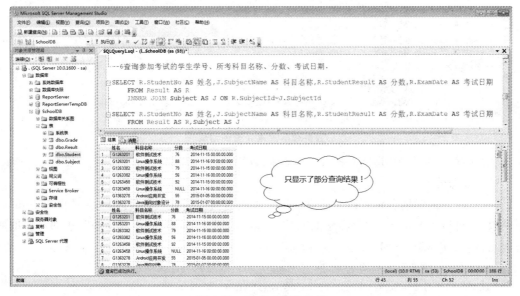

图 6-30　需求 6 查询结果

(7)查询学生学号、姓名、考试科目名称及成绩。查询结果如图 6-31 所示。

	学号	姓名	科目名称	成绩
1	G1263201	王子洋	软件测试技术	76
2	G1263201	王子洋	Linux操作系统	88
3	G1263382	张琪	软件测试技术	79
4	G1263382	张琪	Linux操作系统	56
5	G1263458	项宇	软件测试技术	92
6	G1263458	项宇	Linux操作系统	NULL
7	G1363278	胡保寧	Android应用开发	55

	学号	姓名	科目名称	成绩
36	G1463383	钱嬿然	C语言程序设计	87
37	G1463383	钱嬿然	大学英语	92
38	G1463383	钱嬿然	图形图像处理	89
39	G1463388	卫丹丹	C语言程序设计	80
40	G1463388	卫丹丹	C语言程序设计	78
41	G1463388	卫丹丹	大学英语	92
42	G1463388	卫丹丹	图形图像处理	83

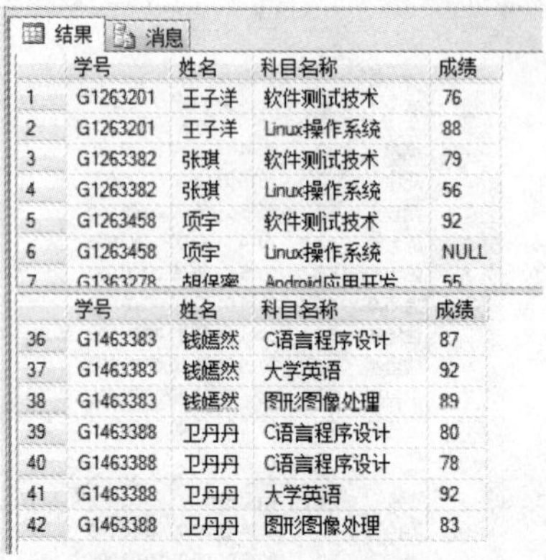

图 6-31　需求 7 查询结果

(8)查询参加“C 语言程序设计”考试的学生姓名、成绩、考试日期。查询结果如图 6-32 所示。

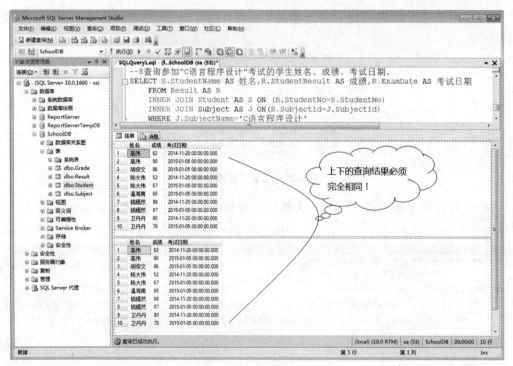

图 6-32　需求 8 查询结果

(9)保存 T-SQL 为“训练 6-3 内连接查询.sql”。

关键点分析

(1)需求 3 的学期名称可以从学期表 Grade 中获取，科目名称及学时从科目表 Subject 中获取，而科目表 Subject 中存在学期编号 GradeId，通过 GradeId 连接这两张表即可获取所需信息，参考 T-SQL 语句：

```
SELECT…FROM Subject AS J
INNER JOIN Grade AS G ON J.GradeId = G.GradeId…
```

(2)需求 3 中还有一个限定条件：学期编号为 1，使用 WHERE 进行限定即可，参考如下 T-SQL 语句。

```
SELECT…FROM Subject AS J
INNER JOIN Grade AS G ON J.GradeId = G.GradeId
WHERE G.GradeId = 1
```

6.2.3 外连接查询

在外连接查询中参与连接的表有主从之分,以主表的每行数据匹配从表的数据列,将符合连接条件的数据直接返回到结果集中,对于那些不符合连接条件的列,将被填上 NULL 值(空值)后再返回到结果集中。

1. 左外连接查询

左外连接查询包括第一个命名表("左"表,出现在 JOIN 子句的最左边)中的所有行。不包括右表中的不匹配行。

左外连接查询使用 LEFT JOIN…ON 或 LEFT OUTER JOIN…ON 关键字来进行表之间的关联。

例如,要统计所有学生的考试情况,要求显示所有参加考试学生的每次考试分数,没有参加考试的学生也要显示出来,其值显示为 NULL。

以学生信息表为主表,学生成绩表为从表的左外连接查询如下 T-SQL 语句所示:

```
SELECT S.StudentName,R.SubjectId,R.StudentResult
FROM Student AS S
LEFT OUTER JOIN Result AS R ON (S.StudentNo = R.StudentNo)
```

执行结果如图 6-33 所示。

图 6-33 左外连接查询

2. 右外连接查询

右外连接查询结果中包括第二个命名表("右"表,出现在 JOIN 子句的最右边)中的所有行。不包括左表中的不匹配行。

右外连接查询使用 RIGHT JOIN…ON 或 RIGHT OUTER JOIN…ON 关键字来进行

表之间的关联。

右外连接查询可以通过左外连接来实现,只要将左外连接中的 2 张表位置互换就实现了右外连接的效果。

6.2.4 技能训练——使用外连接对 SchoolDB 的数据表进行查询

【训练 6-4】 使用外连接查询信息。

技能要点

外连接查询。

需求说明

(1)查询所有科目的考试信息(某些科目可能还没有被考过),如图 6-34 所示。

	科目名称	学号	分数
10	C语言程序设计	G1463388	78
11	大学英语	G1463337	92
12	大学英语	G1463342	68
13	大学英语	G1463354	68
14	大学英语	G1463358	92
15	大学英语	G1463383	92
16	大学英语	G1463388	92
17	图形图像处理	G1463337	56
18	图形图像处理	G1463354	75
19	图形图像处理	G1463383	89
20	图形图像处理	G1463388	83
21	网页设计	NULL	NULL
22	C#面向对象设计	NULL	NULL
23	数据库设计与...	NULL	NULL
24	Android应用开发	G1363278	55
25	Android应用开发	G1363300	83
26	Android应用开发	G1363301	65
27	Android应用开发	G1363302	80

图 6-34 所有科目考试信息

(2)查询从未考试的科目信息,如图 6-35 所示。

	科目名称
1	网页设计
2	C#面向对象设计
3	数据库设计与应用
4	数据结构与算法
5	JavaWeb应用开发
6	计算机网络基础

图 6-35 从未考试的科目信息

(3)查询所有学期对应的学生信息(某些学期可能还没有学生就读),如图 6-36 所示。

	年级	学号	姓名
1	S1	G1463337	高伟
2	S1	G1463342	胡俊文
3	S1	G1463354	陈大伟
4	S1	G1463358	温海南
5	S1	G1463383	钱嫣然
6	S1	G1463388	卫丹丹
7	S1	G1563399	艾边成
8	S2	NULL	NULL
9	S3	G1363278	胡保蜜
10	S3	G1363300	王超
11	S3	G1363301	党志鹏
12	S3	G1363302	胡仲友
13	S3	G1363303	朱晓燕
14	S4	NULL	NULL

图 6-36 所有学期对应的学生信息

(4)保存 T-SQL 为"训练 6-4 外连接查询.sql"。

❀ 关键点分析

(1)根据需求 1 的思路,使用外连接,在成绩表中没有的科目考试记录信息,即增加了 WHERE 条件,条件如:WHERE…IS NULL AND…IS NULL。

(2)根据数据库 SchoolDB 各表之间的关系,确定以上查询需求使用左外连接还是右外连接。

本章总结

➢ 分组查询是针对表中不同的组分类统计的,GROUP BY 子句通常会结合聚合函数一起来使用。

➢ 有了 GROUP BY 子句之后,SELECT 之后只能有分组依据列及聚合函数。

➢ HAVING 子句能够对分组进行筛选。

➢ 多表之间的查询可以使用连接查询,连接查询又分为内连接查询和外连接查询。

➢ 最常见的连接查询是内连接查询(INNER JOIN…ON),通常的连接条件是相关表的列值相等。

习题 6

一、选择题

1. 设 Students 表有三列 Number1、Number2、Number3,并且都是整数类型,则以下(　　)查询语句能按照 Number2 列进行分组,并在每一组中取 Number3 的平均值。

　　A. SELECT AVG(Number3)FROM Students

　　B. SELECT AVG(Number3)FROM Students ORDER BY Number2

　　C. SELECT AVG(Number3)FROM Students GROUP BY Number2

　　D. SELECT AVG(Number3)FROM Students GROUP BY Number3,Number2

2. 假设 Sales 表用于存储销售信息,SName 列为销售人员姓名,SMoney 列为销售额度,现在要查询每个销售人员的销售次数、销售总金额,则以下(　　)查询语句的执行结果能得到这些信息。

　　A. SELECT SName,SUM(SMoney),COUNT(SName) FROM Sales GROUP BY SName

　　B. SELECT SName,SUM(SMoney) FROM Sales

　　C. SELECT SName,SUM(SMoney) FROM Sales GROUP BY SName ORDER BY SName

　　D. SELECT SUM(SMoney) FROM Sales GROUP BY SName ORDER BY SName

3. 在 SQL Server 2008 数据库中已经建立关系的学生表(子表,包含"班级编号"和"学号"字段)和班级表(主表,包含"班级编号"字段),要查询每个班级的学生人数,则以下查询语句中正确的是(　　)。

A. SELECT 班级编号,COUNT(学号) FROM 学生表 GROUP BY 班级编号

B. SELECT 班级编号,MAX(学号) FROM 学生表 GROUP BY 班级编号

C. SELECT 班级编号,COUNT(学号) FROM 学生表 ORDER BY 班级编号

D. SELECT 班级编号,学号 FROM 学生表 GROUP BY 班级编号

4. 在 SQL Server 2008 数据库中,执行如下 SQL 语句将返回(　　)。

SELECT * FROM Item AS a LEFT JOIN OrderDetails AS b ON a.Icode = b.ItemCode

A. Item 表和 OrderDetails 表中的相关记录,以及 Item 表中其余的不相关记录

B. Item 表和 OrderDetails 表中的相关记录

C. Item 表和 OrderDetails 表中的相关记录,以及 OrderDetails 表中其余的不相关记录

D. 提示语法错误

5. (选择两项)在 SQL Server 2008 数据库系统中,可以得到和以下语句相同结果的查询语句是(　　)。

SELECT Students.SName,Score.CourseID,Score.Score FROM Students,Score
WHERE Students.Scode = Score.StudentID

A. SELECT S.SName,C.CourseID,C.Score FROM Students AS S INNER JOIN Score AS C ON (S.SCode＝C.StudentID)

B. SELECT S.SName,C.CourseID,C.Score FROM Score AS C INNER JOIN Students AS S ON (S.SCode＝C.StudentID)

C. SELECT S.SName,C.CourseID,C.Score FROM Score AS C RIGHT OUTER JOIN Students AS S ON (S.SCode＝C.StudentID)

D. SELECT S.SName,C.CourseID,C.Score FROM Students AS S LEFT OUTER JOIN Score AS C ON (S.SCode＝C.StudentID)

6. SQL 的聚集函数 COUNT、SUM、AVG、MAX、MIN 不允许出现在查询语句的(　　)子句之中。

A. SELECT 　　　　　　　　　B. HAVING

C. GROUP BY…HAVING　　　　　D. WHERE

7. 设 ABC 表有三列(A、B、C 列),并且列值都是整数数据类型,则以下哪行查询语句能按照 B 进行分组,在每一组中取 C 的平均值?(　　)

A. SELECT AVG(C) FROM ABC

B. SELECT AVG(C) FROM ABC ORDER BY B

C. SELECT AVG(C) FROM ABC GROUP BY B

D. SELECT AVG(C) FROM ABC GROUP BY C,B

8. 假设 ABC 表中存储学员的考试成绩,A 列为学员姓名,B 列为学员的考试成绩,现在需要查询及格线以上的学员的平均成绩、最高分,则下列哪一行查询 T-SQL 能得到这些信息?(　　)

A. SELECT AVG(B),MAX(B) FROM ABC WHERE B≥60

B. SELECT COUNT(A),MIN(B) FROM ABC WHERE B≥60

C. SELECT AVG(B),MAX(B) FROM ABC GROUP BY B WHERE B≥60

D. SELECT A,AVG(B),MAX(B) FROM ABC GROUP BY B WHERE B≥60

9. (选择两项)已知关系:员工(员工号,姓名,部门号,薪水) PK＝员工号 FK＝部门号 部门(部门号,部门名称,部门经理员工号) PK＝部门号(PK 指的是主键,FK 指的是外键) 现在要查询部门员工的平均工资大于 3000 的部门名称及平均工资,下面哪两句查询正确(　　)。

　　A. SELECT 部门名称,AVG(薪水) FROM 部门 P,员工 E
　　　　WHERE E. 部门号＝(SELECT 部门号 FROM 部门 WHERE 部门名称＝P. 部门名称)
　　　　GROUP BY 部门名称 HAVING AVG(薪水)＞3000

　　B. SELECT 部门名称,AVG(薪水) FROM 部门 P
　　　　INNER JOIN 员工 E ON P. 部门号＝E. 部门号
　　　　GROUP BY 部门名称 WHERE AVG(薪水)＞3000

　　C. SELECT 部门名称,AVG(薪水) FROM 部门 P
　　　　INNER JOIN 员工 E ON P. 部门 号＝E. 部门号
　　　　GROUP BY 部门名称 HAVING AVG(薪水)＞3000

　　D. SELECT 部门名称,AVG(薪水) FROM 部门 P,员工 E
　　　　WHERE P. 部门号＝(SELECT 部门号 FROM 部门 WHERE 部门名称＝P. 部门名称)
　　　　GROUP BY 部门名称 HAVING AVG(薪水)＞3000

10. 假设 ABC 表用于存储销售信息,A 列为销售人员信息,B 列用于存储销售时间,C 列用于存储销售额度,现在需要查询八月份的销售情况,正确设计 T_SQL 进行查询的思路是(　　)。

　　A. 使用 GROUP BY 进行分组查询
　　B. 使用 TOP 子句限制查询返回的行数
　　C. 使用 LIKE 进行模糊查询
　　D. 使用 WHERE 和 BETWEEN 进行条件查询

11. SELECT 语句中与 HAVING 子句通常同时使用的是(　　)子句。

　　A. ORDER BY　　　B. WHERE　　　C. GROUP BY　　　D. 无需配合

12. 下面有关 HAVING 子句描述错误的是(　　)。

　　A. HAVING 子句必须与 GROUP BY 子句同时使用,不能单独使用
　　B. 使用 HAVING 子句的同时不能使用 WHERE 子句
　　C. 使用 HAVING 子句的同时可以使用 WHERE 子句
　　D. 使用 HAVING 子句的作用是限定分组的条件

13. 在 T-SQL 语法中,SELECT 语句内连接使用关键字(　　)。

　　A. JOIN INTO　　　B. INNER JOIN　　　C. FULL JOIN　　　D. CROSS JOIN

14. 关于表的连接说法错误的是(　　)。

　　A. 当两个表进行内连接时,可以通过 inner join on 或＝来实现
　　B. 当两个表进行内连接时,交换两个表的位置,结果不会改变
　　C. 当两个表进行左外连接时,交换两个表的位置,结果可能不会改变
　　D. 两个表进行内连接的结果行数大于两个表进行外连接的结果行数

二、操作题

1. 在前面的 NetBar 数据库中,编写查询语句分别满足以下要求。

(1)一位家长想看看他儿子这个月的上机次数,已知他儿子的卡号为 0023_ABC,请编写 SQL 查询。

(2)查询 24 小时之内上机的人员姓名列表。

(3)查询本周上机人员的姓名、计算机名、总费用,并按姓名进行分组。

(4)查询卡号第 6 位和第 7 位是"AB"的人员消费情况,并显示其姓名及费用汇总。

2. 在 SQL Server 数据库中,某宾馆数据库的客户表 customerInfo 和国籍表 nationalityInfo 的结构如表 6-4 和表 6-5 所示,两表通过 NationalityID 建立了主外键关系,现在需要查询如下信息,设计编写 T-SQL 语句实现。

(1)每个国家的住店总人数。

(2)住店男女人数。

(3)不同证件类别的人数。

(4)"新加坡"籍的客人都使用哪几种证件入住。

(5)"中国"籍住店的男女人数。

表 6-4 客户表 customerInfo 的结构

序号	字段名称	字段说明	类型	位数	备注
1	ID	序号	int	4	自动编号,主键
2	Name	姓名	varchar	50	非空
3	Sex	性别	Bit	1	非空,1:男,0:女 默认:1
4	NationalityID	国籍	int	4	非空,外键
5	Certificate	证件类别	varchar	50	非空
6	CertificateNum	证件号	varchar	20	非空
7	Address	地址	varchar	50	非空
8	Company	单位	varchar	50	非空
9	matter	事由	varchar	200	默认:出差

表 6-5 国籍表 nationalityInfo 的结构

序号	字段名称	字段说明	类型	位数	备注
1	NationalityID	序号	int	4	自动编号,主键
2	Nationality	国籍	varchar	50	非空

3. 在 SQL Server 2008 数据库中,某公司员工数据库的员工信息表 empInfo 和部门信息表 deptInfo 的结构如表 6-6 和表 6-7 所示,两表通过 DepID 建立了主外键关系,现在需要查询如下信息,请设计编写 T-SQL 语句实现。

(1)每个部门的总人数并且按照由高到低的次序显示。

(2)每个部门的男女人数。

(3)"产品研发部"的男女人数。

表 6-6 员工信息表 empInfo 的结果

序 号	字段名称	字段说明	类 型	位 数	备 注
1	empID	员工编号	int		主键
2	empName	员工姓名	varchar	10	非空
3	empBirth	出生日期	datetime		非空
4	DepID	所属部门	int		外键
5	empSex	性别	Bit	1	1:男 0:女 默认:1
6	empEvaluate	任职评价	text		默认:表现良好

表 6-7 部门信息表 deptInfo 的结构

序 号	字段名称	字段说明	类 型	位 数	备 注
1	DepID	部门编号	int		主键
2	DeptName	部门名称	varchar	50	

第 7 章
阶段项目 QQ 数据库管理

本章工作任务
- 建立并完善 QQ 数据库及表
- 完成数据的增、删、改、查

本章知识目标
- 全面理解完整性及约束概念
- 掌握增、删、改的语句用法
- 掌握查询语句的结构

本章技能目标
- 掌握建库、建表及为表添加约束
- 掌握创建数据表之间的关系
- 使用 T-SQL 语句进行数据管理
- 掌握数据查询处理

本章重点难点
- 建表及添加约束
- 数据库关系图
- 数据综合查询

通过前面章节的学习，我们已经掌握了从建库、建表、使用 T-SQL 操纵表中数据到查询表中数据等相关技能。本章利用这些技能，开发一个完整的数据库项目"QQ 系统数据库"，这个项目模拟 QQ 后台数据库的基本功能，实现了数据库，并且能够使用 T-SQL 语言对数据库实现增、删、改、查等操作。

7.1 案例分析

7.1.1 需求概述

模拟 QQ 聊天系统，设计该系统的数据库，并模拟基本业务流程，主要包括两大功能模块：

(1)后台数据库的设计开发。

(2)模拟业务流程，实现对数据库的增、删、改、查等功能。

本次项目实战使用 SQL Server 管理工具开发后台数据库的部分功能，设计一个数据库及用到的基本数据库表，并且使用 T-SQL 对数据库进行增、删、改、查等操作。

7.1.2 开发环境

开发工具：SQL Server 2008 企业版/开发版。

7.1.3 案例覆盖的技能要点

技能要点有如下几个方面。

(1)在 SQL Server Management Studio 中创建数据库。

(2)在 SQL Server Management Studio 中创建登录名和数据库用户。

(3)在 SQL Server Management Studio 中创建表，添加约束。

(4)使用 T-SQL 语句操作数据。

①数据插入：INSERT 语句。

②数据修改：UPDATE 语句。

③条件查询：SELECT…FROM 表名 WHERE…。

④查询排序：SELECT…FROM 表名 ORDER BY…。

⑤模糊查询：SELECT…FROM 表名 WHERE…LIKE…。

⑥内部函数：SELECT AVG(…) AS…。

⑦分组查询：SELECT…GROUP BY。

⑧连接查询：SELECT…FROM 表 1 INNER JOIN 表 2。

7.1.4 问题分析

1. 用户表 QQUser

在聊天前，首先需要一个 QQ 号码，也就是需要进行用户注册，填写必要的信息，注册成功后才可以登录聊天，这就需要一个数据表来存储用户的必要信息。

本系统中把这个数据表命名为用户表 QQUser，其表结构如表 7-1 所示。

表 7-1 用户表 QQUser

列　名	数据类型	说　明
QQID	bigint	主键
PassWord	varchar	密码
LastLogTime	datetime	最后一次登录时间
Online	int	在线状态,0 表示在线,1 表示离线,2 表示隐身
Level	int	用户等级

2. 基本信息表 BaseInfo

在进行用户注册时,一般只需填写必要的信息,如用户密码。当注册成功后,为保证用户信息的安全性,会要求注册用户进一步填写完整的个人信息,如昵称、性别、年龄、联系方式、详细地址等信息。

为了提高数据的查询速度,在设计数据表时通常把这部分信息存储在另外一个数据表中,这个数据表称为用户基本信息表 BaseInfo,如表 7-2 所示。

表 7-2 基本信息表 BaseInfo

列　名	数据类型	说　明
QQID	bigint	主键
NickName	varchar	昵称
Sex	int	性别,0 表示男,1 表示女
Age	int	年龄
Province	varchar	省份
City	varchar	城市
Address	varchar	详细地址
Phone	char	联系方式

3. 关系表 Relation

关系表,顾名思义就是存储用户之间的关系,那么就要包括用户 QQ 号码、与该用户有关系的用户 QQ 号码及表示两个用户关系的列。

本系统中用到前两种用户关系,即好友、黑名单人物,把表示两个用户关系的字段用整数表示,0 表示两个用户是好友关系,1 表示用户 B 是用户 A 的黑名单人物,如表 7-3 所示。

表 7-3 关系表 Relation

列　名	数据类型	说　明
QQID	bigint	用户 A 的 QQ 号码
RelationQQID	bigint	关系用户 B 的 QQ 号码
RelationStatus	int	用户关系:0 表示用户 B 是用户 A 的好友 1 表示用户 B 是用户 A 的黑名单人物

7.2　项目需求

7.2.1　创建 QQ 数据库及登录名

使用管理器 SSMS 创建 QQ 数据库,并为其创建登录名 QQMaster,要求如下:

(1)数据文件初始大小为10MB,文件按15%自动增长,最大文件大小不受限制。
(2)日志文件初始大小为5MB,文件按1MB自动增长,最大文件大小为50MB。
(3)QQMaster权限等同管理员限制,自动创建关联数据库用户QQMaster。
(4)数据库物理位置自己选择。

7.2.2 创建表结构

在管理器SSMS中根据以上分析的QQ数据库的表结构创建用户表QQUser、用户基本信息表BaseInfo和用户关系表Relation。

注意:在创建结构时,参照表7-1、表7-2和表7-3中关于主键、不允许为空的列等数据表的基本结构,确保表结构的完整性。

7.2.3 添加约束

根据问题分析和表7-1、表7-2和表7-3的描述,可以归纳总结三个表主要的约束条件如下:
(1)QQ密码不得少于6位。
(2)在线状态的值必须为0、1、2,0表示在线,1表示离线,2表示隐身。
(3)用户等级默认为0。
(4)性别允许为空值,但如果输入值就必须为0或1,0表示男,1表示女。
(5)年龄必须是1至100之间的整数。
(6)用户关系只能是数字0、1,0表示好友,1表示黑名单人物。

7.2.4 建立表间关系

(1)用户表和基本信息表是一一对应的关系,一个QQ号码对应一个用户记录和一个基本信息记录。
(2)关系表中存在的QQ用户必然是在用户表中存在的QQ用户,并且一个QQ用户可以有多个好友、多个黑名单人物,也可以是别人的好友、黑名单人物。
(3)3张表之间的主表—从表关系比较明确。

根据以上信息,建立各表之间的关系。数据库表间关系图如图7-1所示。

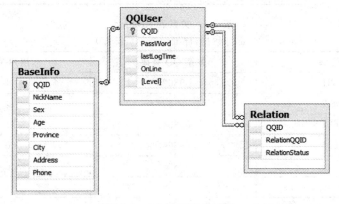

图7-1 QQ数据库关系图

7.2.5 插入模拟数据

请根据表 7-4、表 7-5 和表 7-6 提供的信息要求，在查询窗口中使用 T-SQL 语句把表中的数据插入到对应的数据表中。

表 7-4 用户表 QQUser
（部分数据，详细数据见资源库）

QQ 号码	密码	最后一次登录时间	在线状态	用户等级
598621	powerosg	2016-01-27 17:01:35	0	0
598622	operatio	2016-01-26 21:08:50	1	4
598623	showm456	2016-01-21 16:28:20	0	7
598624	thegath	2016-01-27 17:01:35	2	4
598643	games456	2016-01-26 21:08:50	0	5
598645	noglues	2016-01-21 16:28:20	0	10
598650	staying	2016-01-27 17:01:35	0	15
598655	thereis	2016-01-26 21:08:50	1	17
...				

表 7-5 基本信息表 BaseInfo
（部分数据，详细数据见资源库）

QQ 号码	昵称	性别	年龄	省份	城市	地址	联系方式
598621	佳期如梦	0	29	北京市	北京	青云中学	792476205650000
598622	闹闹不闹	0	22	上海市	南阳	方城博望	517343676810000
598623	叶落	1	24	合肥市	安徽	安徽财贸	118442157710000
598624	司空马关	1	12	重庆市	重庆	锦城四中	196627254420000
598643	想后果	1	13	黑龙江	哈尔滨	板桥初中	772716715870000
598645	魅影	1	31	安庆市	安徽	野寨中学	478464757110000
598650	绿茶	1	1	辽宁省	沈阳	锦城四中	555468084040000
598655	一眼万年	0	31	内蒙古	呼和浩特	锦城三中	944078818740000
...							

表 7-6 关系表 Relation
（部分数据，详细数据见资源库）

QQ 号码	关系 QQ 号码	用户关系
598621	598623	1
598622	598624	1
598623	598643	1
598624	598645	0
598643	598650	0
598645	598655	1
...		

⚡ 补充说明

(1) 表 7-4、表 7-5 和表 7-6 中只给出了部分数据,详细的数据参见本章教学资源中"提供给学生的资源"部分。

(2) 在熟练使用 T-SQL 语句插入数据的基础上,要通过导入/导出向导将提供的文本文件中的用户信息、用户基本信息、用户关系信息的数据导入相对应的数据表中。

(3) 导入用户关系数据时,注意表间关系,主表导入成功后才能导入从表数据,要注意 QQ 用户已经使用 T-SQL 语句插入成功后才能导入用户信息表和关系表。

7.2.6 查询数据

编写 T-SQL 语句按以下需求查询数据:

(1) 查询 QQ 号码为 88662753 的用户的所有好友信息,包括 QQ 号码(QQID)、昵称(NickName)、年龄(Age)。查询结果如图 7-2 所示。

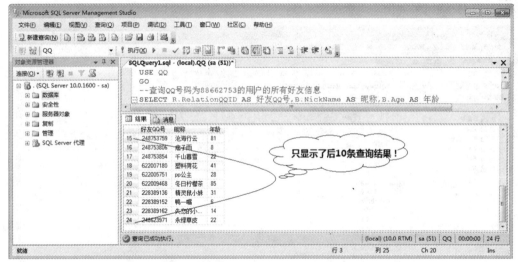

图 7-2 查询某 QQ 号的所有好友基本信息

(2) 查询当前在线用户的信息。查询结果如图 7-3 所示。

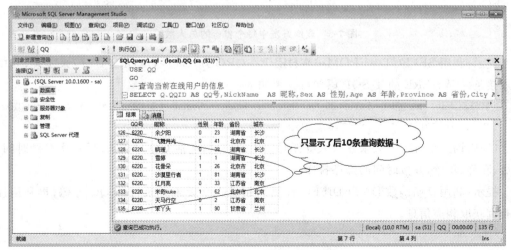

图 7-3 查询当前在线用户信息

(3)查询北京市、年龄在18～45岁之间的在线用户的信息。查询结果如图7-4所示。

	QQ号	昵称	性别	年龄	省份	城市
1	286253	神探狄迪	0	37	北京市	北京
2	598621	佳期如梦	0	29	北京市	北京
3	228389116	猪猪侠	0	32	北京市	北京
4	228389143	小蝌蚪	0	26	北京市	北京
5	622007269	雾水	1	45	北京市	北京
6	622009254	飞舞月光	0	41	北京市	北京
7	622009280	花骨朵	1	26	北京市	北京

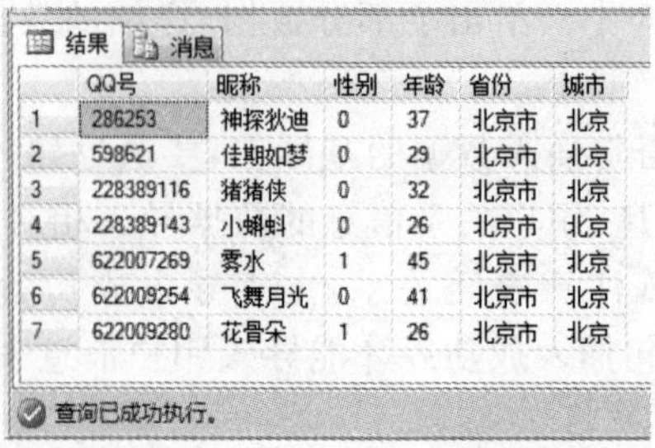

图7-4 查询北京市、年龄在18～45岁之间的在线用户信息

(4)查询昵称为“小笨猪”的用户信息。

(5)查询QQ号码为54789625的用户的好友中每个省份的总人数，并且按总人数由大到小排序。查询结果如图7-5所示。

	省份	好友总人数
1	北京市	7
2	江苏省	6
3	湖南省	5
4	安徽省	2
5	山西省	2
6	陕西省	1
7	天津省	1
8	广西省	1
9	贵州省	1
10	河南省	1
11	黑龙江省	1
12	澳门	1

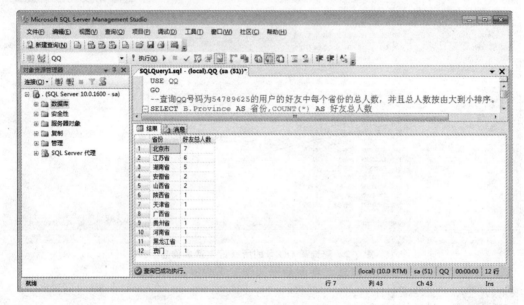

图7-5 查询好友中每个省份的总人数

提示：利用SELECT…FROM…WHERE…GROUP BY…ORDER BY…来实现，其中内连接条件WHERE的T-SQL语句可参考如下：

```
WHERE(Relation.QQID = 54789625 AND Relation.RelationStatus = 0 AND Relation.RelationQQID =
BaseInfo.QQID)
```

(6)查询至少有150天未登录QQ账号的用户信息，包括QQ号码、最后一次登录时间、等级、昵称、年龄，并按时间的降序排序。

提示：利用日期函数DATEDIFF()计算出超过150天未登录过的QQ号码，再利用连接查询获取相应信息。

查询结果如图 7-6 所示。

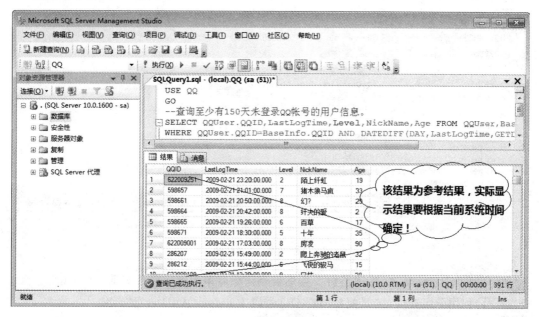

图 7-6　150 天未登录 QQ 用户信息

(7)查询 QQ 号码为 54789625 的好友中等级为 10 级以上的“月亮”级用户信息。查询结果如图 7-7 所示。

	好友QQ号	昵称	年龄	等级
1	248624090	孤独云	5	14
2	248753757	飑风行云	99	20
3	248753794	大叔	13	12
4	248753805	骤雨初晴	19	14
5	622009279	北方苍凉月	76	10
6	622009296	沙漠里行者	81	13
7	95001210	鸡毛令箭	53	14
8	228389135	披着狼皮的兔子	24	12
9	228389146	想飞的鸭子	5	10

图 7-7　查询好友中“月亮”级用户

(8)查询 QQ 号码为 54789625 的好友中隐身的用户信息。查询结果如图 7-8 所示。

	好友QQ号	昵称	年龄
1	248624029	我是小小草	53
2	248624090	孤独云	5
3	248753794	大叔	13
4	622009189	口技	38
5	155392077	奔跑吧音乐	84
6	228389139	耀华河马	14

图 7-8　查询隐身好友

(9)查询好友超过 20 个的用户 QQ 号码及其好友总数。

提示：利用分组查询，并且增加分组条件 HAVING COUNT(＊)＞＝20。

查询结果如图 7-9 所示。

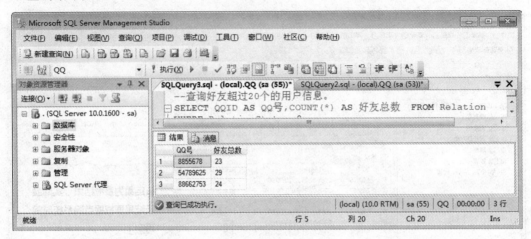

图 7-9　统计好友总数

(10) 为了查看信誉度，管理员需要查询被当作黑名单人物次数排名前 10 的用户。

提示：利用分组查询，按照关系用户 QQ 号码 RelationQQID 进行分组。

查询结果如图 7-10 所示。

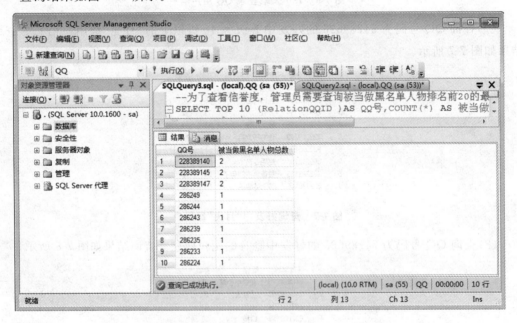

图 7-10　统计黑名单用户信息

7.2.7　修改数据

编写 T-SQL 语句使其按以下要求修改数据：

(1) 假设我的 QQ 号码为 8855678，今天我隐身登录。

(2) 假设我的 QQ 号码为 8855678，修改我的昵称为"被淹死的鱼"，地址为"解放中路 6

号院 106 室"。

(3)假设我的 QQ 号码为 8855678,将我的好友"248624066"拖进黑名单。

(4)为了提高 QQ 用户的聊天积极性,把等级小于 6 级的用户等级都提升 1 个级别。

(5)管理员将超过 365 天没有登录过的 QQ 锁定,即将等级设定为－1。

(6)为了奖励用户,将好友数量超过 20 的用户等级提示 1 个级别。

提示:首先,获取好友超过 20 个的用户 QQ 号码结果集,参考用例 6 的需求 9。其次,利用 IN 关键字模糊匹配结果集中的 QQID 进行更新。参考如下的 T-SQL 语句:

UPDATE QQUser SET…WHERE QQID IN(SELECT QQID FROM Relation…)

(7)把 QQ 号码为 286314 的用户的好友"嘟嘟鱼"拖进黑名单中。

提示:采用子查询结合使用 IN 关键字进行模糊匹配,代码如下:

RelationQQID IN(SELECT QQID FROM BaseInfo WHERE NickName = ´嘟嘟鱼´)

7.2.8 删除数据

编写 T-SQL 语句按以下要求删除数据:

(1)把 QQ 号码为 54789625 的用户的黑名单中的用户删除。

(2)QQ 号码为 622009019 的用户多次在 QQ 中发布违法信息,造成了很坏的影响,因此管理员决定将其删除。

提示:此需求需要从三张表中删除相关信息,注意从各表删除的先后顺序。

(3)管理员将超过 1000 天没有登录过的 QQ 删除。

提示:实现此需求,需要分四步进行。

第一步:查询超过 1000 天没有登录过的 QQID 集。

第二步:删除 Relation 表中的数据,利用 IN 关键字模糊匹配 QQID 集。参考如下的 T-SQL 语句:

DELETE FROM Relation
WHERE QQID IN(…)OR RelationQQID IN(…)

第三步:删除 BaseInfo 表中的数据,同理利用 IN 关键字模糊匹配 QQID 集。

第四步:删除 QQUser 表中的数据。

7.2.9 分离数据库

要求如下:

(1)在 SQL Server Management Studio 中分离数据库 QQ。

(2)复制文件到指定的提交位置。

7.3 进度记录

如表 7-7 所示为开发进度记录表。

表 7-7 开发进度记录表

用 例	开发完成时间	测试通过时间	备 注
需求 1:创建 QQ 数据库及登录名			
需求 2:创建表结构			
需求 3:添加约束			
需求 4:建立关系			
需求 5:插入数据			
需求 6:查询数据			
需求 7:修改数据			
需求 8:删除数据			
需求 9:分离数据库			

本章总结

➢ 在 SSMS 中建立数据库。
➢ 在 SSMS 中建立表及为表添加约束
➢ 建立数据库关系图
➢ 使用向导向表中导入数据
➢ 综合运用简单查询、分组查询和连接查询对数据进行查询处理
➢ 用 INSERT、UPDATE 和 DELETE 对数据进行管理

习 题 7

1. 根据项目需求和设计要求,检查并完成本项目的各项功能。
2. 总结项目完成情况,记录项目开发过程中的得失,编写项目总结感想,500 字以上。

第 8 章
用 T-SQL 语句创建数据库和数据表

本章工作任务
- 使用 T-SQL 语句创建 SchoolDB 数据库
- 使用 T-SQL 语句创建学期表、学生信息表、科目表和成绩表
- 使用 T-SQL 语句添加约束

本章知识目标
- 掌握建库的语法
- 掌握建表的语法
- 掌握为表添加约束的语法

本章技能目标
- 掌握创建、删除数据库的 T-SQL 语句
- 掌握创建、删除表的 T-SQL 语句
- 掌握添加约束的 T-SQL 语句

本章重点难点
- 使用 T-SQL 语句创建 SchoolDB 数据库
- 使用 T-SQL 语句创建表
- 使用 T-SQL 为表添加约束

在项目开发阶段通常使用 SSMS 建库、建表,当项目经测试基本满足客户的需求时,需要部署在客户的实际环境中运行。由于客户计算机中数据库版本不一定和项目开发时的数据库版本兼容,这就会在数据库部署时带来一些问题,行之有效的方法就是编写比较通用的 SQL 语句,包括建库、建表、添加约束和插入测试数据等。编写完成后,存入 *.sql 文件中,最后复制到客户的计算机中,并执行 *.sql 文件中的 SQL 语句,从而实现后台数据库的移植。本章介绍如何使用 T-SQL 语句,实现创建库、创建表、添加约束等。

8.1 用 T-SQL 语句创建和删除数据库

8.1.1 用 T-SQL 语句创建数据库

1. 使用 T-SQL 创建数据库的语法

使用 T-SQL 创建数据库语法如下:

```
CREATE DATABASE 数据库名
ON [PRIMARY]
(
    <数据文件参数>[,…n][<文件组参数>]
)
[LOG ON]
(
    {<日志文件参数>[,…n]}
)
```

(1) 数据文件和文件组的参数

数据文件的具体参数如下:

```
([NAME = 逻辑文件名],
FILENAME = 物理文件名,
[SIZE = 大小],
[MAXSIZE = {最大容量|UNLIMITED}],
[FILEGROWTH = 增长量])[,…n]
```

文件组的具体参数如下:

`FILEGROUP 文件组名<文件参数>[,…n]`

其中,"[ ]"表示可选的部分,"{ }"表示必需的部分。

(2) 数据库名

数据库名最长不超过 128 个字符。

(3) PRIMARY

该选项是一个关键字,指定主文件组中的文件。

(4) LOG ON

指明事务日志文件的明确定义。

(5) NAME

指定数据库的逻辑名称,这是在 SQL Server 中使用的名称,是数据库在 SQL Server 中的标识符。

(6) FILENAME

指定数据库所在文件的操作系统文件名称和路径,该操作系统文件名和 NAME 的逻辑名称一一对应。

(7) SIZE

指定数据库的初始容量大小。

(8) MAXSIZE

指定操作系统文件可以增长到的最大值。

(9) FILEGROWTH

指定文件每次增加容量的大小,当指定数据为 0 时,表示文件不增长。

【演示 8-1】 使用 T-SQL 语句创建学生信息数据库 SchoolDB。

◇ 需求说明

(1) 在 D 盘创建目录 project。

(2) 在 SQL Server 的新建查询中,编写数据库 SchoolDB 的 T-SQL 代码。数据库的主数据文件逻辑名称为 SchoolDB_data,物理文件名称为 SchoolDB_data.mdf,初始大小为 5MB,最大值为 100MB,增长速度为 15%。数据库的日志文件逻辑名称为 SchoolDB_log,物理文件名称为 SchoolDB_log.ldf,初始大小为 2MB,增长速度为 1MB。

(3) 数据库存放在"D:\project"目录下。

◇ 源代码

```
CREATE DATABASE SchoolDB
ON PRIMARY
(
    --数据文件的具体描述
    NAME = 'SchoolDB_data',                     --主数据文件的逻辑名称
    FILENAME = 'D:\project\SchoolDB_data.mdf',  --主数据文件的物理名称
    SIZE = 5MB,                                 --主数据文件的初始大小
    MAXSIZE = 100MB,                            --主数据文件增长的最大值
    FILEGROWTH = 15 %                           --主数据文件的增长率
)
LOG ON
(
    --日志文件的具体描述,各参数含义同上
    NAME = 'SchoolDB_log',
    FILENAME = 'D:\project\SchoolDB_log.ldf',
    SIZE = 2MB,
    FILEGROWTH = 1MB
)
GO                                              --和后续的 SQL 语句分割开
```

在 SSMS 中,单击"执行"按钮后就成功创建了 SchoolDB 数据库。

注意:

(1) 如果执行查询后,没有提示错误,则表示创建数据库成功,此时在"数据库"节点下如果看不见 SchoolDB 数据库,可以右击"数据库",选择"刷新"选项,即可显示出刚刚创建的数

据库 SchoolDB。如图 8-1 所示。

（2）第一次执行成功后，如果再执行会提示错误信息"数据库'SchoolDB'已存在"，如图 8-1 所示。此时需要先分离且删除文件或者换一个物理位置才可以成功执行。

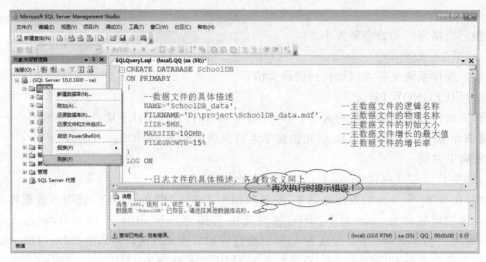

图 8-1　错误提示信息

成功创建后，可以在数据库 SchoolDB 上右击，在弹出的快捷菜单中选择"属性"选项，查看数据库的属性，如图 8-2 所示。

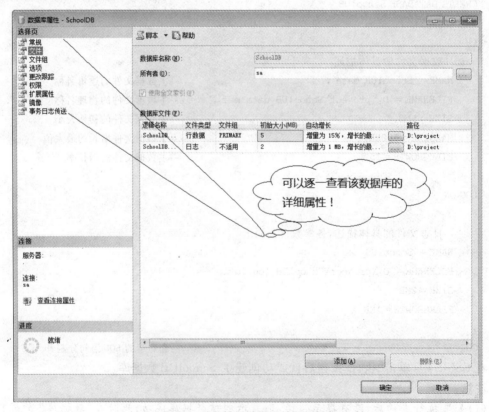

图 8-2　"查看数据库属性"对话框

8.1.2 技能训练——用 T-SQL 语句创建 SchoolDB 数据库

【训练 8-1】 使用 T-SQL 语句创建数据库 SchoolDB。

✦ 技能要点

使用 SQL 语句创建数据库。

✦ 需求说明

(1)数据库取名 SchoolDB,文件保存在 D:\progect 下。

(2)数据文件的初始大小为 10MB,允许自动增长,文件增长率是 20%,文件大小不受限制。

(3)日志文件初始大小为 3MB,每次自动增长量是 1MB,文件最大为 20MB。

(4)保存 T-SQL 为"训练 8-1 使用 SQL 语句创建数据库.sql"。

✦ 关键点分析

(1)检查判断数据库 SchoolDB 是否存在。若存在,则需要先分离后删除。

(2)使用 xp_cmdshell 扩展系统存储过程,调用 DOS 命令创建文件夹。

(3)创建数据库 SchoolDB。

✦ 补充说明

(1)xp_cmdshell 是 SQL Server 的扩展存储过程,它以操作系统命令行解释器的方式执行给定的命令字符串,并以文本行的方式返回任何输出。

(2)在 SQL Server Management Studio 中,如果希望在操作系统的指定路径下创建文件夹,就可以使用如下的语句:

```
EXEC xp_cmdshell ´mkdir D:\project´
```

其中,字符串"mkdir D:\progect"是 DOS 命令,用于在 D 盘下创建文件夹 project。

(3)在使用 xp_cmdshell 之前,需要执行 sp_configure 以启用 xp_cmdshell。

代码如下:

```
EXEC sp_configure ´show advanced options´,1
GO
RECONFIGURE
GO
EXEC sp_configure ´xp_cmdshell´,1
GO
RECONFIGURE
GO
```

8.1.3 用 T-SQL 语句删除数据库

如果 SQL Server 中已经存在 SchoolDB 数据库,在此运行演示 8-1 的创建数据库语句,就会发现系统提示错误信息:该数据库已经存在,创建失败,如图 8-1 所示。

如何解决这个问题呢?首先检测 SQL Server 中是否存在 SchoolDB 数据库。如果已经存在,就先删除 SchoolDB 数据库,然后再创建 SchoolDB 数据库。

1. 使用 T-SQL 删除数据库的语法

使用 T-SQL 删除数据库语法如下:

```
DROP DATABASE 数据库名
```
例如：
```
DROP DATABASE SchoolDB
```
如何检测是否存在数据库 SchoolDB 数据库呢？SQL Server 将数据库的清单存放在 master 系统数据库的 sysdatabases 表中，只需要借助 SELECT 语句查 sysdatabases 表中是否存在数据库 SchoolDB 的记录即可，如图 8-3 所示。

演示 8-1 完整的 T-SQL 语句如下所示：
```
USE master --设置当前数据库为 master,以便访问 sysdatabases 表
GO
IF EXISTS(SELECT * FROM sysdatabases WHERE name = 'SchoolDB')
DROP DATABASE SchoolDB
GO
CREATE DATABASE SchoolDB
ON
(
...
)
LOG ON
(
...
)
GO
```

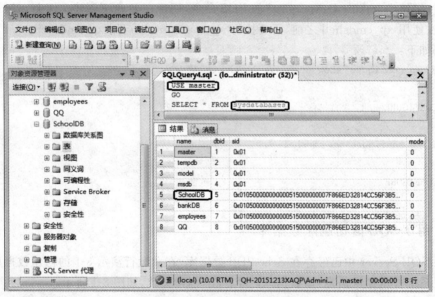

图 8-3 查询数据库记录

注意：

EXISTS(查询语句)检测某个查询是否存在。如果查询语句返回的记录结果不为空，则表示存在，否则表示不存在。IF 语句和 EXISTS 关键字的用法，将在后续章节中讲解。

8.1.4 技能训练——用 T-SQL 语句删除 SchoolDB 数据库

【训练 8-2】 使用 T-SQL 语句删除数据库 SchoolDB。

✿ 技能要点

使用 T-SQL 语句删除数据库。

✿ 需求说明

使用 T-SQL 语句删除数据库。

✿ 关键点分析

(1)删除数据库之前应该先检测该数据库是否存在。
(2)编译、执行 SQL 语句,并保存为"训练 8-2 使用 SQL 语句删除数据库.sql"。

8.2　用 T-SQL 语句创建和删除数据表

8.2.1　用 T-SQL 语句创建表

先简要回顾一下 SQL Server 中表的基础知识。

创建数据库表的步骤如下:
(1)确定表中有哪些列。
(2)确定每列的数据类型。
(3)给表添加各种约束。
(4)建立各表之间的关系。

SQL Server 中的常见数据类型如表 8-1 所示。

表 8-1　SQL Server 中的数据类型

类　型	数据类型	描　　述	用　　途
整型	int	占用 4 个字节的整数	存储到数据库的几乎所有数值类型的数据都可以使用这种数据类型
	smallint	占用 2 个字节的整数	对存储一些常限定在特定范围内的数值型数据非常有用
	tinyint	占用 1 个字节的整数	在只打算存储有限数目的数值时用
浮点型	real	近似数值类型	一种近似数值类型,供浮点数使用
	float	近似数值类型	一种近似数值类型,供浮点数使用
	decimal	固定精度和范围的数值型数据。使用这种数据类型时,必须指定范围和精度。范围是小数点左右所能存储的数字的总位数,精度是小数点右边存储的数字的位数	通常存储要求精度较高的数据,如货币金额
	numeric	numeric 数据类型与 decimal 型相同	

续上表

类型	数据类型	描述	用途
字符型	char	固定长度非 Unicode 字符数据，最大 8000 个字节	常用于存储固定长度的少量文本，如身份证号
	varchar	可变长度非 Unicode 字符数据，有两种形式：varchar(n) 或 varchar(max)	常用于存储可变长度的少量文本，如学校的英文名称
	text	非 Unicode 字符数据	常用于存储文章等大文本，如个人的英文简历
Unicode 型	nchar	固定长度 Unicode 字符数据，最大 4000 个字节	常用于存储固定长度的少量文本
	nvarchar	可变长度 Unicode 字符数据，有两种形式：nvarchar(n) 或 nvarchar(max)	常用于存储可变长度的少量文本，如学校的中文名称
	ntext	Unicode 字符数据	常用于存储文章等大文本，如个人的中文简历
是/否型	bit	只能是 0、1 或空值	表示是/否值
二进制型	binary	定长的二进制数据	当输入表的内容接近相同的长度时，应该使用这种数据类型
	varbinary	变长的二进制数据	当输入表的内容大小可变时，应该使用这种数据类型
	image	变长的二进制数据	如图片、声音等
货币型	money	固定精度和范围的数值型数据	常用于存储金额
	smallmoney	同 money，但小于 money 的取值范围	
日期时间型	datetime	表示日期和时间	如'2016-1-1 01:01:01'
	smalldatetime	同 datetime，精确到一分钟	

1. 使用 T-SQL 创建表的语法

CREATE TABLE 表名
(
    列 1 数据类型 列的特征
    列 2 数据类型 列的特征
    ……
)

其中，"列的特征"包括该列是否为空（NULL）、是否为标识列（自动编号）、是否有默认值及是否为主键等。

下面利用 CREATE TABLE 语句在数据库 SchoolDB 中创建学生信息表 Student。

【演示 8-2】 在数据库 SchoolDB 中创建学生信息表 Student。
✎ 需求说明
(1)根据业务需求,使用 T-SQL 语句创建学生信息表 Student。
(2)在创建 Student 表之前,应该先检测该表是否存在。如果 Student 表已经存在,则给出如图 8-4 的提示。

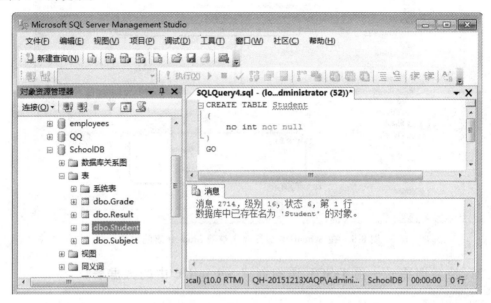

图 8-4　创建已经存在表的提示

✎ 源代码
```
USE SchoolDB
GO
CREATE TABLE Student                      --创建学生信息表
(
    StudentNo nvarchar(50) NOT NULL,      --学号,非空(必填)
    StudentName nvarchar(20) NOT NULL,    --学生姓名,非空(必填)
    Sex char(2) NOT NULL,                 --性别
    GradeId int NOT NULL,                 --学期编号
    Phone nvarchar(50) NULL,              --联系电话,允许为空
    Address nvarchar(255) NULL,           --住址,允许为空
    BornDate datetime NOT NULL,           --出生日期
    Email nvarchar(50) NULL,              --电子邮箱,允许为空
    IdentityCard nvarchar(18) NULL        --身份证号,允许为空
)
GO
```

编译执行演示 8-2 的代码后,通过 SQL Server 管理器可以查看表 Student 结构,如图 8-5 所示。

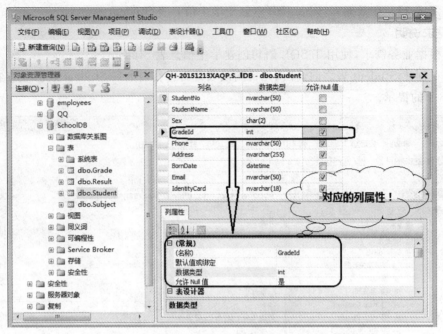

图 8-5 在 SchoolDB 数据库中查看 Student 表的结构

8.2.2 技能训练——用 T-SQL 语句创建 SchoolDB 中的数据表

【训练 8-3】 创建科目表 Subject、成绩表 Result、学生信息表 Student 和学期表 Grade

⇨ 技能要点

使用 T-SQL 语句创建表。

⇨ 需求说明

(1) 使用 T-SQL 语句创建科目表 Subject。Subject 表的结构如表 8-2 所示。

表 8-2 科目表的数据结构

序号	列名称	列说明	数据类型	长度	属性	备注
1	SubjectId	课程编号	int		非空	标识列,自增 1
2	SubjectName	课程名称	nvarchar	20		
3	ClassHour	学时	int			
4	GradeId	所属学期	int			

(2) 使用 T-SQL 语句创建成绩表 Result。Result 表的结构如表 8-3 所示。

表 8-3 成绩表的数据结构

序号	列名称	列说明	数据类型	长度	属性	备注
1	StudentNo	学号	nvarchar	50	非空	
2	SubjectId	所考课程编号	int		非空	
3	StudentResult	考试成绩	int			
4	ExamDate	考试日期	datetime		非空	

(3)使用 T-SQL 语句创建学生信息表 Student。Student 表的结构如表 8-4 所示。

表 8-4 学生信息表的数据结构

序号	列名称	列说明	数据类型	长度	属性	备注
1	StudentNo	学号	nvarchar	50	非空	
2	StudentName	姓名	nvarchar	50	非空	
3	Sex	性别	char	2	非空	
4	BornDate	出生日期	datetime			
5	GradeId	所在学期	int		非空	
6	Phone	联系电话	nvarchar	50	非空	
7	Address	家庭地址	nvarchar	255		
8	Email	电子邮件	nvarchar	50		
9	IdentityCard	身份证号	nvarchar	18		

(4)使用 T-SQL 语句创建学期表 Grade。Grade 表的结构如表 8-5 所示。

表 8-5 学期表的数据结构

序号	列名称	列说明	数据类型	长度	属性	备注
1	GradeId	学期编号	int		非空	标识列,自增1
2	GradeName	学期名称	nvarchar	50	非空	

❖ 关键点分析

(1)在创建各个表之前应先检查、判断各个表是否已经存在。若存在,则删除。

(2)如果某个类为标识列且自增1,则在这列(如课程表 SubjectId 列)的写法如下:

```
SubjectId int IDENTITY(1,1) NOT NULL
```

其中 IDENTITY(1,1)表示为标志列,第一个参数 1 表示编号从 1 开始,第二个参数表示每次自增 1。

(3)编译、执行 SQL 语句,并保存为"训练 8-3 使用 SQL 语句创建数据表.sql"。

8.2.3 用 T-SQL 语句删除表

同创建数据库一样,如果当前数据库中已经存在 Student 表,则再次创建时系统将提示出错。我们需要预先检测当前数据库中是否存在该表,如果存在,则先删除,然后再创建。

1. 使用 T-SQL 语句删除表的语法

```
DROP TABLE 表名
```

例如:DROP TABLE Student

数据库中的表的清单存放在该数据库的系统表 sysobjects 中。可以使用 SELECT 语句查询当前数据库中已经创建的表的信息,如图 8-6 所示。

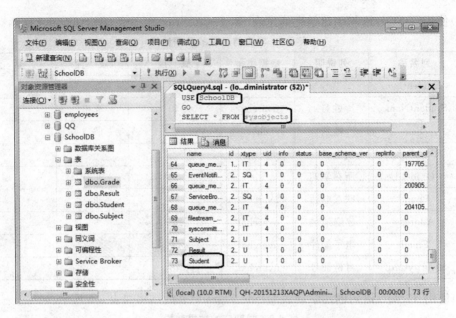

图 8-6 在 SchoolDB 数据库中查询已经存在的表记录

创建 Student 表的语句改写成完整的创建表的语句，如下所示：

```
USE SchoolDB          --将当前数据库设置为 SchoolDB,以便在 SchoolDB 数据库中创建表
GO
IF EXISTS(SELECT * FROM sysobjects WHERE name = 'Student')
    DROP TABLE Student
GO
CREATE TABLE Student                /*创建学生信息表*/
(
…
)
GO
```

8.2.4 技能训练——用 T-SQL 语句删除 SchoolDB 中的数据表

【训练 8-4】 使用 T-SQL 语句删除数据库中的数据表。

◆ 技能要点

使用 T-SQL 语句删除表。

◆ 需求说明

将数据库中的学生信息表 Student、学期表 Grade、科目表 Subject 和成绩表 Result 删除。

◆ 关键点分析

(1)注意删除各表的顺序,先删除从表,再删除主表。

(2)如果被删除的表被其他表所引用,例如先删除 Grade 时,会出现如图 8-7 所示的错误提示。

(3)编译、执行 SQL 语句,并保存为"训练 8-4 使用 SQL 语句删除数据表.sql"。

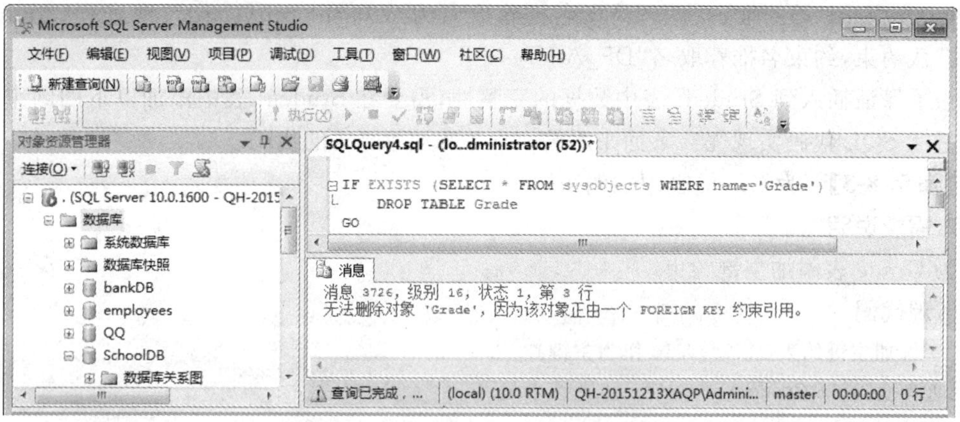

图 8-7 删除被引用表时的错误提示

8.3 用 T-SQL 语句创建和删除数据表的约束

8.3.1 用 T-SQL 语句添加约束

常用的约束类型如下:

(1)主键约束(Primary Key Constraint)

主键约束要求主键列数据唯一,并且不允许为空,如学号能唯一确定一名学生。

(2)非空约束(Not Null)

非空约束要求不能存在空值,如学生的姓名不能为空。

(3)唯一约束(Unique Constraint)

唯一约束要求该列的值必须唯一,允许为空,但只能出现一个空值。

(4)检查约束(Check Constraint)

某列的取值范围限制、格式限制等,如有关年龄的约束。

(5)默认约束(Default Constraint)

某列的默认值,如男性学生较多,性别默认为"男"。

(6)外键约束(Foreign Key Constraint)

用于在两表之间建立关系,需要指定引用主表的哪一列。

在发生插入数据或更新表中数据时,数据库将自动检查更新的列值是否符合约束限制。如果不符合约束要求,则更新操作失败。

1. 使用 T-SQL 语句添加约束的语法

添加约束的语法如下:

```
ALTER TABLE 表名
    ADD CONSTRAINT 约束名 约束类型 具体的约束说明
```

上述的语法表示修改某个表,并在其中添加某个约束。其中,约束名的命名规则推荐采用"约束类型_约束列"的形式。

例如,学号列(StudentNo)添加主键约束,约束名推荐取名为"PK_StudentNo";身份证列(IdentityCard)添加唯一约束,约束名推荐取名为"UQ_IdentityCard";地址列(Address)添加默认约束,约束名推荐取名"DF_Address"。

为了保证插入到 Student 表中数据的完整性,需要在 Student 表中添加以下的约束。如何通过 T-SQL 代码实现呢?下面来看演示 8-3 和演示 8-4 的代码。

【演示 8-3】 为 Grade 表添加约束。

↘需求说明

为 Grade 表添加主键约束。

↘源代码

```
--添加主键约束(将 GradeId 作为主键)
ALTER TABLE Grade
ADD CONSTRAINT PK_GradeId PRIMARY KEY (GradeId)
GO
```

【演示 8-4】 为 Student 表添加约束。

↘需求说明

(1)主键约束:学号。
(2)唯一约束:身份证号。
(3)默认约束:地址列的默认值是"安徽省合肥市"。
(4)检查约束:性别的值只能是"男"或"女",电子邮件中必须包含"@"字符。
(5)外键约束:设置 GradeID 列为主键,建立 Grade 表与 Student 表的引用关系。

↘源代码

```
--添加主键约束(将 StudentNo 作为主键)
ALTER TABLE Student
    ADD CONSTRAINT PK_StudentNo PRIMARY KEY (StudentNo)
--唯一约束(身份证号唯一)
ALTER TABLE Student
    ADD CONSTRAINT UQ_IdentityCard UNIQUE (IdentityCard)
--默认约束(安徽省合肥市)
ALTER TABLE Student
    ADD CONSTRAINT DF_Address DEFAULT (´安徽省合肥市´) FOR Address
--检查约束(性别只能是"男"或"女",电子邮件中必须包含"@"字符)
ALTER TABLE Student
    ADD CONSTRAINT CK_Sex CHECK (Sex = ´男´ or Sex = ´女´)
ALTER TABLE Student
    ADD CONSTRAINT CK_Email CHECK (Email like ´%@%´)
--添加外键约束(主表 Student 和从表 Grade 建立关系,关联列为 GradeId)
ALTER TABLE Student
    ADD CONSTRAINT FK_Grade
    FOREIGN KEY(GradeId) REFERENCES Grade(GradeId)
GO
```

演示 8-4 的代码实现了在 Student 表中添加主键约束、唯一约束、默认约束和检查约束的功能。

执行演示 8-4 代码后，可以在 SQL Server 管理器的"CHECK 约束"对话框中查看已经创建的约束，如图 8-8 所示。

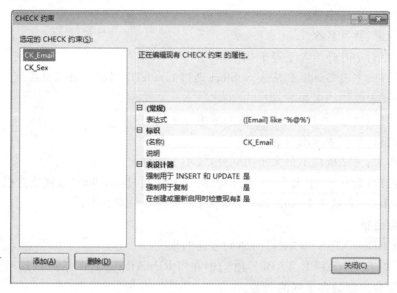

图 8-8　在 SchoolDB 数据库中查看 Student 表的检查约束

一个外键约束并不一定要与另一个表中的主键约束相关联，也可以是表中的唯一约束的引用。通过外键不仅可以控制存储在子表中的数据，还可以限制对主表中数据的修改。例如，如果在 Grade 表中删除了一个年级，而在 Student 表中还保存着该年级的学生记录，那么这两个表之间关联的完整性被破坏，在 Student 表中该年级的学生因为与 Grade 表中的数据没有连接而变得孤立。使用外键可以防止这种情况的发生。

使用 T-SQL 语句为指定的表添加约束方法有两种：第 1 种是使用 CREATE TABLE 语句在创建表结构的同时添加相关约束；第 2 种是使用 ALTER TABLE 语句在已经创建的表中添加约束。通常建议使用第 2 种方式。

8.3.2　技能训练——用 T-SQL 语句为 SchoolDB 中的数据表添加约束

【训练 8-5】　为 Grade、Student、Subject、Result 表添加约束。

✋技能要点

使用 T-SQL 语句添加约束。

✋需求说明

（1）Grade 表添加约束如下：

主键约束：学期编号。

（2）Student 表添加约束如下：

①主键约束：学号。

②唯一约束：身份证号。

③默认约束:如果不填写地址,则默认值是"安徽省合肥市"。
④检查约束:性别的值只能是"男"或"女",电子邮件中必须包含"@"字符。
⑤外键约束:主表 Grade 和从表 Student 通过 GradeID 列建立引用关系。
(3)Subject 表添加约束如下:
①主键约束:科目编号。
②非空约束:科目名称。
③检查约束:学时必须大于等于 0。
④外键约束:主表 Grade 和从表 Subject 通过 GradeID 列建立引用关系。
(4)Result 表添加约束如下:
①主键约束:学号、科目编号和日期构成组合主键。
②默认约束:日期为系统当前日期。
③检查约束:考试成绩不得大于 100 分,或小于 0 分。
④外键约束:第一个,主表 Student 和从表 Result 通过 StudentNo 列建立引用关系。第二个,主表 Subject 和从表 Result 通过 SubjectId 列建立引用关系。

✧ 关键点分析

(1)使用 ADD CONSTRAINT…语句创建约束。
(2)对于需求 4,ALTER TABLE 语句中在"PRIMARY KEY"后面以逗号作为分隔符罗列出构成组合主键的多个列的列名。
(3)编译、执行 SQL 语句,并保存为"训练 8-5 添加数据表约束.sql"。

✧ 补充说明

添加约束之前,确认各表为空,没有记录。如果表中已经存在记录,则建议删除或将表中记录导出,待添加约束之后,重新导入这些数据。

8.3.3 用 T-SQL 语句删除约束

如果错误地添加了约束,则可以删除约束。

1. 使用 T-SQL 语句删除约束的语法

删除约束的语法如下:

```
ALTER TABLE 表名
DROP CONSTRAINT 约束名
```

例如,删除 Student 表中地址默认约束的 T-SQL 语句如下:

```
ALTER TABLE Student
DROP CONSTRAINT DF_Address
```

8.3.4 技能训练——删除 SchoolDB 中的数据表的约束

【训练 8-6】 删除 SchoolDB 中各表的约束。

✧ 技能要点

使用 T-SQL 删除约束。

✧ 需求说明

将 Grade、Subject、Result 和 Student 表中的约束删除。

关键点分析

(1)在删除约束的时候,也要注意删除的顺序。先删除从表的约束,再删除主表的约束,即如果删除的约束被其他约束所引用,则会出错。例如,先删除 Grade 表中的外键约束 PK_Grade 时,会给出如图 8-9 所示的提示信息。

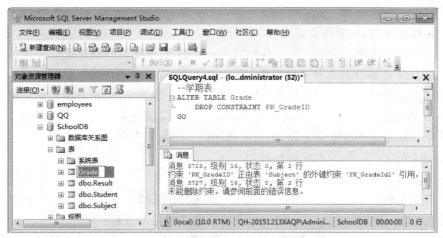

图 8-9　删除被引用的约束时的错误提示

(2)编译、执行 SQL 语句,并保存为"训练 8-6 删除数据表约束.sql"。

本章总结

➢ 数据库的物理实现一般步骤如下:
(1)创建数据库。
(2)创建表。
(3)添加各种约束。
(4)创建数据库的登录账户并授权。

➢ 创建数据库或表时一般需要预先检测是否存在该对象,SQL Server 中的数据库可以从 master 系统数据库的 sysdatabases 表中查询,而一个数据库中的表可以从该数据库的系统表 sysobjects 中查询。

➢ 使用 CREATE DATABASE 语句可以创建数据库,使用 DROP DATABASE 语句可以删除数据库。

➢ 使用 CREATE TABLE 语句可以创建数据库的表结构,使用 DROP TABLE 语句可以删除表结构。

➢ 使用 ALTER TABLE 语句可以创建约束:
(1)主键约束(Primary Key Constraint)。
(2)唯一约束(Unique Constraint)。
(3)检查约束(Check Constraint)。
(4)默认约束(Default Constraint)。
(5)外键约束(Foreign Key Constraint)。

习题 8

一、选择题

1. 创建数据库时,一般需要指定( )属性。
   A. 数据库的初始大小　　　　　　　　B. 数据库的存放位置
   C. 数据库的物理名称和逻辑名称　　　D. 数据库的访问权限
2. 创建图书借阅表时,"归还日期"默认为当天,且必须晚于"借出日期",应采用( )。
   A. 检查约束　　B. 默认约束　　C. 主键约束　　D. 外键约束
3. 某个字段希望存放电话号码,该列应选用( )数据类型。
   A. char(10)　　B. varchar(13)　　C. text　　D. int
4. 在 SQL Server 中,删除数据库使用( )语句。
   A. REMOVE　　B. DELETE　　C. ALERT　　D. DROP
5. 编写 SQL 语句时,按( )键可以及时获得在线帮助资料。
   A. F1　　B. ALT+F1　　C. F7　　D. F5
6. 同一表中的数据行的唯一性使用( )来实现。
   A. 主键约束　　B. 外键约束　　C. 默认值约束　　D. 检查约束
7. 创建数据库的 SQL 命令是( )。
   A. CREATE TABLE　　　　　　B. CREATE VIEW
   C. CREATE DATABASE　　　　D. CREATE INDEX
8. 创建数据表的 SQL 命令是( )。
   A. CREATE TABLE　　　　　　B. CREATE VIEW
   C. CREATE DATABASE　　　　D. CREATE INDEX
9. 唯一性约束是( )。
   A. 和主键约束一样　　　　　　B. 只允许以表中第一个字段建立
   C. 接受 NULL 值　　　　　　　D. 以上都不对
10. 创建数据表时指定采用系统自动编号的语法是( )。
    A. default(1,1)　　B. decimal(1,1)　　C. numeric(1,1)　　D. identity(1,1)
11. 约束在数据库中是一种数据对象,它是用来( )的。
    A. 管理数据　　　　　　　　B. 检查数据存储
    C. 实现数据完整性　　　　　D. 实现数据安全性
12. 表示唯一性约束的关键字是( )。
    A. Check　　B. Primary Key　　C. Foreign Key　　D. Unique
13. 在 SQL SERVER 中,按以下要求创建学员表正确的 SQL 语句是( )。
    学员表(stuTable)的要求是:学号为 5 位数字,自动编号;姓名最多为 4 个汉字,身份证号码最多为 18 位数字。
    A. CREATE TABLE stuTable
    (

```
        ID NUMERIC(6,0) NOT NULL,
        Name VARCHAR(4), Card INT
    )
B. CREATE TABLE stuTable
    (ID INT IDENTITY(10000,1),
        Name VARCHAR(4),
        Card DECIMAL(18,0)
    )
C. IF EXISTS(SELECT * FROM sysobjects WHERE name = 'stuTable')
        DROP TABLE stuTable
    GO
    CREATE TABLE stuTable
    (
        ID NUMERIC(4,0) NOT NULL,
        Name VARCHAR(4),
        Card INT
    )
D. IF EXISTS(SELECT * FROM sysobjects WHERE name = 'stuTable')
        DROP TABLE stuTable
       GO
    CREATE TABLE stuTable
    (
        ID INT IDENTITY(10000,1),
        Name VARCHAR(8),
        Card NUMERIC(18,0)
    )
```

14. 在使用 CREATE DATABASE 命令创建数据库时,FILENAME 选项定义的是(   )。
    A. 文件增长量　　　B. 文件大小　　　C. 逻辑文件名　　　D. 物理文件名

15. 要建立一个约束,保证用户表 user 中年龄 age 必须在 16 岁以上,下面语句正确的是(   )。
    A. Alter table user add constraint ck_age CHECK(age>16)
    B. Alter table user add constraint df_age DEFAULT(16)for age
    C. Alter table user add constraint uq_age UNIQUE(age>16)
    D. Alter table user add constraint df_age DEFAULT(age>16)

16. 关于表结构的定义,下面说法中错误的是(   )。
    A. 表名在同一个数据库内应是唯一的
    B. 创建表使用 CREATE TABLE 命令
    C. 删除表使用 DELETE TABLE 命令
    D. 修改表使用 ALTER TABLE 命令

二、操作题

建立一个图书馆管理系统的数据库用来存放图书馆的相关信息,包括图书的基本信息、图书借阅的信息和读者的信息。

要求全部使用 T-SQL 语句实现,基本步骤如下:

(1)创建数据库:创建数据库 Library,要求保存在"D:\project"目录下,数据文件初始大小是 5MB,日志文件是 1MB,数据文件和日志文件的增长率均为 15%。

(2)创建图书信息表,如表 8-6 所示。

表 8-6 图书信息表 Book

列名称	数据类型	说 明
BID	字符	图书编号,主键 该栏必填,必须以"ISBN"开头
BName	字符	图书名称,该栏必填
Author	字符	作者姓名
PubComp	字符	出版社
PubDate	日期	出版日期,必须小于当前日期
BCount	整数型	现存数量,必须大于等于 1
Price	货币	单价,必须大于 0

(3)创建读者信息表,如表 8-7 所示。

表 8-7 读者信息表 Reader

列名称	数据类型	说 明
RID	字符	读者编号,主键,该栏必填
RName	字符	读者姓名,该栏必填
LendNum	整数	已借书数量,必须大于等于 0
RAddress	字符	联系地址

(4)创建图书借阅表,如表 8-8 所示。

表 8-8 图书借阅表 Borrow

列名称	数据类型	说 明
RID	字符	读者编号,复合主键 读者信息表的外键,该栏必填
BID	字符	图书编号,复合主键 图书信息表的外键,该栏必填
LendDate	日期	罚款日期,复合主键 默认值为当前日期,该栏必填
WillDate	日期	罚款类型,1—延期,2—损坏,3—丢失
ReturnDate	日期	罚款金额,必须大于 0

(5)创建罚款记录表,如表 8-9 所示。

表 8-9　罚款记录表 Penalty

列名称	数据类型	说明
RID	字符	读者编号,复合主键 读者信息表的外键,该栏必填
BID	字符	图书编号,复合主键 图书信息表的外键,该栏必填
LendDate	日期	罚款日期,复合主键 默认值为当前日期,该栏必填
WillDate	日期	罚款类型,1—延期,2—损坏,3—丢失
ReturnDate	日期	罚款金额,必须大于 0

(6)添加约束:根据表 8-6 至表 8-9 中的说明列,为每个表的相关列添加约束。

(7)在图书信息表 Book 中增加"BTotal"列,数据类型是 int,用于保存每种图书的馆藏总量。

(8)向各表中插入至少两条数据,并查询测试。

第 9 章
T-SQL 编程

本章工作任务
- 使用变量查询学生基本信息
- 使用变量查询学生成绩信息
- 使用控制语句操作学生成绩信息

本章知识目标
- 了解全局变量和局部变量的概念
- 了解输出数据的不同方式
- 理解控制语句的语法结构
- 了解批处理的概念

本章技能目标
- 掌握如何定义变量并赋值
- 掌握如何输出显示数据
- 掌握逻辑控制语句
- 掌握批处理的使用

本章重点难点
- 局部变量使用
- 逻辑控制语句使用
- CASE 函数用法

T-SQL 不但有强大的结构化查询功能,和其他高级语言类似,它本身也具有变量、运算和控制等功能,也可以利用 T-SQL 语言进行编程,从而可以完成比较复杂的功能。

9.1 变量的使用

SQL Server 中的变量分为局部变量和全局变量。

9.1.1 局部变量

局部变量是用户自己定义并使用的变量。

1. 局部变量的声明

声明局部变量的语法如下:

DECLARE @variable_name DataType

其中,variable_name 为局部变量的名称,DataType 为数据类型。

例如:

DECLARE @name varchar(8)

声明存放姓名的变量 name,类型为字符型,长度为 8 个字节。

DECLARE @number int

声明一个存放学号的变量 number,类型为整形。

2. 局部变量的赋值

局部变量的赋值有两种方法:使用 SET 语句和 SELECT 语句。

(1)使用 SET 语句

语法如下:

SET @variable_name = value

(2)使用 SELECT 语句

语法如下:

SELECT @variable_name = value

【演示 9-1】 假定使用 INSERT 语句,已向 Student 表中插入了如图 9-1 所示的测试数据。根据学号查找"胡仲友"的信息及与"胡仲友"的学号相邻的学生信息。

	StudentNo	StudentName	BornDate	Address
1	G1263201	王子洋	1993-08-07 00:00:00.000	安徽省蚌埠市
2	G1263382	张琪	1993-05-07 00:00:00.000	合肥长江路
3	G1363301	党志鹏	1994-12-20 00:00:00.000	安徽省郎溪县
4	G1363302	胡仲友	1994-06-13 00:00:00.000	安徽省寿县
5	G1363303	朱晓燕	1994-04-18 00:00:00.000	安徽省枞阳县
6	G1463337	高伟	1995-06-07 00:00:00.000	安徽省灵璧县
7	G1463342	胡俊文	1995-04-20 00:00:00.000	安徽省定远县
8	G1463358	温海南	1995-01-30 00:00:00.000	安徽省合肥市
9	G1463383	钱嫣然	1995-01-14 00:00:00.000	安徽省潜山县
10	G1463388	卫丹丹	1995-04-17 00:00:00.000	安徽省凤阳县

图 9-1　Student 表中的测试数据

◆ 关键点分析

(1)查找"胡仲友"的学号。

(2)对"胡仲友"的学号加 1 或减 1。注意要将学号转换为整型后才可以进行加 1 或者减 1,否则给出如图 9-2 所示的错误提示。

(3)根据学号的规则,第 1 位是字母字符,后面是数字,可以采用如下函数将学号中的数字提取出来。

CONVERT(int,SUBSTRING(StudentNo,2,7))

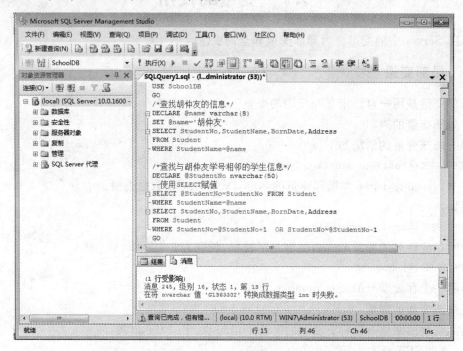

图 9-2　未将学号转换为整型进行加减时的错误提示

❖ 源代码

```
USE SchoolDB
GO
/*查找胡仲友的信息*/
DECLARE @name varchar(8)
    set @name='胡仲友'
SELECT StudentNo,StudentName,BornDate,Address
    FROM Student
WHERE StudentName = @name
/*查找与胡仲友学号相邻的学生信息*/
DECLARE @StudentNo nvarchar(50)
--使用 SELECT 赋值
SELECT @StudentNo = StudentNo FROM Student
    WHERE StudentName = @name
--定义变量用于保存学号后面的数字
DECLARE @StuNo int
--使用 SET 赋值
SET @StuNo = CONVERT(int,SUBSTRING(@StudentNo,2,7))
```

```
SELECT StudentNo,StudentName,BornDate,Address
FROM Student
WHERE (CONVERT(int,SUBSTRING(StudentNo,2,7))=@StuNo+1) OR (CONVERT(int,SUBSTRING(StudentNo,2,7))=@StuNo-1)
GO
```

执行 T-SQL 语句后的结果如图 9-3 所示。

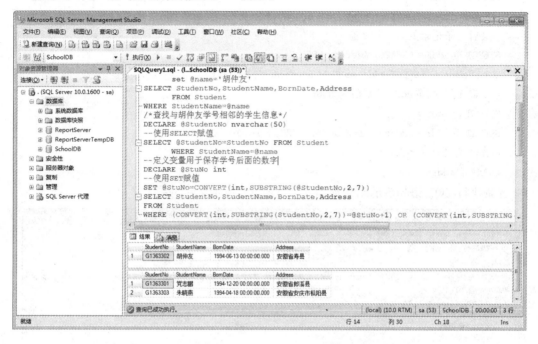

图 9-3 "胡仲友"本人信息及学号与之相邻的学生信息

从演示 9-1 可以看出,局部变量可用于在上下语句中传递数据(如本例的学号@StudentNo)。

在 T-SQL 语言中,为局部变量赋值的语句有 SET 语句和 SELECT 语句。其中,SET 赋值语句一般用于赋给变量指定的数据常量。如本例中的"胡仲友";SELECT 赋值语句一般用于从表中查询数据,再赋给变量。

注意:SELECT 语句需要确保筛选的记录不多于一条,如果查询的记录多于一条,则将把最后一条记录的值赋给变量。

3. SET 语句与 SELECT 语句对变量进行赋值时的区别

使用 SET 语句与 SELECT 语句在对变量进行赋值时需要注意两者之间的差别,如表 9-1 所示。

表 9-1 SET 语句和 SELECT 语句的区别

	SET	SELECT
同时对多个变量赋值	不支持	支持
表达式返回多个值时	出错	将返回的最后一个值赋给变量
表达式未返回值时	变量被赋值为 NULL	变量保持原值

【演示 9-2】 SET 语句与 SELECT 语句在使用上的不同。

```
USE SchoolDB
GO
DECLARE @addr nvarchar(100),@name nvarchar(100)    --声明局部变量
SET @addr = ´´,@name = ´张三´                       --发生语法错误
SELECT @addr = ´北京´,@name = ´张三´                --为局部变量@addr 和@name 赋值
SET @addr = (SELECT Address FROM Student)          --发生语法错误
--最后一条记录的 Address 值
SELECT @addr = (SELECT Address FROM Student)
SET @addr = (SELECT Address FROM Student WHERE 1<0)
--查询无果时,@addr 被赋值为 NULL
SELECT @addr = ´北京´
SELECT @addr = Address FROM Student WHERE 1<0
--查询无果时,@addr 保持原值
PRINT @addr
```

逐条执行 SQL 语句后的结果如图 9-4 至图 9-8 所示。

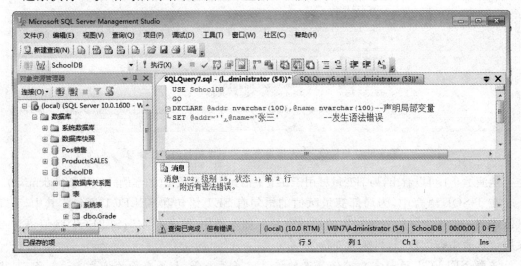

图 9-4 使用 SET 同时对多个变量赋值时的错误提示

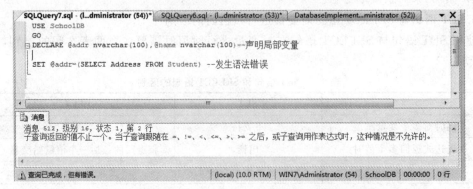

图 9-5 使用 SET 从表中查询数据赋给变量时的错误提示

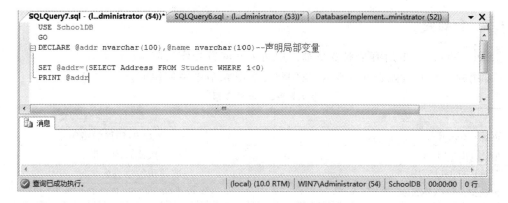

图 9-6 使用 SET 语句查询无果的情况

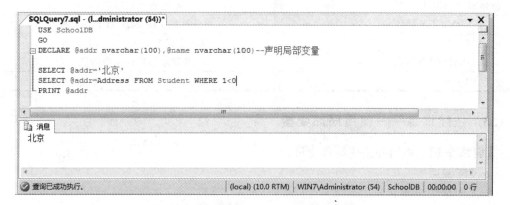

图 9-7 使用 SELECT 语句查询无果时,变量保持原值

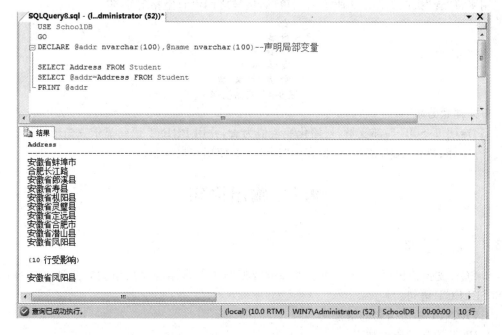

图 9-8 使用 SELECT 语句将表达式返回的最后一个值赋给变量

9.1.2 全局变量

SQL Server 中的所有全局变量都使用两个@@符号作为前缀。

常用的全局变量如表 9-2 所示,我们将在后续章节中举例说明。

表 9-2 全局变量

变 量	含 义
@@ERROR	最后一个 T-SQL 错误的错误号
@@IDENTITY	最后一次插入的标识值
@@LANGUAGE	当前使用的语言的名称
@@MAX_CONNECTIONS	可以创建的、同时连接的最大数目
@@ROWCOUNT	受上一个 SQL 语句影响的行数
@@SERVERNAME	本地服务器的名称
@@SERVICENAME	该计算机上的 SQL 服务的名称
@@TIMETICKS	当前计算机上每刻度的微秒数
@@TRANSCOUNT	当前连接打开的事务数
@@VERSION	SQL Server 的版本信息

9.1.3 技能训练——使用局部变量

【训练 9-1】 声明并使用局部变量。

⇨ 技能要点

局部变量的声明和使用。

⇨ 需求说明

用字符"★"拼成如图 9-9 所示的三角形,星号之间没有空格等字符。

图 9-9 三角图形

⇨ 关键点分析

(1)声明 T-SQL 局部变量,初始化变量值为★,并用 PRINT 语句显示三角形图形。

(2)编译、执行 SQL 语句,并保存为"训练 9-1 使用布局变量.sql"。

9.2 输出语句

9.2.1 输出语句

T-SQL 支持输出语句,用于显示处理的数据结果。常用的输出语句有两种:PRINT 语句和 SELECT 语句。

1. PRINTY 输出语句的语法

PRINT 语句的语法如下:

　　PRINT 局部变量或字符串

2. SELECT 输出语句的语法

SELECT 语句的语法如下：

```
SELECT 局部变量 AS 自定义列名
```

其中，SELECT 语句输出数据时查询语句的特殊应用。

【演示 9-3】 PRINT 语句和 SELECT 语句的应用。

❖ 需求说明

(1) 使用 PRINT 语句和全局变量输出服务器名称和 SQL Server 的版本。
(2) 使用 SELECT 语句和全局变量输出服务器名称和 SQL Server 的版本。

❖ 源代码

```
PRINT '服务器的名称：' + @@SERVERNAME
PRINT 'SQL Server 的版本' + @@VERSION
SELECT @@SERVERNAME AS '服务器名称'
SELECT @@VERSION AS 'SQL Server 的版本'
```

用 PRINT 语句输出的结果将在"消息"窗口中以文本方式显示，如图 9-10 所示。

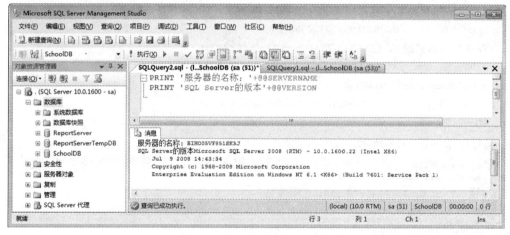

图 9-10　使用 PRINT 语句显示

用 SELECT 语句输出的结果将在结果窗口中以表格方式显示，如图 9-11 所示。

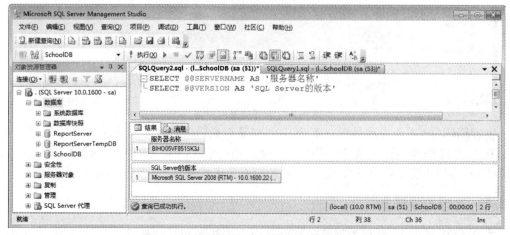

图 9-11　使用 SELECT 语句显示的表格结果

使用PRINT语句要求以单个变量或字符串表达式作为参数,而"+"运算符作为连接两个字符串的连接符,要求"+"运算符两侧的操作的数据类型必须是一致。如果用下面的SQL语句输出错误信息将会出错。因为在下面的语句中,利用"+"运算符不能将字符串常量"'当前错误号'"和全局变量@@ERROR返回的整型数值拼接成一个完整的字符串。

```
PRINT '当前错误号' + @@ERROR
```

如何解决这个问题呢? 可以使用转换函数,把数值转换为字符串,如下所示:

```
PRINT '当前错误号' + CONVERT(VARCHAR(5),@@ERROR)
```

理解了输出语句后,再看看有关全局变量的示例,如演示9-4。

【演示9-4】 全局变量的示例。

✧ 需求说明

(1) 为SchoolDB数据库中的学生信息表Student插入一条数据。
(2) 更新学生表Student中学号为G1463341的学生信息。

✧ 源代码

```
INSERT INTO Student(StudentNo,StudentName,GradeId,Sex,Phone,BornDate,IdentityCard)
VALUES('G1463341','武松',1,'男','18659890000',
'1996-05-12','340824199605120000')
PRINT '当前错误号' + CONVERT(varchar(5),@@ERROR)
UPDATE Student SET IdentityCard = '340824199605121 2345'
WHERE StudentNo = 'G1463341'
PRINT '当前错误号' + CONVERT(varchar(5),@@ERROR)
GO
```

运行结果如图9-12所示。

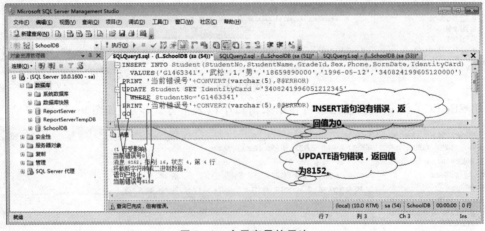

图9-12 全局变量的用法

@@ERROR用于表示最近一条SQL语句是否有错误。如果有错误,则返回非零的值。

在上述代码中,第一条INSERT语句没错,所以@@ERROR的值为0;第二次UPDATE语句违反了身份证号码为18位的检查约束错误,所以@@ERROR的值为非0。

9.2.2 类型转换函数

在T-SQL语言中,数据类型的转换也分为隐式转换和显式转换。在T-SQL语言中除了在前面章节中学习的 CONVERT() 函数能够实现数据类型显式转换功能之外，T-SQL 还提供了 CAST() 函数。

【演示 9-5】 CAST() 函数的应用及与 CONVERT() 函数的区别。

◇ 需求说明

查询学号是 G1263201 的学生参加 2013 年 11 月 15 日举办的"软件测试技术"科目考试的成绩，要求输出学生姓名和考试成绩。

◇ 关键点分析

（1）根据学号查出学生姓名。
（2）按照指定日期、学号和科目查询得到考试成绩。
（3）输出学生的姓名和考试成绩。

◇ 源代码

```
DECLARE @NAME varchar(50)          --姓名
DECLARE @Result decimal(5,2)       --考试成绩
DECLARE @NO nvarchar(50)
SET @NO = 'G1263201'
SELECT @NAME = StudentName FROM Student
WHERE StudentNo = @NO
SELECT @Result = StudentResult FROM Result
INNER JOIN Student ON Student.StudentNo = Result.StudentNo
INNER JOIN Subject ON Result.SubjectId = Subject.SubjectId
WHERE SubjectName = '软件测试技术' AND Student.StudentNo = @NO
AND ExamDate = '2014 - 11 - 15'
PRINT '姓名：' + @NAME
PRINT '成绩：' + CAST(@Result as varchar(10))
GO
```

运行结果如图 9-13 所示。

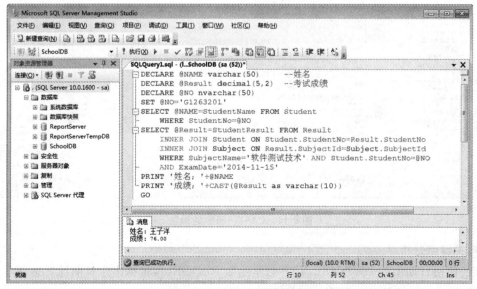

图 9-13　CAST() 函数的用法

使用 CAST()函数实现了数据类型的转换。CAST()函数和 CONVERT()函数都能将数据类型转换成字符串,那么两者有什么区别？下面让我们关注一下这两个函数的语法。

1. CAST()函数的语法

CAST()函数的语法如下:

CAST(表达式 AS 数据类型)

2. CONVERT()函数的语法

CONVERT()函数的语法如下:

CONVERT(数据类型[(长度)],表达式[,样式])

CAST()函数和 CONVERT()函数用于将某种数据类型的表达式转换为另一种数据类型的表达式。与 CAST()函数不同之处是,在将日期时间类型/浮点类型的数据转换为字符串数据时,CONVERT()函数可以通过第 3 个参数指定转换后的字符样式,不同的样式使转换后字符数据的显示格式不同。CONVERT()函数的第 3 个参数可以省略。

9.2.3 技能训练——使用类型转换函数进行查询输出

【训练 9-2】 类型转换函数的应用。

◈ 技能要点

使用变量保存查询数据和数据类型的转换。

◈ 需求说明

查询学号是 G1363302 的学生姓名和年龄,并输出比他大 1 岁或小 1 岁的学生信息。部分代码和运行参考结果如图 9-14 所示。

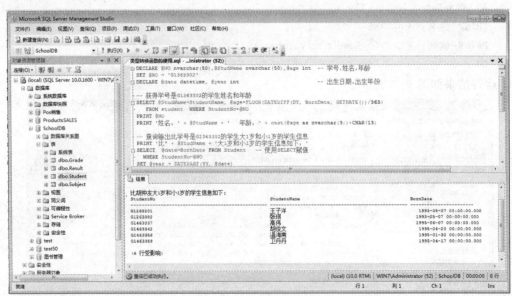

图 9-14　CAST()函数的用法

◈ 关键点分析

(1)使用日期函数 DATEDIFF()和数学函数 FLOOR(),根据出生日期计算得到学生年龄。FLOOR(DATEDIFF(DY,BornDate,GETDATE()/365))。

(2)为了将姓名和年龄在一行输出,首先使用 CAST()将整数类型的年龄转换为字符类型,然后使用字符串连接符"+"将姓名和转换后的年龄相连。

(3)使用日期函数 DATEPART()获得学生的出生年份。

(4)为了把输出的表格数据和文本消息显示在同一个窗口中,需要做如下设置。

选择 Microsoft SQL Server Management Studio 菜单中的"工具"→"选项"选项,弹出"选项"对话框,选择"查询结果"→"SQL Server"→"常规"选项,将"显示结果的默认方式"设置为"以文本格式显示结果",如图 9-15 所示。

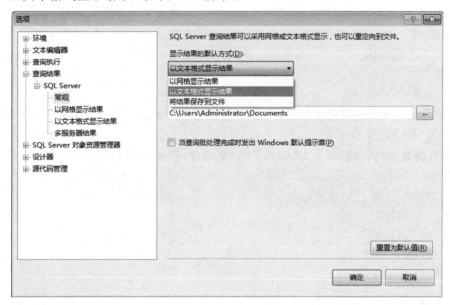

图 9-15 修改结果显示方式

(5)编译、执行 SQL 语句,并保存为"训练 9-2 类型转换函数的使用.sql"。

9.3 逻辑控制语句

9.3.1 BEGIN-END 语句块

BEGIN-END 语句将多个 T-SQL 语句定义成一个语句块,把每个语句块视为一个单元处理。

1. BEGIN-END 语句的语法

BEGIN-END 语句的语法如下:

```
BEGIN
    语句或语句块
END
```

BEGIN-END 语句的作用类似于 C#语言的"{}",它经常在分支结构和循环结构语句中出现,表示语句块的开始和结束。在一个语句块中还可以包含另一个语句块。

在 BEGIN-END 语句块中,BEGIN 和 END 应放置在新的一行。当 BEGIN 和 END 之

间有多行 SQL 语句时,可以在 END 语句后添加注释,以使它们能够很好地匹配起来,提高代码的可读性。

9.3.2 IF-ELSE 语句

IF-ELSE 语句属于分支结构,它与 C# 编程语言的 IF 语句类似,也是根据条件是否成立来确定程序执行方向的。

1. IF-ELSE 语句的语法

IF-ELSE 语句的语法如下:

```
IF(条件)
    语句或语句块 1
ELSE
    语句或语句块 2
```

当 IF 语句中的条件表达式结果为 true 时,执行语句或语句块 1 的代码,否则执行语句或语句块 2。ELSE 为可选项。

如果有多条语句,则需要与 BEGIN-END 结合使用,表示一个完整的语句块。

```
IF(条件)
    BEGIN
        语句 1
        语句 2
    END
ELSE
    ...
```

Result 表中有以下数据,如图 9-16 所示。

图 9-16 Result 表数据

【演示 9-6】 统计并显示"C 语言程序设计"科目最近一次考试的平均分。

需求及关键点分析
(1) 查询 C 语言程序设计最近一次考试的日期。
(2) 统计平均成绩并存入局部变量。
(3) 如果平均分在 70 以上,则显示"考试成绩优秀",并显示前 3 名学生的考试信息。
(4) 如果平均分在 70 以下,则显示"考试成绩较差",并显示后 3 名学生的考试信息。
(5) 用 IF-ELSE 语句判断。

源代码

```sql
--查询"C语言程序设计"课程最近一次考试的日期
DECLARE @date datetime          --考试日期
SELECT @date = MAX(ExamDate) FROM Result INNER JOIN Subject
ON Result.SubjectId = Subject.SubjectId
WHERE SubjectName = 'C语言程序设计'
--查询获得本次考试的平均分
DECLARE @myavg decimal(5,2)  --平均分
SELECT @myavg = AVG(StudentResult) FROM Result
INNER JOIN Subject ON Result.SubjectId = Subject.SubjectId
WHERE SubjectName = 'C语言程序设计' AND ExamDate = @date
PRINT '平均分:' + CONVERT(varchar(5),@myavg)
IF(@myavg >= 70)
    BEGIN
        PRINT '考试成绩优秀,前三名的成绩为'
        SELECT TOP 3 StudentNo,StudentResult FROM Result
            INNER JOIN Subject ON Result.SubjectId = Subject.SubjectId
            WHERE SubjectName = 'C语言程序设计' AND ExamDate = @date
            ORDER BY StudentResult DESC
    END
ELSE
    BEGIN
        PRINT '考试成绩较差,后三名的成绩为'
        SELECT TOP 3 StudentNo,StudentResult FROM Result
        INNER JOIN Subject ON Result.SubjectId = Subject.SubjectId
        WHERE SubjectName = 'C语言程序设计' AND ExamDate = @date
        ORDER BY StudentResult
    END
```

上述代码的执行结果如图 9-17 所示。

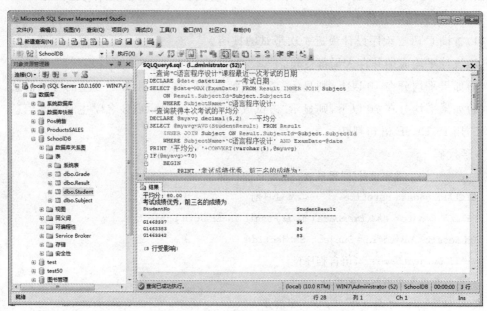

图 9-17　IF-ELSE 的应用

9.3.3　技能训练——使用 IF-ELSE 语句

【训练 9-3】　IF-ELSE 条件语句的使用。

✍ 技能要点

IF-ELSE 条件语句的灵活应用。

✍ 需求说明

（1）查询学号是 G1263201 的学生"软件测试技术"科目最近一次考试的成绩，并输出学生姓名和考试对应等级信息。

（2）如果成绩大于 85 分，则显示"优秀"；如果大于 70 分，则显示"良好"；如果大于 60 分，则显示"中等"；否则显示"差"。

程序运行结果如图 9-18 所示。

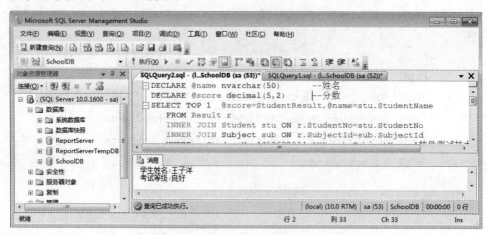

图 9-18　使用 IF-ELSE 判断考试成绩等级

✿ 关键点分析

(1) 用 TOP 关键字和连接查询语句查出学号是 G1263201 的学生"软件测试技术"科目最近一次考试的成绩。

(2) 判断该学生的考试成绩所在范围,输出相应的提示信息。

(3) 编译、执行 SQL 语句,并保存为"训练 9-3 使用 IF-ELSE 语句.sql"。

9.3.4 CASE 多分支语句

CASE-END 语句计算一组条件表达式,并返回其中一个符合条件的结果。

1. CASE-END 语句的语法

CASE-END 语句的语法如下:

```
CASE
    WHEN 条件 1 THEN 结果 1
    WHEN 条件 2 THEN 结果 2
    [ELSE 其他结果]
END
```

CASE 语句表示如果"条件 1"成立,则执行"结果 1",其余类推。如果 WHEN 的条件都不匹配,则执行 ELSE 后面的结果。

ELSE 可以省略,如果省略 ELSE 并且 WHEN 的条件表达式的结果都不为 TRUE,则 CASE-END 语句返回 NULL。

【演示 9-7】 采用 A—E 五级打分制显示学生"C 语言程序设计"科目最近一次的考试成绩。

✿ 需求说明

(1) 五等级的具体分数段为:A 级:90 分以上(含 90 分);B 级:80~89 分;C 级:70~79 分;D 级:60~69 分;E 级:60 分以下。

(2) 需要统计最近一次考试的成绩。

✿ 源代码

```
DECLARE @date datetime
SELECT @date = MAX(ExamDate) FROM Result
INNER JOIN Subject ON Result.SubjectId = Subject.SubjectId
WHERE SubjectName = ´C 语言程序设计´
SELECT 学号 = StudentNo,成绩 = 
CASE
    WHEN StudentResult<60 THEN ´E´
    WHEN StudentResult BETWEEN 60 AND 69 THEN ´D´
    WHEN StudentResult BETWEEN 70 AND 79 THEN ´C´
    WHEN StudentResult BETWEEN 80 AND 89 THEN ´B´
    ELSE ´A´
END
FROM Result
INNER JOIN Subject ON Result.SubjectId = Subject.SubjectId
    WHERE SubjectName = ´C 语言程序设计´ AND ExamDate = @date
```

演示 9-7 的代码运行结果如图 9-19 所示。

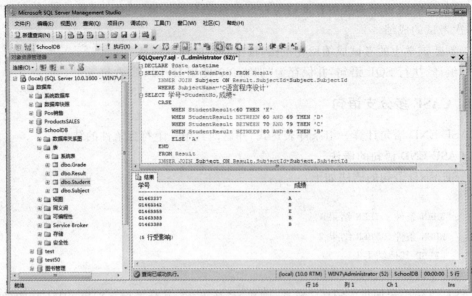

图 9-19　CASE 语句的应用

【常见错误1】　如果写成了以下的 T-SQL 语句,将会产生相关的语法错误。

SELECT 学号 = StudentNo,课程编号 = SubjectId,成绩 = StudentResult

　等级 =

CASE

　　WHEN StudentResult＜60 THEN ´E´

　　WHEN StudentResult BETWEEN 60 AND 69 THEN ´D´

　　WHEN StudentResult BETWEEN 70 AND 79 THEN ´C´

　　WHEN StudentResult BETWEEN 80 AND 89 THEN ´B´

　　ELSE ´A´

FROM Result

GO

上面的 SELECT 代码会产生 2 个语法错误,如图 9-20 和 9-21 所示。

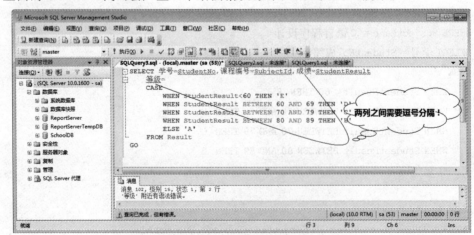

图 9-20　缺少逗号引发语法错误

第9章　T-SQL编程

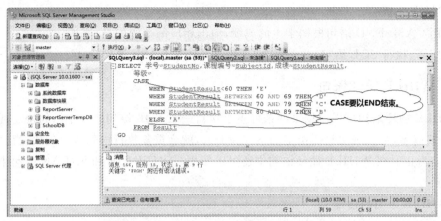

图 9-21　缺少 END 关键字引发语法错误

出现以上错误,问题在于以下两个方面。

(1)在 SELECT 子句输出的列表中,"平均分"和"等级"两列之间没有用逗号分隔。

(2)CASE 语句没有以 END 关键字结束,可在 FROM 子句前添加 END。

9.3.5　技能训练——使用 CASE 多分支语句

【训练 9-4】　使用逻辑控制语句。

◆ 技能要点

CASE-END 语句。

◆ 需求说明

根据 C 语言程序设计科目最近一次考试的成绩,显示每个学生的等级。等级如下:

①90 分及以上显示:☆☆☆☆。

②80~89 分显示:☆☆☆。

③70~79 分显示:☆☆。

④60~69 分显示:☆。

⑤60 分以下显示:你要努力了!!!。

程序运行参考结果如图 9-22 所示。

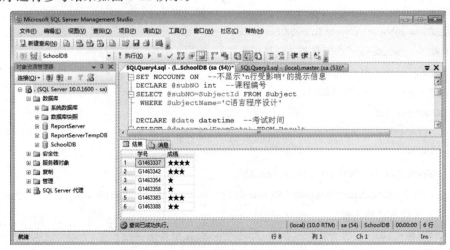

图 9-22　使用 CASE 显示考试成绩等级

👉 **关键点分析**

（1）用 CASE-END 语句根据学生的成绩，输出相应的等级信息。

（2）编译、执行 SQL 语句，并保存为"训练 9-4 使用 CASE 语句.sql"。

9.3.6 WHILE 循环语句

WHILE 循环语句可以根据某些条件重复执行一条 SQL 语句或一个语句块。通过使用 WHILE 关键字，可以确保只要指定的条件为 true，就会重复执行语句或语句块，直至指定条件为 false 为止。在 WHILE 循环语句中还可以使用 CONTINUE 和 BREAK 语句来控制语句的执行。

1. WHILE 语句的语法

WHILE 语句的语法如下：

```
WHILE(条件)
    BEGIN
        语句或语句块
        [BREAK|CONTINUE]
    END
```

使用 BREAK 语句将跳出当前循环，结束 WHILE 循环。使用 CONTINUE 语句会使循环跳过 CONTINUE 语句后面的语句，回到 WHILE 循环的第一条语句，准备下一轮循环的条件判断。

【演示 9-8】 WHILE 循环的应用。

👉 **需求说明**

检查"C 语言程序设计"科目最近一次考试是否有不及格（60 分及格）的学生。如果有不及格的学生，则每人加 2 分，已经高于 95 分的学生不再加分，直至所有学生此次考试成绩及格为止。

👉 **源代码**

```sql
DECLARE @date datetime                --考试时间
DECLARE @subNo int                    --课程编号
SELECT @subNo = SubjectId FROM Subject
WHERE SubjectName = 'C语言程序设计'
SELECT @date = MAX(ExamDate) FROM Result
WHERE SubjectId = @subNo
DECLARE @n int
WHILE(1 = 1)                          --条件永远成立
BEGIN
    SELECT @n = COUNT(*) FROM Result
    WHERE SubjectId = @subNo AND ExamDate = @date AND StudentResult<60
    --统计不及格人数
    IF(@n>0)                          --每人加 2 分
        UPDATE Result SET StudentResult = StudentResult + 2
```

```
            WHERE SubjectId = @subNo AND ExamDate = @date AND StudentResult<=95
    ELSE
        BREAK                                    --退出循环
END
PRINT '加分后的成绩如下:'
SELECT StudentName,StudentResult FROM Result
INNER JOIN Student ON Result.StudentNo = Student.StudentNo
WHERE SubjectId = @subNo AND ExamDate = @date
```

运行参考结果如图9-23所示。

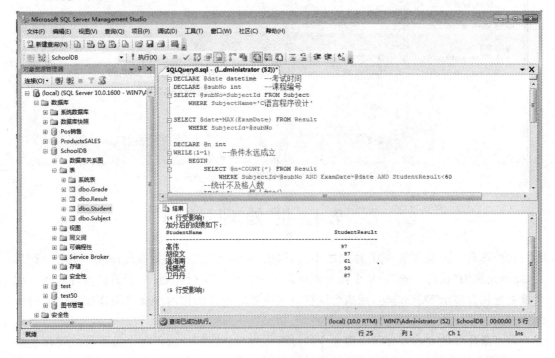

图9-23 WHILE循环语句的应用

9.3.7 技能训练——使用 WHILE 循环语句

【训练9-5】 使用 WHILE 循环语句实现学生加分。

◆ 技能要点

WHILE 循环语句的应用。

◆ 需求说明

检查 C 语言程序设计最近一次考试是否有不及格的学生。如果有,则每人加 2 分直至全部学生都及格。如果学生成绩大于 100,则按 100 分计算。

程序的运行参考结果如图 9-24 所示。

◆ 关键点分析

(1)用 WHILE 语句查询 C 语言程序设计科目最近一次考试的成绩。

(2)用 IF 语句判断是否存在不及格的考试成绩。

(3) 编译、执行 SQL 语句,并保存为"训练 9-5 使用 WHILE 循环语句.sql"。

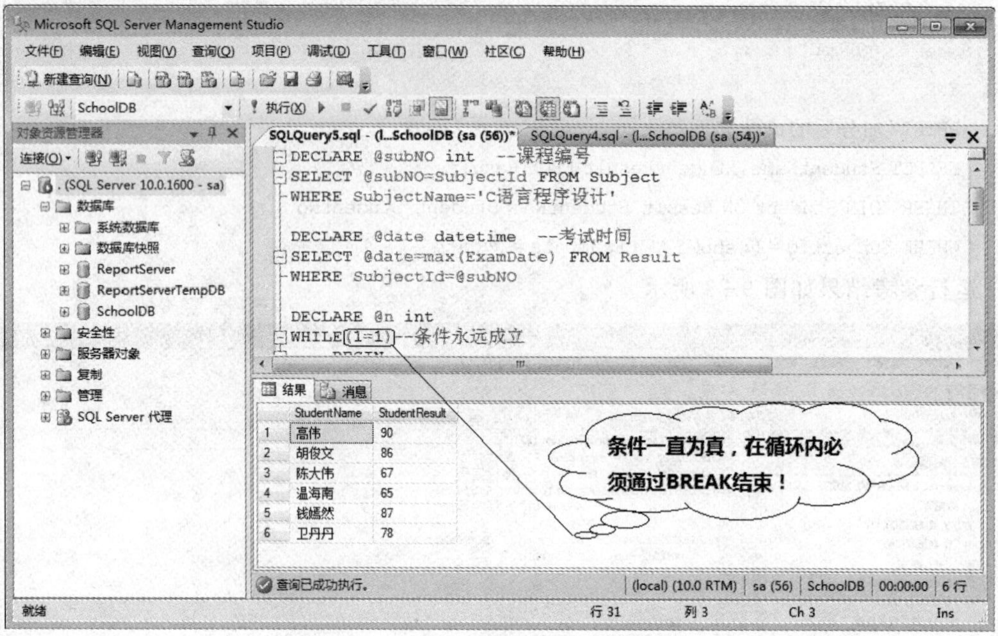

图 9-24 使用 WHILE 给学生循环加分

9.4 批处理

批处理是一条或多条 SQL 语句的集合,SQL Server 将批处理指令编译成一个可执行单元,此单元称为"执行计划"。每个批处理可以编译成单个执行计划,从而提高执行效率。如果批处理包含多个 SQL 语句,则执行这些语句所需的所有优化的步骤将编译在单个执行计划中。

以一条命令的方式来处理一组命令的过程称为"批处理"。由于每个批处理之间都是独立的,并不会影响其他批处理中 SQL 代码的运行。批处理能够简化数据库的管理。GO 关键字标志着批处理的结束。

【演示 9-9】 利用批处理完成学校对考试不及格学生的处理操作。

✍需求说明

(1) 凡是一次考试不及格者,给予警告;3 次(含)以下不及格者,按留级预警处理;4 次及以上不及格者,做留级处理。

(2) 创建临时表 Punish,表结构如下:

①处罚记录(学号、不及格次数、处理意见)。

②创建新表时处理意见为空。

(3) 查询所有不及格的成绩并插入 Punish 表。

(4) 根据每个学生不及格的次数批量更新处理意见。

✍源代码

```
--批处理
CREATE TABLE Pubnish(                    --创建表
```

```
    StuNo nvarchar(50) NOT NULL,          --学号
    StuCnt int NOT NULL,                  --不及格次数
    StuMng varchar(50)                    --处理意见
)
GO
--批处理
INSERT INTO Pubnish
SELECT StudentNo 学号,COUNT(0) 不及格次数,´´ 处理意见
FROM Result WHERE StudentResult＜60
GROUP BY StudentNo
GO
--批处理
UPDATE Pubnish SET StuMng =´警告´
WHERE StuCnt = 1                          --更新只有次不及格记录的处理意见
UPDATE Pubnish SET StuMng =´留级预警´
WHERE StuCnt BETWEEN 2 AND 3
UPDATE Pubnish SET StuMng =´留级´
WHERE StuCnt＞3
GO
--批处理
SELECT * FROM Pubnish
GO
```

执行演示 9-9 代码后的结果如图 9-25 所示。

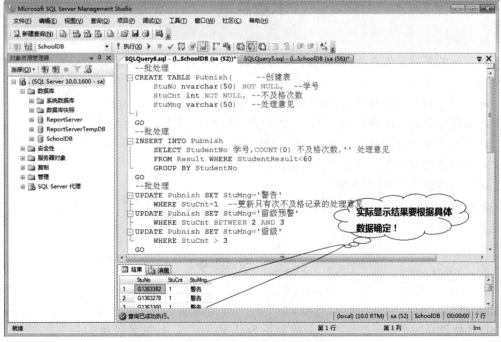

图 9-25　查询更新后的结果

演示 9-9 中共有 4 个批处理,分别完成了创建表 Punish、向表 Punish 中批量插入数据、更新数据和获得更新结果的操作。在演示 9-9 提供的代码中,批处理 3 由 3 条 UPDATE 语句组成一个执行计划。

在 SQL Server 查询编辑器中,如果使用创建库、创建表和添加约束的 SQL 语句,以及我们将在后面学习的存储过程和视图等,建议在每个 CREATE 语句末尾添加 GO 批处理标志,所以前面创建库和创建表的语句格式如下:

```
CREATE DATABASE SchoolDB
(
    …
)
GO
CREATE TABLE Student
(
    …
)
```

【常见错误】

```
CREATE TABLE Subject
(
    …
)GO
```

上面的代码并不存在语法错误,但是要求 GO 命令和 SQL 语句不能在同一行。

本章总结

- ➢ 变量的使用是先声明,再赋值。局部变量前必须有"@"作为前缀,全局变量前必须有两个"@@"作为前缀。
- ➢ 变量的赋值有两种方式:SET 语句和 SELECT 语句。
- ➢ 输出结果也有两种方式:PRINT 语句和 SELECT 语句。
- ➢ 数据类型转换的两个函数:CAST()和 CONVERT()。
- ➢ 控制流语句提供了条件操作所需的顺序和逻辑。
- ➢ 语句块使用 BEGIN-END。
- ➢ 批处理可以提高语句执行的速率,批处理结束的标志是"GO"。

习题 9

一、选择题

1.批处理是一个单元发送的一条或多条 SQL 语句的集合,这种说法(　　　)。

　　A.对　　　　　　　B.错

2. 用户可以定义局部变量,也可以定义全局变量,这种说法(   )。
   A. 对   B. 错

3. 下列(   )语句可以用来从 WHILE 语句块中退出。
   A. CLOSE   B. BREAK   C. EXIT   D. CONTINUE

4. 要将一组语句执行 10 次,下列(   )结构可以完成此项任务。
   A. IF-ELSE   B. WHILE   C. CASE   D. 以上都不是

5. 给变量赋值时,如果数据来源于表中的某一列,则应采用(   )方式。
   A. SELECT   B. PRINT   C. SET   D. AS

6. 在 SQL Server 的新建查询中运行下面的语句,得到的结果是(   )。

   CREATE TABLE numbers
   (
       N1 INT,
       N2 NUMERIC(5,0),
       N3 NUMERIC(4,2)
)
   GO
   INSERT numbers VALUES(1.5,1.5,1.5)
   SELECT * FROM numbers

   A. 返回 2、2 和 1.5 的记录集

   B. 返回 1.5、1.5 和 1.5 的记录集

   C. CREATE TABLE 命令不会执行,因为无法为列 N2 设置精度

   D. 返回 1、2 和 1.5 的记录集

7. T-SQL 中用于记录受影响数据行数的全局变量是(   )。
   A. @@VERSION   B. @@ROW   C. @@ERROR   D. @@ROWCOUNT

8. 在 SQL Server 数据库中,以下对变量的定义错误的是(   )。

   A. DECLARE @username varchar(10)

   B. DECLARE @RowCount varchar(30)

   C. DECLARE @@username varchar(10)

   D. DECLARE @@RowCount varchar(30)

9. 下面关于 SQL Server 中变量的操作正确的是(   )。

   A. DECLARE @name varchar(8) SET @name='lkl' PRINT '姓名是'+@name

   B. DECLARE name varchar(8) SET name='lkl' PRINT '姓名是'+name

   C. PRINT @@VERSION AS'版本',@@SERVERNAME AS'服务器'

   D. SELECT @@VERSION AS'版本',@@SERVERNAME AS'服务器'

10. 下面选项中关于在 SQL 语句中使用的逻辑控制语句的说法正确的是(   )。

    A. 在 IF-ELSE 条件语句中,IF 为必选,而 ELSE 为可选

    B. 在 IF-ELSE 条件语句中,语句块使用{}括起来

    C. 在 CASE 多分支语句中不可以出现 ELSE 分支

    D. 在 WHILE 循环语句中条件为 false,就重复执行循环语句

11. 下列选项中不属于 SQL Server 的逻辑控制语句的是（　　）。
　　A. IF-ELSE 语句　　　　　　　　B. FOR 循环语句
　　C. CASE 子句　　　　　　　　　D. WHILE 循环语句
12. 在 SQL SERVER 中局部变量前面的字符为（　　）。
　　A. *　　　　B. #　　　　C. @@　　　　D. @
13. 语句"USE master GO SELECT * FROM sysfiles GO"包括（　　）个批处理。
　　A. 1　　　　B. 2　　　　C. 3　　　　D. 4

二、操作题

1. 查询并输出罚款记录表，将罚款类型列的值用相应的文字说明（即 1－延期，2－损坏，3－丢失）。代码运行结果如图 9-26 所示。

	书名	借阅者	罚款日期	罚款类型	罚款金额
1	java	zhangYongwei	2016-01-20 16:35:40.897	延期	2000
2	.net	zhangDawei	2016-01-20 16:35:40.897	丢失	500

图 9-26　借阅图书的罚款记录

2. 查找图书借阅表中明天应归还的所有借书记录。如果应归还图书记录数等于 0，则显示提示信息"明天没有应归还的图书"。如果应归还的图书记录数小于 10，则将这些借阅记录的"应归还日期"列值加 2 天；否则，输出明天应归还的图书清单，包括图书名称、读者姓名和借阅日期，并在清单最后给出应归还图书的总数量。

3. 统计并输出图书馆当前现有各种图书的册数和总金额。如果图书现有册数不到一万本，则显示信息"现有图书不足一万本，还需要继续购置书籍"；否则显示信息"现有图书在一万本以上，需要管理员加强图书管理"。

提示：
(1) 计算现有图书的数量即使用聚合函数对图书信息表的现存数量列进行求和。
(2) 计算现有图书的总金额即图书信息表的现存数量列 * 单价。

第 10 章
子 查 询

【本章工作任务】
- 查询指定科目的考试成绩
- 查询某学期开设的课程
- 查询某门课最近一次缺考的学生名单

本章知识目标
- 了解子查询的概念及分类
- 理解子查询的执行过程

本章技能目标
- 掌握简单子查询的用法
- 掌握 IN 子查询的用法
- 掌握 EXISTS 子查询的用法

本章重点难点
- 简单子查询、IN 子查询的用法
- EXISTS 子查询的使用环境

在上一章中,经常将查询的结果保存到一个变量中,然后在另一个查询的 WHERE 子句中使用这个变量。实际上,可以将查询的结果直接用于 WHERE 子句,这种查询称为“子查询”。

子查询也是一个 SELECT 查询,它返回单个值且嵌套在 SELECT、INSERT、UPDATE、DELETE 语句或其他子查询中。任何允许使用表达式的地方都可以使用子查询。子查询也称为“内部查询”或“内部选择”,而包含子查询的语句也称为“外部查询”或“外部选择”。

子查询能够将比较复杂的查询分解为几个简单的查询。而且子查询可以嵌套,嵌套查询的过程是:首先执行内部查询,它查询出来的数据并不被显示出来,而是传递给外层语句,并作为外层语句的查询条件来使用。

10.1 简单子查询

10.1.1 简单子查询

首先通过下面的实例初步了解什么是子查询。Student 表的数据如图 10-1 所示。

【演示 10-1】 查看图 10-1 中年龄比党志鹏小的学生,并显示这些学生信息。

	StudentNo	StudentName	Sex	BornDate	Address
1	G1263201	王子洋	男	1993-08-07 00:00:00.000	安徽省蚌埠市
2	G1263382	张琪	女	1993-05-07 00:00:00.000	合肥长江路
3	G1363301	党志鹏	男	1994-12-20 00:00:00.000	安徽省郎溪县
4	G1363302	胡仲友	男	1994-06-13 00:00:00.000	安徽省寿县
5	G1363303	朱晓燕	女	1994-04-18 00:00:00.000	安徽省枞阳县
6	G1463337	高伟	男	1995-06-07 00:00:00.000	安徽省灵璧县
7	G1463342	胡俊文	男	1995-04-20 00:00:00.000	安徽省定远县
8	G1463358	温海南	男	1995-01-30 00:00:00.000	安徽省合肥市
9	G1463383	钱嫣然	女	1994-01-14 00:00:00.000	安徽省潜山县
10	G1463388	卫丹丹	女	1995-04-17 00:00:00.000	安徽省凤阳县

图 10-1 Student 表

需求和关键点分析

(1)查找出“党志鹏”的出生日期。

(2)利用 WHERE 语句筛选出比“党志鹏”出生日期大的学生。

(3)采用 T-SQL 变量来实现。

关键代码

```
--使用局部变量实现查找年龄比'党志鹏'小的学生信息
DECLARE @birthday datetime          --定义变量,存放党志鹏的出生日期
SELECT @birthday = BornDate FROM Student
    WHERE StudentName = '党志鹏'    --查找出党志鹏的出生日期
SELECT StudentNo,StudentName,Sex,BornDate,Address FROM Student
    WHERE BornDate>@birthday        --筛选出生日期比党志鹏大的学生
GO
```

上述语句的运行结果如图 10-2 所示。

在该实例中,共使用了两个查询语句。

(1)通过第一条 ELECT 语句,从 Student 表中查出"党志鹏"的出生日期,并赋值给变量 @Birthday。

(2)通过第二条 SELECT 语句查询出出生日期比变量@Birthday 值大的学生记录,即可得到年龄比"党志鹏"小的学生信息。

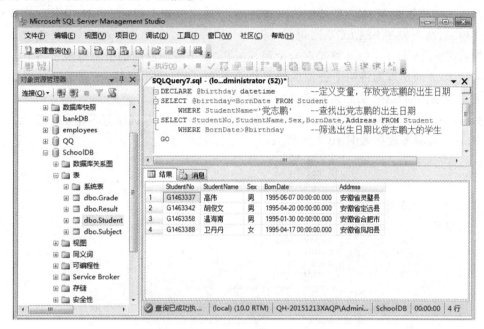

图 10-2　查询比"党志鹏"年龄小的学生

有没有更简洁的语句呢?继续看一个实例。

【演示 10-2】　通过子查询,查看年龄比"党志鹏"小的学生,并显示这些学生信息。

◇需求说明

采用子查询实现。

◇关键代码

```
SELECT StudentNo,StudentName,Sex,BornDate,Address FROM Student
WHERE BornDate>
    (SELECT BornDate FROM Student WHERE StudentName='党志鹏')
GO
```

从演示 10-2 代码中,可以发现演示 10-1 中使用的变量@Birthday 被查询语句替代,构成了嵌套查询语句,即查询语句中包含了另一个查询语句。

例如,演示 10-2 查询语句中:

(SELECT BornDate FROM Student WHERE StudentName='党志鹏')

就是一个子查询,因为它嵌入到查询中作为"SELECT * FROM Student"的 WHERE 条件的一部分。

1. 子查询在 WHERE 语句中的一般语法

子查询在 WHERE 语句中的一般语法如下:

SELECT…FROM 表 1 WHERE 列 1>(子查询)

其中,子查询语句必须放置在一对圆括号内;在列1后面除了">"运算符外,还可以使用其他运算符号。习惯上,外面的查询称为"父查询",圆括号中嵌入的查询称为"子查询"。SQL Server 执行时,先执行子查询部分,求出子查询部分的值,再执行整个父查询,返回最后的结果。

因为子查询作为 WHERE 条件的一部分,所以还可以和 UPDATE、INSERT、DELETE 一起使用,语法类似于 SELECT 语句。

提示:将子查询和比较运算符联合使用,必须保证子查询返回的值不能多于一个。

演示 10-2 的子查询将两个查询的结果集合并在一起,除此之外,子查询还可以在多表间查询符合条件的数据,从而替换表连接(JOIN)查询。

【演示 10-3】 使用表连接,查询大学英语科目至少一次考试刚好及格的学生,Student 表和 Result 表参考数据如图 10-3 所示。

	StudentNo	StudentName
1	G1263201	王子洋
2	G1263382	张琪
3	G1363301	党志鹏
4	G1363302	胡仲友
5	G1363303	朱晓燕
6	G1463337	高伟
7	G1463342	胡俊文
8	G1463358	温海南
9	G1463383	钱嘉然
10	G1463388	卫丹丹

	StudentNo	SubjectId	StudentResult	ExamDate
1	G1263201	13	89	2014-11-15 00:00:00.000
2	G1263382	13	85	2014-11-15 00:00:00.000
3	G1363301	7	46	2015-01-05 00:00:00.000
4	G1363302	7	88	2015-01-05 00:00:00.000
5	G1363303	7	83	2015-01-05 00:00:00.000
6	G1363303	8	89	2015-01-07 00:00:00.000
7	G1463337	1	95	2015-01-05 00:00:00.000
8	G1463337	2	60	2015-01-08 00:00:00.000
9	G1463342	1	83	2015-01-05 00:00:00.000
10	G1463342	2	55	2014-11-18 00:00:00.000
11	G1463342	8	76	2015-01-08 00:00:00.000
12	G1463358	1	55	2014-11-20 00:00:00.000
13	G1463358	1	57	2015-01-05 00:00:00.000
14	G1463383	1	86	2015-01-05 00:00:00.000
15	G1463383	2	91	2015-01-08 00:00:00.000
16	G1463383	3	75	2015-01-09 00:00:00.000
17	G1463388	1	83	2015-01-05 00:00:00.000
18	G1463388	3	76	2015-01-09 00:00:00.000

图 10-3 Student 表和 Result 表参考数据

🖎 需求及关键点分析

(1)查询 Subject 表,获得大学英语的科目编号。

(2)根据科目编号,查询 Result 表中成绩是 60 分的学生的学号。

(3)根据学号,查询 Student 表得到学生姓名。

🖎 源代码

```
SELECT StudentName FROM Student stu
    INNER JOIN Result r ON stu.StudentNo = r.StudentNo      --内连接
    INNER JOIN Subject sub ON r.SubjectId = sub.SubjectId   --内连接
    WHERE StudentResult = 60 AND SubjectName = '大学英语'
GO
```

在 SELECT 语句中为表命名别名的方法有以下两种。

(1)使用 AS 关键字,符合 ANSI 标准,语法如下:

　　SELECT 列表 FROM 表名 AS 表的别名

(2)使用空格,更加简便,语法如下:

　　SELECT 列表 FROM 表名 表的别名

当为某个表命名了别名后,在 SELECT 语句中出现该表的列需要指定表名时,就必须统一使用该表的别名,否则将产生语法错误。

除了采用表连接以外,还可以采用子查询替换上述表连接。

【演示 10-4】　使用子查询,查询大学英语科目至少一次考试刚好及格的学生。

↳ 需求及关键点分析

(1)查询 Subject 表,获得大学英语科目的科目编号。

(2)根据科目编号,查询 Result 表中成绩是 60 分的学生的学号。

(3)根据学号,查询 Student 表得到学生姓名。

↳ 源代码

```
SELECT StudentName FROM Student WHERE StudentNo = (
    SELECT StudentNo FROM Result
    INNER JOIN Subject ON Result.SubjectId = Subject.SubjectId
    WHERE StudentResult = 60 AND SubjectName = ´大学英语´
)
GO
```

其中,括号中的子查询查询出刚好 60 分的学生的学号,上述语句运行结果如图 10-4 所示。

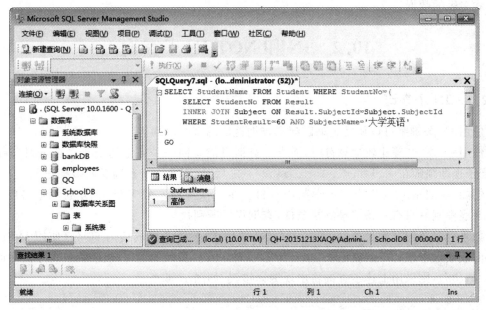

图 10-4　查询 60 分的学生姓名

10.1.2 技能训练——使用简单子查询

【训练 10-1】 查询指定学生的考试成绩。

◊ **技能要点**

使用子查询返回单条记录。

◊ **需求说明**

查询参加最近一次"大学英语"考试成绩的学生的最高和最低分,结果如图 10-5 所示。

图 10-5 查询最高分和最低分

◊ **关键点分析**

(1)查询获得大学英语科目的科目编号。
(2)查询获得大学英语科目最近一次的考试日期。
(3)根据科目编号查询考试成绩的最高分和最低分。
(4)编译、执行 SQL 语句,并保存为"训练 10-1 查询指定学生的考试成绩.sql"。

◊ **补充说明**

一般来说,表连接都可以采用子查询替换,但反过来却不一定,有的子查询不能用表连接来替换。子查询比较灵活、方便、形式多样,适合于作为查询的筛选条件,而表连接更适合于查看多表的数据。

10.2 IN 和 NOT IN 子查询

10.2.1 IN 子查询

使用 IN 关键字可以使父查询匹配子查询返回的多个单列值。

使用=、>、<等比较运算符时,要求子查询只能返回一条或空的记录。在 SQL Server 中,当子查询跟随在=、!=、<、<=、>和>=之后时,不允许子查询返回多条记录。

例如,在演示 10-4 中查询大学英语科目至少一次考试刚好等于 60 分的学生名单。在 Result 表中刚好只有一条记录满足条件,查询得以顺利执行。

如果有多条记录满足条件,即有多个学生的大学英语考试成绩为 60 分(使用 INSERT 语句向成绩表中添加一条新记录,学号为 G1463399,科目代码为 2,成绩为 60,考试时间为 2015/01/08),则采用上述子查询将出现编译错误,如图 10-6 所示。

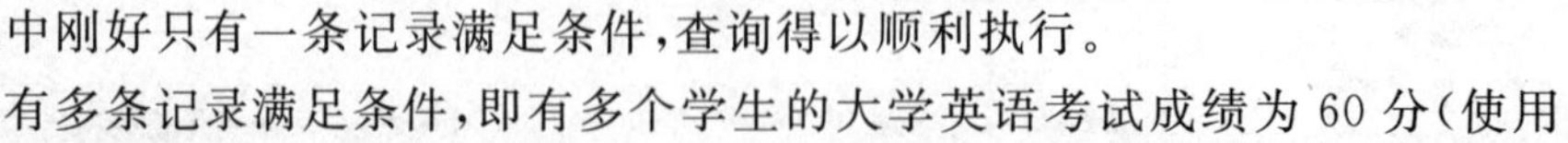

图 10-6 比较运算符后的子查询不允许返回多条记录

解决这个问题的办法需将"＝"改为"IN"即可,如演示 10-5 所示。

【演示 10-5】 查询大学英语科目至少一次考试刚好及格的学生。

※ 需求说明

采用 IN 子查询,解决返回值多个的情况。

※ 源代码

```
/*--采用 IN 子查询--*/
SELECT StudentNo,StudentName FROM Student WHERE StudentNo IN
(
SELECT StudentNo FROM Result
    WHERE SubjectId = (
        SELECT SubjectId FROM Subject
            WHERE SubjectName = '大学英语'
)                                           --课程
    AND StudentResult = 60                  --成绩
)
GO
```

上述语句的运行结果如图 10-7 所示。

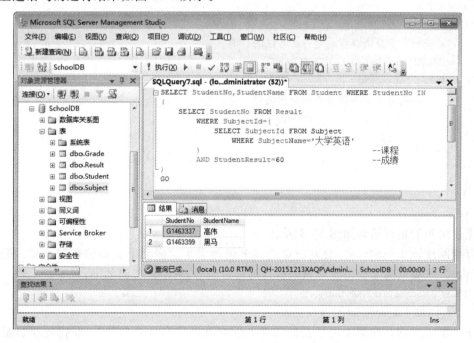

图 10-7 IN 子查询

从本实例可以看出,IN 后面的子查询可以返回多条记录,用于限制学号的筛选范围。尽管演示 10-4 与演示 10-5 子查询语句所完成的功能是相同的,都是查询大学英语科目考试成绩至少一次是 60 分的学生记录,但演示 10-4 使用连接查询实现,而演示 10-5 则在子查询中又嵌套了一个子查询,用于查询获得大学英语科目的科目编号。因此演示 10-5 是一个三层嵌套的子查询语句。

【演示 10-6】 查询参加大学英语科目最近一次考试的在读学生名单。

◇ 需求及关键点分析

(1)获得大学英语科目的科目编号：
```
SELECT SubjectId FROM Subject WHERE SubjectName = ´大学英语´
```
(2)根据科目编号查询得到大学英语科目最近一次的考试日期：
```
SELECT MAX(ExamDate)FROM Result WHERE SubjectId = ( SELECT SubjectId FROM Subject WHERE SubjectName = ´大学英语´)
```
(3)根据科目编号和最近一次的考试日期查询学生信息。

◇ 源代码

```
/*--采用 IN 子查询获得参加考试的在读学生名单--*/
SELECT StudentNo,StudentName FROM Student WHERE StudentNo IN
(
    --获得参加大学英语课程最近一次考试的学生学号
    SELECT StudentNo FROM Result
        WHERE SubjectId = (
    SELECT SubjectId FROM Subject
        WHERE SubjectName = ´大学英语´
)
AND ExamDate = (
    --获得大学英语课程最近一次考试的日期
    SELECT MAX(ExamDate) FROM Result
    WHERE SubjectId = (
        --获得大学英语课程的课程编号
        SELECT SubjectId FROM Subject
            WHERE SubjectName = ´大学英语´
    )
  )
)
GO
```

上述语句的运行结果如图 10-8 所示。

仔细阅读该实例的代码,会发现这是一个包含了 4 层嵌套子查询的查询语句。第四层(即最内层)子查询用于获得大学英语科目的科目编号,对应的代码如下:
```
SELECT SubjectId FROM Subject
    WHERE SubjectName = ´大学英语´
```
第三层子查询是在第 4 层子查询获得大学英语科目编号的基础上,获得此科目最次一次的考试日期,代码如下:
```
SELECT MAX(ExamDate) FROM Result
    WHERE SubjectId = (
        --获得大学英语课程的课程编号
        SELECT SubjectId FROM Subject
            WHERE SubjectName = ´大学英语´
    )
```

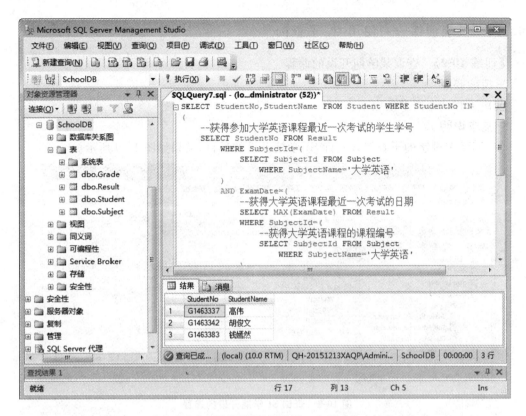

图 10-8　查询参加"大学英语"科目最近一次考试的在读学生名单

有了大学英语科目最近一次的考试日期后,执行第 2 层子查询,即可获得参加大学英语科目最近一次考试的所有学生的学号,代码如下:

```
SELECT StudentNo FROM Result
    WHERE SubjectId = (
        SELECT SubjectId FROM Subject
            WHERE SubjectName = '大学英语'
    )
    AND ExamDate = (
        --获得大学英语课程最近一次考试的日期
        SELECT MAX(ExamDate) FROM Result
        WHERE SubjectId = (
            --获得大学英语课程的课程编号
            SELECT SubjectId FROM Subject
                WHERE SubjectName = '大学英语'
        )
    )
```

最外层查询(第 1 层查询)是依据第 2 层子查询的查询结果—"所有参加大学英语科目最近一次考试的在读学生的学号",从 Student 表中查找出对应的学生姓名。至此,通过嵌套的 4 层子查询得到了参加大学英语科目最近一次考试的在读学生名单。

10.2.2 技能训练——使用 IN 子查询

【训练 10-2】 查询某学期开设的课程。

✎ 技能要点

使用子查询返回多条记录。

✎ 需求说明

使用 IN 关键字的子查询来查询 S1 学期开设的科目,结果如图 10-9 所示。

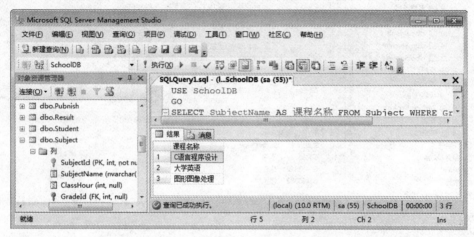

图 10-9 查询 S1 学期开设的课程

✎ 关键点分析

(1)查询学期名称是 S1 的所有科目的科目编号。

(2)根据科目编号查询科目表得到科目名称。

(3)编译、执行 SQL 语句,并保存为"训练 10-2 查询某学期开设的课程.sql"。

10.2.3 NOT IN 子查询

如何获得"没有参加大学英语科目考试的在读学生名单",在演示 10-6 代码的 IN 关键字之前加上否定的 NOT 即可获得未参加考试的学生名单。

【演示 10-7】 查询没有参加大学英语科目考试的在读学生名单。

✎ 需求及关键点分析

(1)使用 IN 子查询参加大学英语科目考试的爱都学生名单。

(2)在 IN 子查询前加 NOT 即可查询到未参加考试的在读学生名单。

✎ 源代码

```
/*--采用 NOT IN 子查询,查看未参加考试的在读学生名单--*/
SELECT StudentNo,StudentName,GradeId FROM Student
WHERE StudentNo NOT IN
(
SELECT StudentNo FROM Result
    WHERE SubjectId = (
```

```
        SELECT SubjectId FROM Subject
            WHERE SubjectName = '大学英语'
    )
    AND ExamDate = (
        SELECT MAX(ExamDate) FROM Result
        WHERE SubjectId = (
            SELECT SubjectId FROM Subject
                WHERE SubjectName = '大学英语'
        )
    )
)
GO
```

上述语句的运行结果如图 10-10 所示。

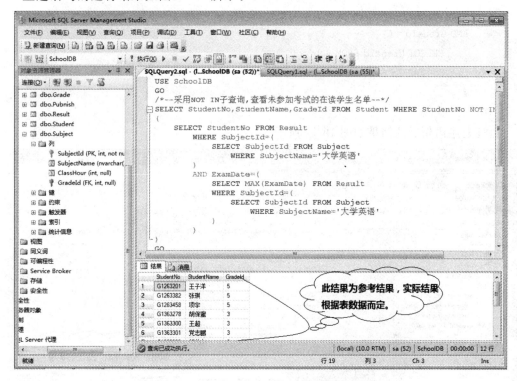

图 10-10　查看未参加大学英语科目最近一次考试的在读学生名单

通过图 10-10 可以看出，演示 10-7 中代码的运行结果集数据不仅包含了大学英语科目所在第一学期的记录，还包括第二学期、第三学期学生的名单，这与我们的初衷有所差异。我们希望获得大学英语课程所在学期（即第一学期）在读学生没有参加这么课程最近一次考试的学生名单，那么，如何在演示 10-7 代码的基础上进行完善？其实只需要增加一个查询条件以限制大学英语科目所在学期的学生即可。

```
SELECT StudentNo,StudentName FROM Student
WHERE StudentNo NOT IN
```

```
(
    SELECT StudentNo FROM Result
        WHERE SubjectId = (
            SELECT SubjectId FROM Subject
                WHERE SubjectName = '大学英语'
        )
        AND ExamDate = (
            SELECT MAX(ExamDate) FROM Result
            WHERE SubjectId = (
                SELECT SubjectId FROM Subject
                    WHERE SubjectName = '大学英语'
            )
        )
)
AND GradeId = (
    SELECT GradeId FROM Subject
        WHERE SubjectName = '大学英语'
)
GO
```

执行上述语句后的结果如图 10-11 所示。

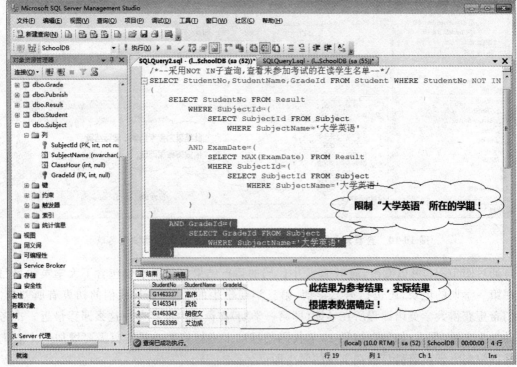

图 10-11　查看未参加大学英语科目最近一次考试的在读学生名单

10.2.4 技能训练——使用 NOT IN 子查询

【训练 10-3】 查询 Java 面向对象设计最近一次考试缺考的学生名单。

✦ 技能要点

NOT IN 子查询的使用。

✦ 需求说明

使用子查询来查询没有参加"Java 面向对象设计"科目最近一次考试的在读学生名单，参考结果如图 10-12 所示。

✦ 关键点分析

(1)查询没有参加 Java 面向对象设计科目最近一次考试的学生名单。
(2)限定 Java 面向对象设计科目所在学期。
(3)编译、执行 SQL 语句，并保存为"训练 10-3 查询最近一次考试缺考的学生名单.sql"。

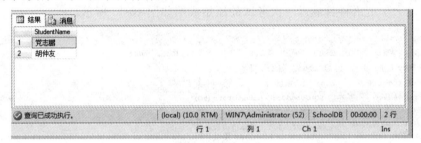

图 10-12 查询 Java 面向对象设计最近一次考试缺考的学生名单

10.3 EXISTS 和 NOT EXISTS 子查询

10.3.1 EXISTS 子查询

EXISTS 关键字用于检测数据是否存在。

在学习创建数据库和创建表的语句时曾使用过 EXISTS 语句，是一个检测是否存在的子查询语句。

例如，如果存在数据库 SchoolDB，则先删除它，然后重新创建。

```
USE master
GO
IF EXISTS(SELECT * FROM sysdatabases WHERE name = ´SchoolDB´)
DROP DATABASE SchoolDB
GO
CREATE DATABASE SchoolDB
   …                    --创建库的代码省略
GO
```

从理论上讲，EXISTS 也可以作为 WHERE 语句的子查询，但一般用于 IF 语句的存在检测。

1. 使用 EXISTS 关键字的语法

使用 EXISTS 关键字的语法如下：

　IF EXISTS(子查询)
　　　语句

如果子查询的结果非空，EXISTS(子查询)将返回真(TRUE)，否则返回假(FALSE)。

【演示 10-8】 检查大学英语科目最近一次考试的成绩。如果有成绩达到 80 分以上者，则每人加 2 分，否则每人加 5 分；如果加分后超过 100 分的不得加分。

✎ 需求说明

(1)采用 EXISTS 检测是否有人考试成绩达到 80 分以上。

(2)如果成绩有 80 分以上者，则用 UPDATE 语句为参加本次考试的每个学生加 2 分，否则加 5 分。

(3)如果加分后超过 100 分的不再加分。

(4)假设大学英语科目最近一次考试的原始成绩如图 10-13 所示。

图 10-13　大学英语科目最近一次考试的原始成绩

✎ 源代码

```
/*--采用 EXISTS 子查询,进行酌情加分--*/
IF EXISTS(
    --查询大学英语课程最近一次考试成绩大于 80 分的记录
```

```sql
SELECT * FROM Result
    WHERE SubjectId = (
        SELECT SubjectId FROM Subject WHERE SubjectName = '大学英语'
            )
    AND ExamDate = (
         SELECT MAX(ExamDate) FROM Result WHERE SubjectId = (SELECT SubjectId FROM Subject WHERE SubjectName = '大学英语')
            )
    AND StudentResult>80
    )
--如果存在考试成绩高于 80 分的学生,则参加本次考试的学生每人加 2 分
--加分前的最高成绩不得高于 98 分
BEGIN
    UPDATE Result SET StudentResult = StudentResult + 2
        WHERE SubjectId = (SELECT SubjectId FROM Subject WHERE SubjectName = '大学英语')
        AND ExamDate = (SELECT MAX(ExamDate) FROM Result WHERE SubjectId = (SELECT SubjectId FROM Subject WHERE SubjectName = '大学英语'))
        AND StudentResult< = 98
    PRINT '本次大学英语课程考试部分学生成绩高于 80 分,每人只加 2 分,加分后的成绩是:'
END
ELSE
    BEGIN
        UPDATE Result SET StudentResult = StudentResult + 5
            WHERE SubjectId = (SELECT SubjectId FROM Subject WHERE SubjectName = '大学英语')
            AND ExamDate = (SELECT MAX(ExamDate) FROM Result WHERE SubjectId = (SELECT SubjectId FROM Subject WHERE SubjectName = '大学英语'))
            AND StudentResult< = 95
        PRINT '本次大学英语课程考试没有学生成绩高于 80 分,每人可以加 5 分,加分后的成绩是:'
    END
SELECT ExamDate AS 考试日期, StudentNo AS 学号, StudentResult AS 成绩
    FROM Result
    WHERE SubjectId = (
        SELECT SubjectId FROM Subject WHERE SubjectName = '大学英语'
        )
    AND ExamDate = (
        SELECT MAX(ExamDate) FROM Result WHERE SubjectId = (
            SELECT SubjectId FROM Subject WHERE SubjectName = '大学英语'
```

)
)
GO

上述语句的运行结果如图 10-14 所示。

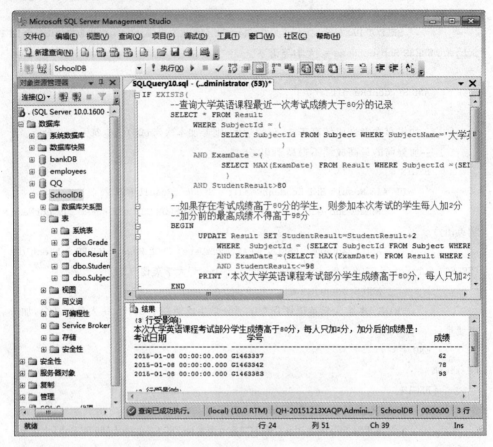

图 10-14　大学英语科目最近一次考试加分后的成绩

在该实例中,使用 EXISTS 检测子查询的结果,结合 IF 语句进行判断。在对相应的业务进行数据处理时,对应的 UPDATE 语句在 WHERE 子句中使用子查询对需要更新的数据进行条件限定。

10.3.2　NOT EXISTS 子查询

EXISTS 和 IN 一样,同样允许添加 NOT 关键字实现取反操作,NOT EXISTS 表示不存在。

【演示 10-9】　检查大学英语科目最近一次考试。

 需求及关键点分析

(1)如果全部没有通过考试(60 分及格),则试题偏难,每人加 3 分,否则,每人加 1 分。

(2)所有人都没通过,即不存在"考试成绩大于等于 60 分"的学生,可以采用 NOT EXISTS 检测。

源代码

```sql
/* --采用 NOT EXISTS 子查询,根据试题难度加分-- */
IF NOT EXISTS(
    SELECT * FROM Result
        WHERE SubjectId = (
            SELECT SubjectId FROM Subject WHERE SubjectName = '大学英语'
        )
        AND ExamDate = (
            SELECT MAX(ExamDate) FROM Result WHERE SubjectId = (
                SELECT SubjectId FROM Subject WHERE SubjectName = '大学英语'
            )
        )
        AND StudentResult >= 60
)
--如果考试成绩都低于 60 分,则参加本次考试的学生每人加 3 分
--加分前的最高成绩不得高于 97 分
BEGIN
    PRINT '本次大学英语课程考试学生成绩都低于 60 分,每人加 3 分,加分后的成绩是:'
    UPDATE Result SET StudentResult = StudentResult + 3
    WHERE SubjectId = (
        SELECT SubjectId FROM Subject WHERE SubjectName = '大学英语'
    )
    AND ExamDate = (
        SELECT MAX(ExamDate) FROM Result WHERE SubjectId = (
            SELECT SubjectId FROM Subject WHERE SubjectName = '大学英语'
        )
    )
    AND StudentResult <= 97
    SELECT ExamDate AS 考试日期, StudentNo AS 学号, StudentResult AS 成绩
        FROM Result
        WHERE SubjectId = (
            SELECT SubjectId FROM Subject WHERE SubjectName = '大学英语'
        )
        AND ExamDate = (
            SELECT MAX(ExamDate) FROM Result WHERE SubjectId = (
                SELECT SubjectId FROM Subject WHERE SubjectName = '大学英语'
            )
        )
END
--如果存在考试成绩高于 60 分的学生,则参加本次考试的学生每人加 1 分
--加分前的最高成绩不得高于 99 分
ELSE
```

```
    BEGIN
        PRINT '本次大学英语课程考试有部分学生成绩高于60分,每人加1分,加分后的成绩是:'
        UPDATE Result SET StudentResult = StudentResult + 1
            WHERE SubjectId = (
                SELECT SubjectId FROM Subject WHERE SubjectName = '大学英语'
            )
            AND ExamDate = (
                SELECT MAX(ExamDate) FROM Result WHERE SubjectId = (SELECT SubjectId FROM Subject WHERE SubjectName = '大学英语'
                )
            )
            AND StudentResult< = 99
        SELECT ExamDate AS 考试日期,StudentNo AS 学号,StudentResult AS 成绩
            FROM Result
            WHERE SubjectId = (
                SELECT SubjectId FROM Subject WHERE SubjectName = '大学英语'
            )
            AND ExamDate = (
                SELECT MAX(ExamDate) FROM Result WHERE SubjectId = (
                    SELECT SubjectId FROM Subject WHERE SubjectName = '大学英语'
                )
            )
    END
    GO
```

上述语句的执行结果如图10-15所示。

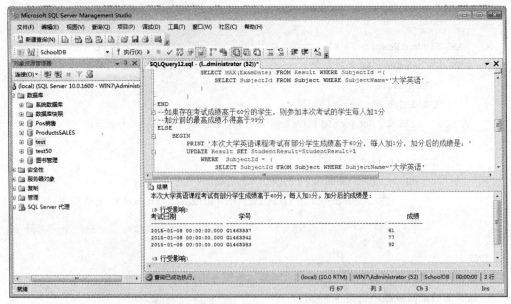

图10-15 大学英语科目最近一次考试加分后的成绩

10.3.3 技能训练——使用 EXISTS 子查询

【训练 10-4】 检查并更新 S1 的学生的学期为 S2。

◈ 技能要点

NOT EXISTS 子查询。

◈ 需求说明

(1) 显示 S1 学期学生信息。

(2) 如果有 S1 的学生, 就将其在读学期更新为 S2, 参考结果如图 10-16 所示。

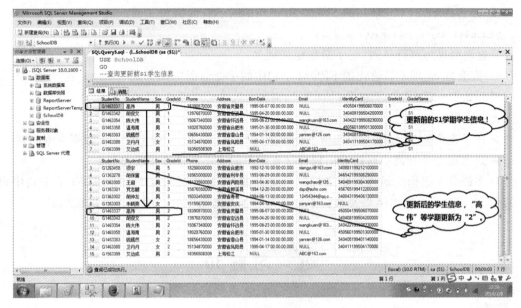

图 10-16 更新 S1 的学生为 S2

◈ 关键点分析

(1) 查询显示 S1 学期学生的信息。

(2) 查询学期名称为 S1 和 S2 的学期编号。

(2) 更新 Student 表,将学生的学期名称是 S1 的学期编号改为学期名称是 S2 的学期编号。

(3) 编译、执行 SQL 语句,并保存为"训练 10-4 检查更新学生信息.sql"。

本章总结

➤ 合并多个表中的数据有以下 3 种方法:

(1) 联合——合并多个数据集中的行。

(2) 子查询——将一个查询嵌套在另一个查询中。

(3) 连接——合并多个数据表中的列。

➤ 比较运算符后面的子查询只能返回单个数值。

➢ IN 子查询后面可跟随返回多条记录的子查询,用于检测某列的值是否存在于某个范围中。

➢ 通过在子查询中使用 EXISTS 子句,可以对子查询中的行是否存在进行检查。

➢ 在完成较复杂的数据查询时,经常会使用到子查询。编写子查询语句时,要注意如下事项。

(1)子查询语句可以出现在表达式出现的任何位置。

在 SELECT 语句中,子查询可以被嵌套在 SELECT 语句的列、表和查询条件中,即 SELECT 子句、FROM 子句、WHERE 子句、GROUP BY 子句和 HAVING 子句。

(2)嵌套在 SELECT 语句的 SELECT 子句中的子查询语句如下:

SELECT(子查询)FROM 表名

子查询结果为单行单列,但不必指定列别名。

(3)嵌套在 SELECT 语句的 FROM 子句中的子查询语句如下:

SELECT * FROM(子查询)AS 表的别名

表必须指定别名。

➢ 在子查询的 SELECT 子句中不能出现 TEXT、NTEXT 或 IMAGE 数据类型的列。

➢ 只出现在子查询中而没有出现在父查询中的表不能包含在输出列中。

➢ 多嵌套子查询的最终数据集只包含父查询(即最外层的查询)的 SELECT 子句中出现的列,而子查询的输出结果通常会作为其外层子查询数据源或用于数据判断匹配。

习题 10

一、选择题

1. 有关下列 T-SQL 语句的功能,说法正确的是(　　)。

```
WHILE NOT EXISTS
(SELECT StudentResult FROM Result WHERE StudentResult>70)
BEGIN
    UPDATE Result SET StudentResult = StudentResult * 1.1
    IF(SELECT MAX(StudentResult) FROM Result)>95
        BREAK
    ELSE
        CONTINUE
END
SELECT * FROM Result
```

A. 当最高分没有超过 70 分时,循环加分

B. 当学员的平均分没有超过 70 分时,循环加分

C. 当机试最高分超过 95 分时,停止加分,否则继续加分

D. 以上都不正确

2. SELECT * FROM student WHERE studentNo_(SELECT studentNo FROM Result)

词语的横线处填( )比较合适。

　　A. =　　　　　　B. IN　　　　　　C. LIKE　　　　　　D. >=

3. 合并多个表中数据的 3 种方法是( )。

　　A. 联合　　　　　B. 子查询　　　　C. 表连接　　　　　D. 角色

4. 下列( )子句可以与子查询一起使用以检查行或列是否存在。

　　A. UNION　　　　B. EXISTS　　　　C. DISTINCT　　　　D. COMPUTE BY

5. 下列( )可用于创建一个新表,并用已经存在的表的数据填充新表。

　　A. SELECT INTO　B. UNION　　　　C. 子查询　　　　　D. 表连接

6. 下列有关子查询和表连接的说法,错误的是( )。

　　A. 子查询一般可以代替表连接

　　B. 表连接能代替所有子查询,所以一般优先采用子查询

　　C. 如果需要显示多表数据,则优先考虑表连接

　　D. 如果只是作为查询的条件部分,则一般考虑子查询

7. 在 SQL SERVER 中,下面关于子查询的说法正确的是( )。

　　A. 应用简单子查询的 SQL 语句的执行效率比采用 SQL 变量的实现方案要低

　　B. 带子查询的查询执行顺序是:先执行父查询,再执行子查询

　　C. 表连接一般都可以用子查询替换,但有的子查询不能用表连接替换

　　D. 如果一个子查询语句一次返回二个字段的值,那么父查询的 where 子句中应该使用 NOT EXISTS 关键字

8. 已知股票表(股票代码,股票名称,单价,交易所),其数据之一:(600600,青岛啤酒,7.48,上海);交易表(股票代码,标志(买入为 A,卖出为 B),数量)。查询上海交易所的股票交易情况,正确的语句是( )。

　　A. SELECT * FROM 交易 WHERE 交易所='上海'

　　B. SELECT * FROM 交易 WHERE 交易所=上海

　　C. SELECT * FROM 交易 WHERE 股票代码 IN

　　　(SELECT 股票名称 FROM 股票 WHERE 交易所='上海')

　　D. SELECT * FROM 交易 WHERE 股票代码=

　　　(SELECT 股票名称 FROM 股票 WHERE 交易所='上海')

9. 已知 dept 表有部门编号字段 deptno、部门名称字段 dname,员工表 emp 具有员工编号字段 empno、员工姓名字段 ename、电话字段 phone 和所属部门编号字段 deptno,该字段参考 dept 表的 deptno 字段,要使用 SQL 语句查询"研发部"部门所有员工的编号和姓名信息,下面选项中正确的是( )。

　　A. SELECT empno,ename FROM emp WHERE empno=
　　　(SELECT empno FROM dept WHERE dname='研发部')

　　B. SELECT empno,ename FROM emp WHERE deptno=
　　　(SELECT deptno FROM dept WHERE dname='研发部')

　　C. SELECT empno,ename FROM emp WHERE deptno=
　　　(SELECT * FROM dept WHERE dname='研发部')

　　D. SELECT empno,ename FROM dept WHERE deptno=
　　　(SELECT deptno FROM emp WHERE dname='研发部')

10. 已知股票表(股票代码,股票名称,单价,交易所),其数据之一:(600600,青岛啤酒,7.48,上海);交易表(股票代码,标志(买入为 A,卖出为 B),数量)。查询,没有交易的股票信息,正确的语句是(　　)。

　　A. SELECT * FROM 股票 WHERE 股票代码 IN(SELECT 股票代码 FROM 交易)

　　B. SELECT * FROM 股票 WHERE 股票代码 NOT IN
　　　(SELECT DISTINCT 股票代码 FROM 交易)

　　C. SELECT * FROM 股票 WHERE 股票代码=
　　　(SELECT DISTINCT 股票代码 FROM 交易)

　　D. SELECT * FROM 股票 WHERE 股票代码<>
　　　(SELECT DISTINCT 股票代码 FROM 交易)

11. 使用嵌套查询时,最多可以嵌套(　　)层的子查询。

　　A. 2 层　　　　B. 4 层　　　　C. 8 层　　　　D. 层数不限

二、操作题

1. 根据前几章的数据库,使用子查询,获得当前没有被读者借阅的图书信息。要求:输出图书名称、图书编号、作者姓名、出版社和单价。

2. 使用子查询获得地址今年的所有缴纳罚款的读者清单,要求输出的数据包括读者姓名、图书名称、罚款日期、罚款类型(用文字说明)和缴纳罚金等。

3. 使用子查询获得地址为空的所有读者尚未归还的图书清单。要求:按读者编号从高到低、借书日期由近至远的顺序输出读者编号、读者姓名、图书名称、借书日期和应归还日期。

第 11 章
事务、视图与索引

本章工作任务
- 使用事务批量插入学生考试成绩
- 使用视图查看学生各学期考试成绩
- 使用索引查询学生成绩

本章知识目标
- 理解事务的概念
- 了解事务的概念及优点
- 理解索引的概念、优点及分类

本章技能目标
- 使用事务保证操作数据的完整性
- 掌握如何创建并使用视图
- 掌握如何创建并使用索引

本章重点难点
- 事务的灵活应用
- 创建并使用视图
- 创建并使用索引

前面的章节中我们已经掌握了数据库的实现及对数据常用的增、删、改、查方法。除此之外,实际应用还需要掌握一些特殊的高级数据处理和查询,包括事务、视图和索引。

在操作数据的过程中可能会出错,事务用于保证在出错的情况下数据也会处于一致状态。数据库中数据项会有很多,有些数据项涉及比较机密的数据,不应该对所有用户暴露,视图能够保证合适的人看到合适的数据。当记录数目非常庞大时,提高数据的检索速度至关重要,可以模仿书籍的目录在表中某些列上建立索引来加快查询速度。

11.1 事　务

11.1.1 事务的价值

在实际生活中,我们去银行办理业务,有一条记账原则,即有借有贷,借贷相等。为了保证这种原则,每发生一笔银行业务,就必须确保会计账目上借方和贷方至少各记录一笔,并且这两笔账要么同时提交成功,要么同时失败。如果出现只记录了借方,或者只记录了贷方的情况,就违反了记账原则,会出现记错账的情况。

在 SQL Server 中通过事务机制来保证事务的一致性。

【演示 11-1】 创建账户表 bank 并添加约束和测试数据。

☞ **需求及关键点分析**

(1)为了简化操作,在现有的数据库 SchoolDB 中,创建账户表,存放用户张三和李四的账户信息,为了简化,每个账户只设计 2 个字段:姓名和余额。

(2)添加约束"账户余额不能少于 1 元"。

(3)插入 2 条测试数据。

☞ **源代码**

```
USE SchoolDB
GO
--创建账户表 bank
IF EXISTS(SELECT * FROM sysobjects WHERE name = 'bank')
    DROP TABLE bank
GO
CREATE TABLE bank
(
    customerName CHAR(10),        --顾客姓名
    currentMoney MONEY            --当前余额
)
GO
/*---添加约束:根据银行规定,账户余额不能少于 1 元,除非销户----*/
ALTER TABLE bank
    ADD CONSTRAINT CK_currentMoney CHECK(currentMoney> = 1)
GO
```

/*--插入测试数据:张三开户,开户金额为1000;李四开户,开户金额1---*/
INSERT INTO bank(customerName,currentMoney) VALUES('张三',1000)
INSERT INTO bank(customerName,currentMoney) VALUES('李四',1)
GO
--查看结果
SELECT * FROM bank
GO

上述代码的运行结果如图 11-1 所示。

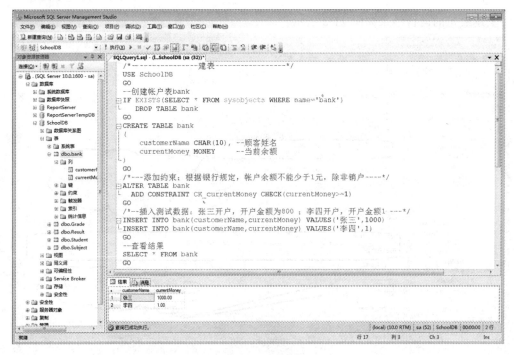

图 11-1 张三、李四的账户信息

下面在这张表的基础上,模拟实现转账功能。

【演示 11-2】 从张三账户转账 1000 元到李四账户。

✎ 需求说明

(1)从张三的账户直接转账 1000 元到李四的账户。

(2)使用 UPDATE 语句修改张三的账户和李四的账户,张三的账户减少 1000 元,李四的账户增加 1000 元。

(3)转账后的余额总和应保持不变,仍然为 1001 元。

(4)如果发生错误,要分析错误发生的原因。

✎ 源代码

USE SchoolDB
GO
/*--转账测试:张三希望通过转账,直接汇钱给李四 1000 元--*/
--我们可能会这样编写语句

```
--张三的账户少1000元,李四的账户多1000元
UPDATE bank SET currentMoney = currentMoney - 1000
    WHERE customerName = '张三'
UPDATE bank SET currentMoney = currentMoney + 1000
    WHERE customerName = '李四'
GO
--再次查看转账的结果
SELECT * FROM bank
GO
```

上述语句的运行结果如图11-2所示。

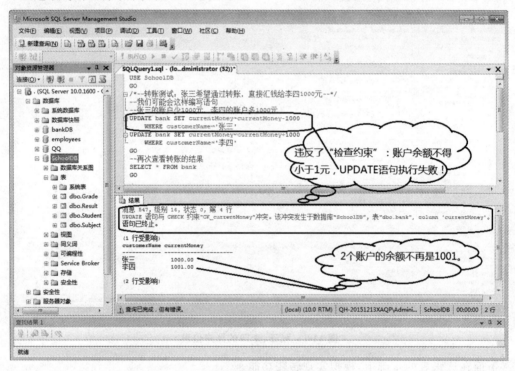

图11-2 转账测试运行结果

为什么会这样呢?让我们来一起分析出现此错误的原因。

查看SQL Server给出的错误提示,显示UPDATE语句有错,执行时违反了CK_currentMoney约束,即余额不能少于1元。目前有两条UPDATE语句,哪条语句导致了此错误?显然是修改张三账户的UPDATE语句出错了。因为张三的账户原有余额为1000元,减少了1000元后即为0元,违反了上述约束,所以终止执行,余额保持不变,仍为1000元。根据SQL Server的特点,后面的语句并没有中断执行,修改李四账户的UPDATE语句继续执行,李四的账户增加了1000元,变为1001元。所以两人账户的余额最终出现了如图11-2所示的结果。

这个问题如何解决呢?使用事务可以解决此问题。转账过程就是一个事务,它需要两条UPDATE语句来完成,这两条语句是一个整体。如果其中任何一条出现错误,则整个转

账业务也应取消,两个账户的余额应恢复为原来的数据,从而确保转账前和转账后的余额总和保持不变,即都是1001元。

11.1.2 什么是事务

事务是单个工作单元。如果某一事务成功,则在该事务中进行的所有数据更改均会提交,成为数据库中永久的组成部分。如果事务遇到错误且必须取消或回滚,则所有数据更改均会被清除。

事务是一种机制、一个操作序列,它包含了一组数据库操作命令,并且把所有的命令作为一个整体一起向系统提交或撤销操作请求,即这一组数据库命令要么都执行,要么都不执行。因此事务是一个不可分割的逻辑工作单元,在数据库系统上执行并发操作时,事务是作为最小的控制单元来使用的,它特别适用于多用户同时操作的数据库系统。例如,航空公司的订票系统、银行、保险公司及证券交易系统等。

事务是作为单个逻辑工作单元执行的一系列操作。一个逻辑工作单元有 4 个属性,即原子性(Atomicity)、一致性(Consistency)、隔离性(Isolation)及持久性(Durability),这些特性通常简称 ACID 特性(ACID properties)。

1. 原子性

事务是一个完整的操作。事务的各元素是不可分的(原子的)。事务中所有元素必须作为一个整体提交或回滚。如果事务中的任何元素失败,则整个事务将失败。

以银行转账事务为例,如果事务提交了,则这两个账户的数据会更新。如果由于某种原因,事务在成功更新这两个账户之前终止了,则不会更新这两个账户的余额,并且会撤销对任何账户余额的修改,事务不能部分提交。

2. 一致性

当事务完成时,数据必须处于一致状态。也就是说,在事务开始之前,数据库中存储的数据处于一致状态。在正在进行的事务中,数据可能处于不一致的状态,如数据可能有部分被修改。然而当事务成功完成时,数据必须再次回到已知的一致状态。通过事务对数据所做的修改不能损坏数据或者说不能使数据存储处于不稳定的状态。

以银行转账事务为例,在事务开始之前,所有账户余额的总额处于一致状态。在事务进行的过程中,一个账户余额减少了,而另一个账户余额尚未修改。因此,所有账户余额的总额处于不一致状态。事务完成以后,账户余额的总额再次恢复到一致状态。

3. 隔离性

对数据进行修改的所有并发事务是彼此隔离的,这表明事务必须是独立的,它不应以任何方式依赖或影响其他事务。修改数据的事务可以在另一个使用相同数据的事务开始之前访问这些数据或者在另一个使用相同数据的事务结束之后访问这些数据。另外,当事务修改数据时,如果任何其他进程正在同时使用相同的数据,则直到该事务成功提交之后,对数据的修改才能生效。张三和李四之间的转账与王五和赵二之间的转账,永远是相互独立的。

4. 持久性

事务的持久性指不管系统是否发生了故障,事务处理的结果都是永久的。

一个事务成功完成之后,它对于数据库的改变是永久性的,即使系统出现故障也是如此。就是说,一旦事务被提交,事务的效果会被永久性地保留在数据库中。

如果系统 SQL Server 数据库或者某些组件发生了故障,则数据库会在系统重新启动的时候自动恢复。SQL Server 使用事物日志保存受到故障影响的事务并重新运行未提交的事务。

11.1.3 执行事务

1. 执行事务的语法

执行事务的语法如下:

(1) 开始事务

  BEGIN TRANSACTION

这个语句显式地标记一个事务的起点。

(2) 提交事务

  COMMIT TRANSACTION

这个语句标志一个事务成功结束。自事务开始至提交语句之前执行的所有数据更新将永久性地保存在数据库数据文件中,并释放连接时占用的资源。

(3) 回滚(撤销)事务

  ROLLBACK TRANSACTION

清除自事务起点至该语句所做的所有数据更新操作,将数据状态回滚到事务开始前,并释放由事务控制的资源。

BEGIN TRANSACTION 语句后面的 SQL 语句对数据库数据的更新操作记录都将记录在事务日志中,直至遇到 ROLLBACK TRANSACTION 或 COMMIT TRANSACTION 语句。如果事务中某一操作失败且执行了 ROLLBACK TRANSACTION 语句,那么在 BEGIN TRANSACTION 语句之后所有更新的数据都能回滚到事务开始前的状态。如果事务中的所有操作都全部正确完成,并且使用了 COMMIT TRANSACTION 语句向数据库提交更新数据,则此时的数据又处在新的一致状态。

2. 事务分类

在 SQL Server 中,事务有以下 3 种类型。

(1) 显式事务

用 BEGIN TRANSACTION 明确指定事务的开始。

(2) 隐式事务

通过设置 SET IMPLICIT_TRANSACTIONS ON 语句,将隐式事务模式设置打开。当以隐式事务操作时,SQL Server 将在提交或回滚事务后自动启动新事务。不需要描述每个事务的开始,只要提交或回滚每个事务即可。

(3) 自动提交事务

这是 SQL Server 的默认模式,它将每条单独的 T-SQL 语句视为一个事务,如果成功执行,则自动提交;如果有错误,则自动回滚。

实际开发中最常用的就是显式事务,它明确地指定事务的开始边界。

3. 事务的使用

在事务处理的过程中,如何通过代码判断 T-SQL 语句是否有误,实现提交事务或回滚事务操作呢?可以在事务的每个操作之后,使用曾经学过的全局变量@ERROR,以检查判断当前 T-SQL 语句执行是否有误。如果有错误返回非零值。

【演示 11-3】 应用显式事务来解决转账问题。

◆ **需求说明**

(1) 从张三的账户直接转账 1000 元到李四的账户。

(2) 使用全局变量@@ERROR 判断 T-SQL 语句执行是否有误。

(3) 使用事务实现正确的转账操作。

◆ **源代码**

```
USE SchoolDB
SET NOCOUNT ON                                      --不显示受影响的行数信息
PRINT ´查看转账事务前的余额´
SELECT * FROM bank
GO
/*--开始事务(指定事务从此处开始,后续的 T-SQL 语句是一个整体)--*/
BEGIN TRANSACTION
/*--定义变量,用于累计事务执行过程中的错误--*/
DECLARE @errorSum INT
SET @errorSum = 0                                   --初始化为 0,即无错误
/*--转账:张三的账户减少 1000 元,李四的账户增加 1000 元 */
UPDATE bank SET currentMoney = currentMoney - 1000
    WHERE customerName = ´张三´
SET @errorSum = @errorSum + @@ERROR                 --累计是否有错误
UPDATE bank SET currentMoney = currentMoney + 1000
    WHERE customerName = ´李四´
SET @errorSum = @errorSum + @@ERROR                 --累计是否有错误
PRINT ´查看转账事务过程中的余额´
SELECT * FROM bank
/*--根据是否有误,确定事务是提交还是撤销--*/
IF @errorSum<>0                                     --如果有误
  BEGIN
    PRINT ´交易失败,回滚事务´
    ROLLBACK TRANSACTION
  END
ELSE
  BEGIN
    PRINT ´交易成功,提交事务,写入硬盘,永久的保存´
    COMMIT TRANSACTION
  END
GO
PRINT ´查看转账事务后的余额´
SELECT * FROM bank
GO
```

上述语句的运行结果如图 11-3 所示。

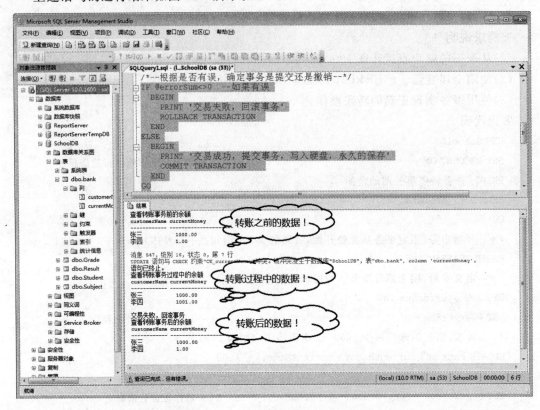

图 11-3　事务处理：交易失败的情况

在案例中，将转账金额设置为 1000 元，因为张三的账户余额为 0，违反了约束而出错。如果修改转账金额为 800 元，关键代码如下：

关键代码

```
……
BEGIN TRANSACTION
/*--定义变量,用于累计事务执行过程中的错误--*/
DECLARE @errorSum INT
SET @errorSum = 0                    --初始化为0,即无错误
/*--转账:张三的账户减少1000元,李四的账户增加1000元*/
UPDATE bank SET currentMoney = currentMoney - 800
    WHERE customerName = '张三'
SET @errorSum = @errorSum + @@ERROR --累计是否有错误
UPDATE bank SET currentMoney = currentMoney + 800
    WHERE customerName = '李四'
SET @errorSum = @errorSum + @@ERROR --累计是否有错误
PRINT '查看转账事务过程中的余额'
SELECT * FROM bank
……
```

执行结果如图 11-4 所示。

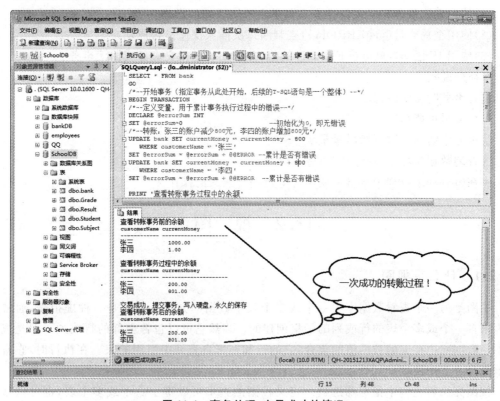

图 11-4　事务处理：交易成功的情况

11.1.4　技能训练——使用事务

【**训练 11-1**】　批量插入学生考试成绩。

✍**技能要点**

使用事务向表中插入多条记录。

✍**需求说明**

(1)批量插入参加 Web 客户端编程科目考试的 3 名学生的成绩。

(2)如果输入的成绩大于 100 分，则将违反约束。具体操作过程如图 11-5 所示。

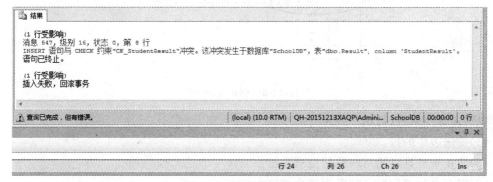

图 11-5　操作过程参考图

(3)保存为"批量插入学生成绩.sql"。

❤ 关键点分析

(1)使用显式事务完成批量插入 3 名学生考试成绩的操作。
(2)使用全局变量@@ERROR 检查判断每次插入操作是否成功。
(3)使用 IF 语句判断@@ERROR 的值,并以此确定提交事务或回滚事务。

❤ 补充说明

编写事务时需要注意以下几点:
①事务尽可能简短。
②事务中访问的数据量尽量最少。
③查询数据时尽量不要使用事务。
④在事务处理过程中尽量不要出现等待用户输入的操作。

11.2 视 图

11.2.1 什么是视图

视图是另一个查看数据库中一个或多个表中数据的方法。视图是一种虚拟表,通常是作为来自一个或多个表的行或列的子集创建的。当然它可以包含全部的行或列。但是视图并不是数据库中存储的数据值的集合,它的行和列来自查询中引用的表。在执行时,它直接显示来自于表中的数据。

视图充当着查询中指定筛选器。定义视图的查询可以基于一个或多个表,也可以基于其他视图、当前数据库或其他数据库。

图 11-6 显示了视图与数据库表的关系。以表 A 和表 B 为例,该视图可以包含这些表中的全部列或选定的部分列。

图 11-6 所示为一个用表 A 的 A 列、B 列和表 B 的 B1、C1 和 D1 列创建的视图。

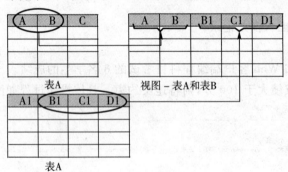

图 11-6 创建视图

视图通常用来进行以下 3 种操作。
(1)筛选表中的行。
(2)防止未经许可的用户访问敏感数据。
(3)将多个物理数据表抽象为一个逻辑数据表。

使用视图可以给用户和开发人员带来很多益处,具体如下:

1. 对最终用户的益处

(1) 结果更容易理解。创建视图时,可以将列名改为有意义的名称,使用户理解列所代表的内容。在视图中修改列名不会影响基表的列名。

(2) 获得数据更容易。很多人对 SQL 不太了解,因此对他们来说,创建对多个表的复杂查询很困难,可以通过创建视图来方便用户访问多个表中的数据。

2. 对开发人员的益处

(1) 限制数据检索更容易。开发人员有时候需要隐藏某些行或列中的信息。通过使用视图,用户可以灵活地访问他们需要的数据,同时保证同一个表或其他表中的其他数据的安全性。为实现这一目标,可以在创建视图时将对用户保密的列排除在外。

(2) 维护应用程序更方便。调试视图比调试查询更容易,跟踪视图中各个步骤的错误更为容易,这是因为所有的步骤都是视图的组成部分。

11.2.2 创建和使用视图

以学生信息管理系统为例,假定任课教员需要查看学生的考试情况,班主任比较关心学生的档案。可以采用视图分别为任课教员提供查看学生考试成绩的视图,数据包括学生姓名、学号、成绩、课程名称和最后一次参加这门课程考试的日期。为班主任提供查看学生档案的视图,数据包括学生姓名、学号、联系电话、学期和该学生参加该学期所有课程考试的总成绩。

在 SQL Server 中,创建视图的方法有两种:使用 Microsoft SQL Server Management Studio(SSMS)和使用 T-SQL 语句。

1. 使用 SSMS 创建视图

使用 SSMS 创建视图的具体步骤如下:

(1) 展开数据库 SchoolDB,如图 11-7 所示。选择"视图"选项并右击,在弹出的快捷菜单中选择"新建视图"选项。

图 11-7 使用 Microsoft SQL Server Management Studio 创建视图(一)

(2) 在弹出的对话框中单击"添加"按钮添加表,如图 11-8 所示。选择表 Student、Subject 和 Result,因为这 3 个表之间分别已建立关系(主外键约束),所以这 3 个表之间会自动连接(默认为内连接),窗口下方自动生成相应的 T-SQL 语句。

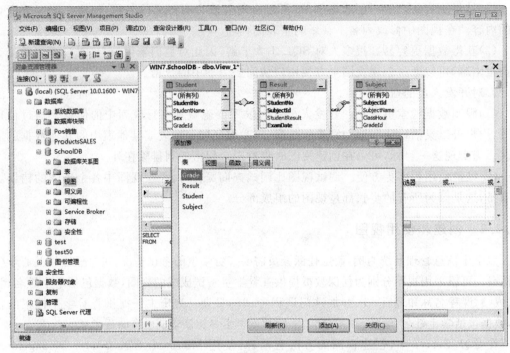

图 11-8　Microsoft SQL Server Management Studio 创建视图(二)

(3)选择希望查看的列:学生姓名、联系电话、成绩、考试日期和科目名称,并在"别名"一栏中填写对应的别名,然后单击"执行"按钮运行,结果如图 11-9 所示。

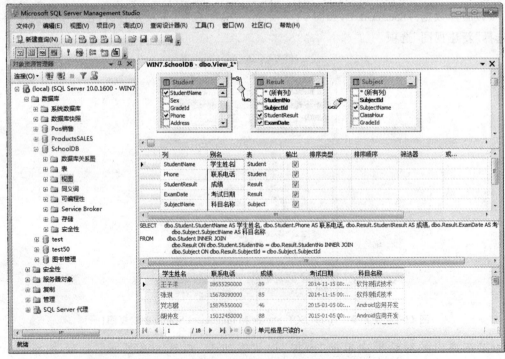

图 11-9　Microsoft SQL Server Management Studio 创建视图(三)

还可以直接修改下方窗格中的 T-SQL 语句，直到满意为止，最后单击"保存"按钮保存视图。

SQL Server 将如图 11-9 所示的记录结果保存为虚拟表，然后即可像普通表一样使用它。

2. 使用 T-SQL 语句创建视图

(1) 使用 T-SQL 语句创建视图的语法

使用 T-SQL 语句创建视图的语法如下：

　　CREATE VIEW view_name
　　AS
　　＜SELECT 语句＞

例如，成功创建 view_StudentInfo 视图后，效果如图 11-10 所示。

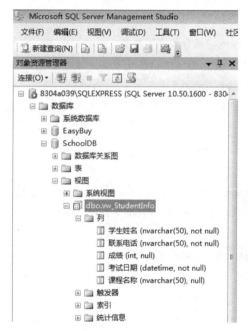

图 11-10　成功创建 view_StudentInfo 视图

如果需要对已经创建的视图进行查询代码修改，那么就需要删除已存在的同名视图，再重新创建。

(2) 使用 T-SQL 语句删除视图的语法

使用 T-SQL 语句删除指定视图的语法如下：

　　DROP VIEW view_name

视图一旦创建成功，在当前数据库的系统表 sysobjects 中就会插入一条该视图的记录。通常，可以通过 EXISTS 关键字检测 sysobjects 表中是否存在特定的视图。如果存在，则可以利用 DROP VIEW 语句删除。代码如下：

　　IF EXISTS (SELECT * FROM sysobjects WHERE name = ´view_name´)
　　　　DROP VIEW view_name

(3)使用 T-SQL 语句查看视图数据

使用 T-SQL 语句查看指定视图的语法如下:

   SELECT col_name1,col_name2,…FROM view_name

使用查询语句 SELECT 执行视图的 SQL 代码,可以获得数据结果集。

【演示 11-4】 视图的应用。

✎ 需求说明

(1)使用 T-SQL 语句创建查看 C 语言程序设计科目最近一次考试成绩视图。

(2)通过视图获得查询结果。

✎ 源代码

```
--当前数据库
USE SchoolDB
GO
--检测视图是否存在:视图记录存放在系统表 sysobjects 中
IF EXISTS (SELECT * FROM sysobjects WHERE name = 'vw_student_result')
    DROP VIEW vw_student_result
GO
--创建视图
CREATE VIEW vw_student_result
AS
    SELECT 姓名 = StudentName,学号 = Student.StudentNo,成绩 = StudentResult,
        课程名称 = SubjectName,考试日期 = ExamDate
    FROM Student
    INNER JOIN Result ON Student.StudentNo = Result.StudentNo
    INNER JOIN Subject ON Result.SubjectId = Subject.SubjectId
    WHERE Subject.SubjectId = (
        SELECT SubjectId FROM Subject WHERE SubjectName = 'C 语言程序设计')
    AND ExamDate = (
        SELECT MAX(ExamDate) FROM Result,Subject
        WHERE Result.SubjectId = Subject.SubjectId
            AND SubjectName = 'C 语言程序设计')
GO
--查看视图结果
SELECT * FROM vw_student_result
```

在演示 11-4 代码的运行结果如图 11-11 所示。

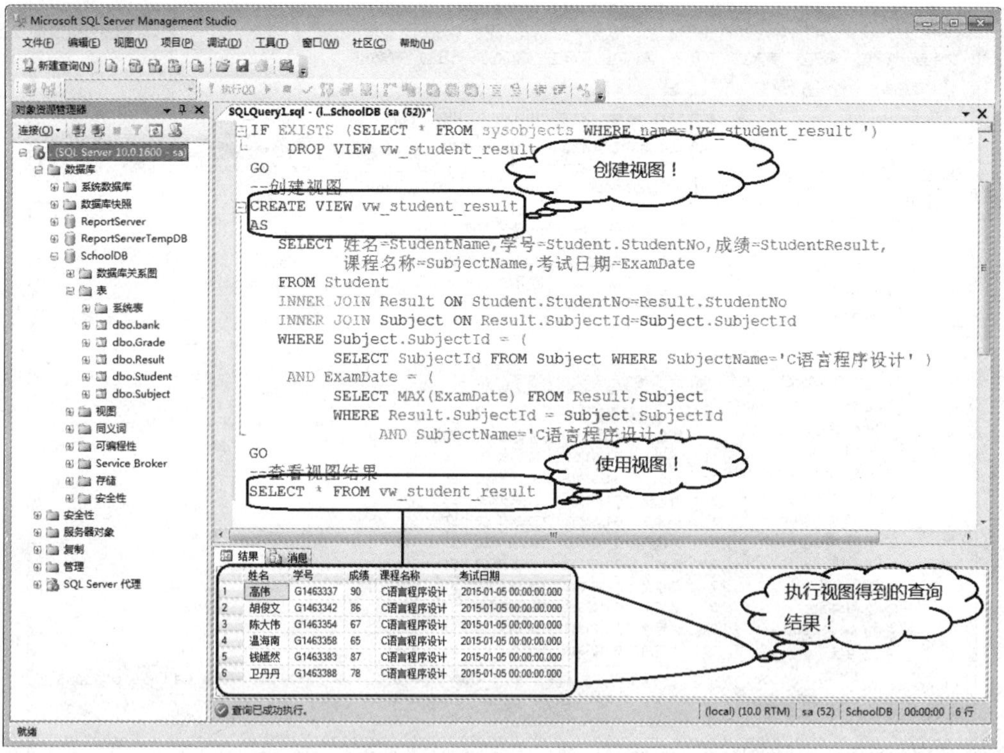

图 11-11 学生参加 C 语言程序科目最近一次考试的成绩

3. 使用视图的注意事项

（1）每个视图中可以使用多个表。

（2）与查询类似，一个视图可以嵌套另一个视图，但最好不要超过 3 层。

（3）视图定义中的 SELECT 语句不能包括下列内容。

①ORDER BY 子句，除非在 SELECT 语句的选择列表中也有一个 TOP 子句。

②INTO 关键字。

③引用临时表或表变量。

11.2.3 技能训练——使用视图

【训练 11-2】 查看学生各学期考试成绩。

↳ 技能要点

使用视图获取多表中的数据。

↳ 需求说明

（1）统计每个学生各学期(S1—S6)所有科目的总分，结果如图 11-12 所示。

（2）保存为"使用视图获取表数据.sql"。

↳ 关键点分析

（1）创建视图，实现查询学生各学期参加考试的总成绩，每门科目的成绩以该学生参加的最后一次考试为准。

(2)编码查看视图的运行结果,获得学生各学期考试的总成绩。

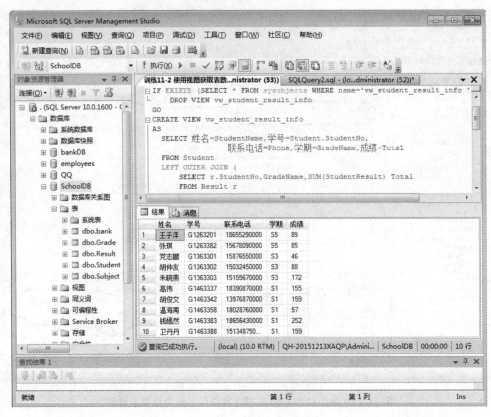

图 11-12　学生各学期考试总成绩

✧补充说明

(1)从一个或者多个表或视图中导出的虚拟表,其结构和数据是建立在对表的查询的基础上。

(2)利用视图更新数据实际上是对数据库中的原始数据表进行更新操作,因为使用视图修改数据库会有许多限制,所以一般在实际开发中视图仅用作查询。

11.3　索　引

11.3.1　什么是索引

数据库中的索引与书籍中的目录类似,在一本书中,利用目录可以快速查找所需信息,而无须阅读整本书。在数据库中,索引使数据库程序无须对整个表进行扫描,就可以在其中找到所需数据。书中的目录是一个词语列表,其中注明了包含各个词的页码。而数据库中的索引是某个表中一列或者若干列值的集合和相应的指向表中物理标识这些值的数据页的逻辑指针清单。

索引是 SQL Server 编排数据的内部方法,是检索表中数据的直接通道。索引页是数据库中存储索引的数据页。索引页存放检索数据行的关键字页及该数据行的地址指针。索引页类似于汉语字(词)典中按拼音或笔画排序的目录页。索引的作用是通过使用索引,提高数据库的检索速度,改善数据库性能。

11.3.2 索引分类

1. 唯一索引

唯一索引不允许两行具有相同的索引值。

如果现有数据中存在重复的键值,则一般情况下大多数数据库都不允许创建唯一索引。若已创建了唯一索引,则当新数据使表中的键值重复时,数据库也拒绝接受此数据。

例如,如果在 Student 表中学生的学号(StudentNo)列上创建了唯一索引,则所有学生信息学号不能重复。

2. 主键索引

在数据库关系图中为表定义一个主键将自动创建主键索引,主键索引是唯一索引的特殊类型。主键索引要求引用主键中的每个值是非空、唯一的。当在查询中使用主键索引时,它还允许快捷访问数据。

3. 聚集索引

在聚集索引中,表中各行的物理顺序与键值的逻辑(索引)顺序相同。

一个表中只能包含一个聚集索引。例如,汉语字(词)典默认按拼音排序编排字典中的每页页码。拼音字母 a、b、c、d……x、y、z 就是索引的逻辑顺序,而页码 1、2、3…就是物理顺序。默认按拼音排序的汉语字(词)典,其索引顺序与逻辑顺序是一致的,即拼音顺序较后的字(词)对应的页码也较大。例如,拼音"ha"对应的字(词)页码就比拼音"ba"对应的字(词)页码靠后。

4. 非聚集索引

非聚集索引建立在索引页上,当查询数据时,可以从索引中找到记录存放的位置。

非聚集索引使表中各行数据存放的物理顺序与键值的逻辑顺序不匹配。聚集索引比非聚集索引有更快的数据访问速度。例如,按笔画排序的索引就是非聚集索引,"1"画的字(词)对应的页码可能比"3"画的字(词)对应的页码大(靠后)。

5. 复合索引

在创建索引时,并不是只能对其中一列创建索引,与创建主键一样,可以将多个列组合作为索引,这种索引称为复合索引。

需要注意的是,只有用到复合索引的第一列或整个复合索引列作为条件完成数据查询时才会用到该索引。

6. 全文索引

全文索引是一种特殊类型的基于标记的功能性索引,由 SQL Server 中全文引擎服务创建和维护。

全文索引主要用于在大量文本文字中搜索字符串,此时使用全文索引的效率将大大高于使用 T-SQL 的 LIKE 关键字的效率。

11.3.3 创建索引

创建索引的方法有两种：使用 Microsoft SQL Server Management Studio 和 T-SQL 语句。

1. 使用 SSMS 创建索引

在表的设计视图中右击，在弹出的快捷菜单中选择"索引/键"选项，弹出"索引/键"对话框，然后单击"添加"按钮创建索引，如图 11-13 所示。可以选择索引列、指定索引的类型：UNIQUE（唯一索引）、CLUSTERED（聚集索引）及填充因子（指定每个索引页的填满程度，一般很少指定），这些选项的具体含义还可以通过单击"帮助"按钮查看。

图 11-13 使用 SSMS 创建索引

2. 使用 T-SQL 语句创建索引

创建索引的语法如下：

```
CREATE [UNIQUE] [CLUSTERED|NONCLUSTERED] INDEX index_name
ON table_name (column_name[,column_name]…)
[WITH FILLFACTOR = x]
```

其中：

（1）UNIQUE 指定唯一索引，为可选项。

（2）CLUSTERED、NONCLUSTERED 指定是聚集索引还是非聚集索引，为可选项。

（3）FILLFACTOR 表示填充因子，指定一个 0~100 的值，该值指示索引页填满的空间所占的百分比。填充因子的值可确定每个叶级页上要填充数据的空间百分比，以便保留一定百分比的可用空间提供以后扩展索引。例如，指定填充因子的值为 80，表示每个叶级页上将有 20% 的空间保留，以便随着在基础表中添加数据而扩展索引提供空间。

在 SchoolDB 数据库中，经常会按姓名查询学生信息。为了加快查询速度，需要在 Student 表的学生姓名列创建索引。由于 Student 表中 StudentNo 列已经被设置为主键，且可能存在学生姓名相同的情况，因此为学生姓名创建的索引是非聚集索引。

【演示 11-5】 为 Student 表中学生姓名列创建索引。

⇨ 源代码

USE SchoolDB
GO
/*--学生姓名列创建非聚集索引：填充因子为 30%--*/
CREATE NONCLUSTERED INDEX IX_Student_StudentName
    ON Student(StudentName)
        WITH FILLFACTOR = 30
GO

上述代码的结果如图 11-14 所示。

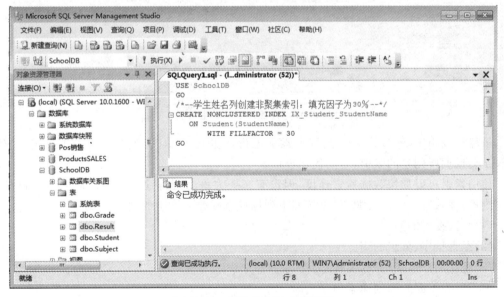

图 11-14 使用 T-SQL 创建索引

创建索引后，可以像查找字词一样，选择拼音查找方式或笔画查找方式。也可以指定 SQL Server 数据查询的查询方式，如演示 11-6 所示。

【演示 11-6】 查找姓王的学生。

⇨ 需求说明

(1) 指定 SQL Server 数据查询的方式。

(2) 查询姓王的学生信息。

⇨ 源代码

USE SchoolDB

```
GO
/*--指定按索引 IX_Student_StudentName 查询--*/
SELECT * FROM Student
    WITH ( INDEX = IX_Student_StudentName)
    WHERE StudentName LIKE '王%'
GO
```

上述语句执行结果如图 11-15 所示。

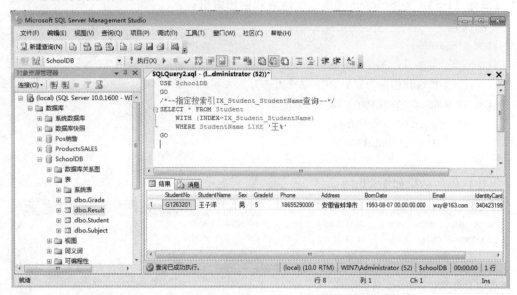

图 11-15 查找姓王的学生信息

虽然可以指定 SQL Server 按哪个索引进行数据查询,但一般不需要人工指定。SQL Server 会根据所创建的索引,自动优化查询。

使用索引可以加快数据检索速度,但没有必要为每个列都建立索引。因为索引自身也需要维护,并占有一定的资源,可以按照下列标准选择建立索引的列。

(1)频繁搜索的列。

(2)经常排序、分组的列。

(3)经常用作连接的列(主键/外键)。

请不要为下面的列创建索引。

(1)仅包含几个不同值的列。

(2)表中仅包含几行。为小型表创建索引可能不太实用,因为 SQL Server 在索引中搜索数据所花的时间比在表中逐行搜索所花的时间更长。

11.3.4 技能训练——创建索引

【训练 11-3】 创建并使用索引查询学生考试成绩。

✧ 技能要点

(1)创建索引。

(2)并使用索引。

✎ 需求说明

(1)利用索引查询考试成绩为 80~90 分的所有记录。

(2)输出:学生姓名、科目名称、考试日期和考试成绩,结果如图 11-16 所示。

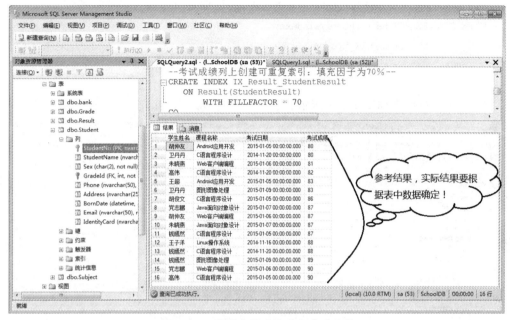

图 11-16　使用索引查询学生考试成绩

(3)保存为"使用索引查询学生考试成绩.sql"。

✎ 关键点分析

在 SchoolDB 的 Result 表中 StudentResult 字段上,创建可重复索引,并使用所创建的索引查找成绩为 80~90 分的所有记录。

✎ 补充说明

(1)若创建了唯一约束,则将自动创建唯一索引。尽管唯一索引有助于找到信息,但为了获得最佳性能,仍建议使用主键约束。

(2)在 SQL Server 中,一个表只能创建一个聚集索引,但可以有多个非聚集索引。若设置某列为主键,则该列默认为聚集索引。

11.3.5　删除索引

1. 使用 T-SQL 语句删除索引

删除索引的语法如下:

```
DROP INDEX table_name.index_name
```

删除索引时需要注意以下几点:

(1)删除表时,该表的所有索引将同时被删除。

(2)如果要删除表的所有索引,则先删除非聚集索引,再删除聚集索引。

【演示 11-7】　删除在演示 11-5 中为 Student 表中学生姓名列创建的索引。

✎ 需求说明

删除 Student 表中学生姓名列的索引。

✎ 源代码

```
USE SchoolDB
GO
/*--检测是否存在该索引(索引存放在系统表sysindexes中)--*/
IF EXISTS (SELECT name FROM sysindexes
        WHERE name = 'IX_Student_StudentName')
    DROP INDEX Student.IX_Student_StudentName     --删除索引
GO
```

上述语句执行结果如图 11-17 所示。

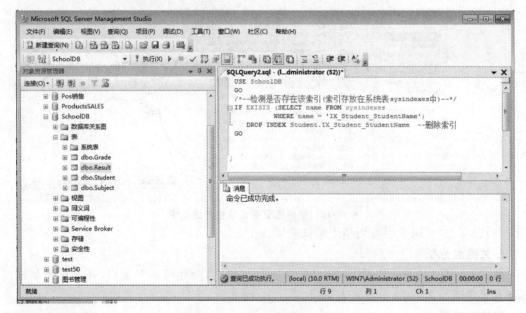

图 11-17　使用 T-SQL 删除索引

11.3.6　技能训练——删除索引

【训练 11-4】　删除学生表 Student 表中的索引。

✎ 技能要点

删除索引。

✎ 需求说明

(1) 删除 Student 表中的所有索引。

(2) 保存为"删除索引.sql"文件。

✎ 关键点分析

如果删除的表包含聚集索引和非聚集索引，要先删除非聚集索引，再删除聚集索引。

11.3.7　查看索引

在 SQL Server 中，可以利用两种方式查看自己建立的索引信息。

1. 用系统存储过程 sp_helpIndex 查看

使用系统存储过程 sp_helpIndex 查看索引信息语法如下：

```
sp_helpIndex Table_name
```

【演示 11-8】 用系统存储过程 sp_helpIndex 查看成绩表中创建的索引。

⌁ 需求说明

查看成绩表中创建的索引。

⌁ 源代码

```
USE SchoolDB
GO
--系统存储过程 sp_helpIndex 查看有关表或视图上索引的信息
EXEC sp_helpIndex result
```

上述语句执行结果如图 11-18 所示。

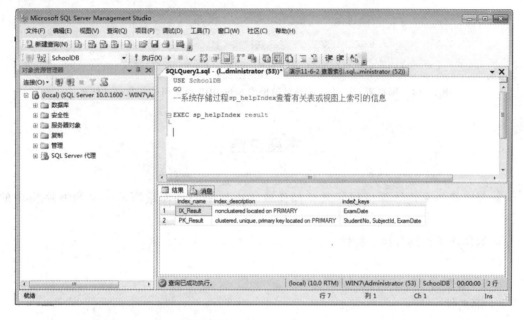

图 11-18　用系统存储过程 sp_helpIndex 查看 Result 表中索引信息

2. 用视图 sys.indexes 查看

使用视图 sys.indexes 查看索引信息语法如下：

```
SELECT * FROM sys.indexes
```

【演示 11-9】 用视图 sys.indexes 查看数据库 SchoolDB 中已建立的索引。

⌁ 需求说明

用视图 sys.indexes 查看数据库 SchoolDB 中已建立的索引。

⌁ 源代码

```
USE SchoolDB
GO
--使用视图 sys.indexes 查看索引
SELECT * FROM sys.indexes
```

上述语句执行结果如图 11-19 所示。

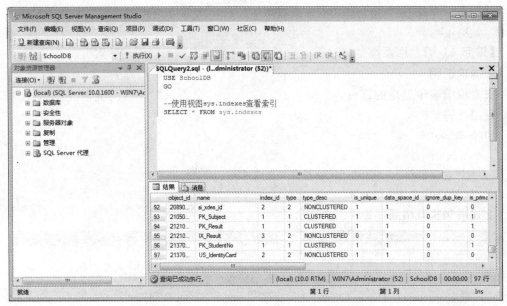

图 11-19　用视图 sys. indexes 查看数据库 SchoolDB 中索引的所有参数信息

本章总结

➢ 程序是为了让计算机执行某些操作或解决某个问题而编写的一系列有序指令的集合。

➢ 数据库事务具有如下特性：

（1）原子性。

（2）一致性。

（3）隔离性。

（4）持久性。

以上 4 个特性也被称为"ACID 特性"。

➢ 事务可以分为如下类型：

（1）显式事务。

（2）隐式事务。

（3）自动提交事务。

➢ T-SQL 使用下列语句来管理事务。

（1）BEGIN TRANSACTION。

（2）COMMIT TRANSACTION。

（3）ROLLBACK TRANSACTION。

➢ 使用全局变量@@ERROR 判断事务操作是否成功。

（1）@@ERROR 保存最近一条 SQL 语句的执行结果。

(2) 如果 SQL 语句执行成功,则@@ERROR 的值为零。

(3) 如果 SQL 语句执行出错,则@@ERROR 的值为非零。

➢ 视图是一种查看数据库一个或多个表中数据的方法。

➢ 视图是一种虚拟表,通常是作为执行查询的结果而创建的。

➢ 视图充当着对查询中指定表的筛选器。

➢ 使用 CREATE VIEW 语句创建视图。

➢ 使用 SELECT 语句查看视图的查询结果。

➢ 建立索引有助于快速检索数据,索引分为唯一索引、主键索引、聚集索引、非聚集索引、复合索引、全文索引。

➢ 聚集索引决定了表中数据的存储顺序。一个表只能有一个聚集索引,这是因为聚集索引决定数据的物理存储顺序。

➢ 非聚集索引指定表中数据的逻辑顺序。一个表可以有多个非聚集索引。

习题 11

一、选择题

1. (　　)包含了一组数据库操作命令,并且所有的命令作为一个整体一起向系统提交或撤销操作的请求。

　　A. 事物　　　　　　B. 更新　　　　　　C. 插入　　　　　　D. 以上都不是

2. 对数据库的修改必须遵循的规则:要么全部完成,要么全部不修改。这点可以认为是事物的(　　)特性。

　　A. 一致的　　　　　B. 持久的　　　　　C. 原子的　　　　　D. 隔离的

3. 当一个事物提交或回滚时,数据库中的数据必须保持在(　　)状态。

　　A. 隔离的　　　　　B. 原子的　　　　　C. 一致的　　　　　D. 持久的

4. 下列的(　　)语句用于清除自最近的事物语句以来所做的所有修改。

　　A. COMMIT TRANSACTION　　　　　B. ROLLBACK TRANSACTION

　　C. BEGIN TRANSACTION　　　　　　D. SAVE TRANSACTION

5. 下列关于视图的说法,错误的是(　　)。

　　A. 可以使用视图集中数据、简化和定制不同用户对数据库的不同要求

　　B. 视图可以使用户只关心其感兴趣的某些特定数据和他们所负责的特定任务

　　C. 视图可以让不同的用户以不同的方式看到不同的或者相同的数据集

　　D. 视图不能用于连接多表

6. 下面的(　　)语句是正确的。

　　A. CREATE VIEW view_student
　　　　AS
　　　　　　SELECT * INTO #Tmp FROM Student
　　　　GO

B. CREATE VIEW view_student

   AS

      SELECT * FROM Student ORDER BY StudentID

   GO

C. CREATE VIEW view_student

   AS

      SELECT TOP 100 * FROM Student ORDER BY StudentID

   GO

D. CREATE VIEW view_student

   AS

      DECLARE StuID int

         SET @stuID = 10001

      SELECT * FROM Student WHERE StudentID = @stuID

   GO

7. 下列的（　　）总要对数据进行排序。

   A. 聚集索引　　　　B. 非聚集索引　　　　C. 组合索引　　　　D. 唯一索引

8. 在 SQL Server 中，下面关于视图的描述，说法正确的是（　　）。

   A. 使用视图可以筛选原始物理表中的数据，增加了数据访问的安全性

   B. 视图是一种虚拟表，数据只能来自一个原始物理表

   C. CREATE VIEW 语句中只可以有 SELECT 语句

   D. 为了安全起见，一般只对视图执行查询操作，不推荐在视图上执行修改操作

9. 为数据表创建索引的目的是（　　）。

   A. 提高查询的检索性能　　　　　　　　B. 创建唯一索引

   C. 创建主键　　　　　　　　　　　　　D. 归类

10. 在 SQL Server 2000 中，索引的顺序和数据表的物理顺序相同的索引是（　　）。

   A. 聚集索引　　　　B. 非聚集索引　　　　C. 主键索引　　　　D. 唯一索引

11. 视图是一种常用的数据对象，它是提供（　　）数据的另一种途径，可以简化数据库操作。

   A. 查看，存放　　　B. 查看，检索　　　C. 插入，更新　　　D. 检索，插入

12. 对视图的描述错误的是（　　）。

   A. 是一张虚拟的表

   B. 在存储视图时存储的是视图的定义

   C. 在存储视图时存储的是视图中的数据

   D. 可以像查询表一样来查询视图

13. 记录数据库事务操作信息的文件是（　　）。

   A. 数据文件　　　　B. 索引文件　　　　C. 辅助数据文件　　　　D. 日志文件

14. 下面对索引的相关描述正确的是（　　）。

   A. 经常被查询的列不适合建索引　　　　B. 列值唯一的列适合建索引

   C. 有很多重复值的列适合建索引　　　　D. 是外键或主键的列不适合建索引

15. 下面关于事务的描述,错误的是(　　)。

   A. 事务可用于保持数据的一致性

   B. 事务应该昼小且应尽快提交

   C. 应避免人工输入操作出在在事务中

   D. 在事务中可以使用 ALTER DATEABSE

16. (选择两项)对事务描述错误的是(　　)。

   A. 一个事务中的所有命令作为一个整体提交或回滚

   B. 如果两个并发事务要同时修改同一个表,有可能产生死锁

   C. SQL Server 默认每条单独的 T-SQL 语句视为一个事务

   D. 事务必须使用 BEGIN TRANSACTION 来明确指定事务的开始

17. 要删除 mytable 表中的 myindex 索引,可以使用(　　)语句。

   A. DROP myindex　　　　　　　　B. DROP mytable.myindex

   C. DROP INDEX myindex　　　　　D. DROP INDEX mytable.myindex

18. 在"学生"表中基于"学号"字段建立的索引属于(　　)。

   A. 唯一索引 非聚集索引　　　　　B. 非唯一索引 非聚集索引

   C. 聚集索引 非唯一索引　　　　　D. 唯一索引 聚集索引

19. (选择两项)在(　　)的列上更适合创建索引。

   A. 需要对数据进行排序　　　　　B. 具有默认值

   C. 频繁更改　　　　　　　　　　D. 频繁搜索

20. SQL Server 数据库中,包含连个表:订单表 order,订单子项目表 item,当一个新订单被加入时,数据要分别保存到 order 和 item 表中,要保证数据完整性,可以使用以下(　　)语句。

   A. BEGIN TRANSACTION
   　　INSERT INTO(order)VALUES(此处省略)
   　　INSERT INTO(item)VALUES(此处省略)
   　　END TRANSACTION

   B. BEGIN TRANSACTION
   　　INSERT INTO(order)VALUES(此处省略)
   　　INSERT INTO(item)VALUES(此处省略)
   　　IF(@@Error = 0)
   　　　　COMMIT TRANSACTION
   　　ELSE
   　　ROLLBACK TRANSACTION

   C. BEGIN TRANSACTION
   　　INSERT INTO(order)VALUES(此处省略)
   　　IF(@@Error = 0)
   　　　　INSERT INTO(item)VALUES(此处省略)
   　　　　IF(@@Error = 0)
   　　　　　　COMMIT TRANSACTION
   　　　　ELSE

```
        ROLLBACK TRANSACTION
    ELSE
        ROLLBACK TRANSACTION
D. BEGIN TRANSACTION
    INSERT INTO(order)VALUES(此处省略)
    INSERT INTO(item)VALUES(此处省略)
    IF(@@Error<>0)
        ROLLBACK TRANSACTION
```

二、操作题

1. 在之前的数据库基础上为读者"张无忌"办理借阅《深入.NET平台和C♯编程》图书的手续，要求编码实现。提示：在图书借阅表中增加一条图书借阅记录的同时，将图书信息表中此书的当前数量减1，在读者信息表中为"张无忌"记录已借书数量列加1。

2. 编码实现读者"刘冰冰"缴纳罚金归还图书的手续，要求一次完成以下功能。

（1）在罚款记录表中增加一条记录，记录"刘冰冰"因延期还《西游记》一书而缴纳滞纳金5.6元。

（2）在图书借阅表中修改归还日期为当前日期。

（3）将读者信息表中已借书数量减1。

（4）将图书信息表中现存数量加1。

3. 在图书馆日常工作中，图书管理员希望及时得到最新的到期图书清单，包括图书名称、到期日期和读者姓名等信息；而读者则关心各种图书信息，如图书名称、馆存量和可借阅数量等。请编写代码按上面的需求在图书名称字段创建索引，为图书馆管理员和读者分别创建不同的查询视图，并利用所创建的索引和视图获得相关的数据。（使用子查询获得已借出图书的数量。可借阅数量＝馆存量－已借出数量）

第 12 章 存储过程

本章工作任务
- 查看各学期的科目信息
- 查看指定学期开设的科目信息
- 获得指定学期开设的科目信息及课时总数
- 插入新课程记录

本章知识目标
- 了解存储过程的概念及优点
- 理解存储过程的工作过程

本章技能目标
- 掌握常用的系统及扩展存储过程
- 使用存储过程封装业务逻辑
- 掌握如何实现错误处理

本章重点难点
- 有参数存储过程的创建和调用
- 处理错误信息

本章首先了解什么是存储过程,同时介绍常用的系统存储过程和扩展过程;然后讲解如果调用自定义存储过程,包括存储过程的输入参数和输出参数,以及为输入参数赋默认值。

12.1 存储过程概述

12.1.1 什么是存储过程

存储过程(Procedure)是 SQL 语句和控制语句的预编译集合,保存在数据库里,可由应用程序调用执行,而且允许用户声明变量、逻辑控制语句及其他强大的编程功能。

存储过程可包含逻辑控制语句和数据操作语句,它可以接收参数、输出参数、返回单个或多个结果集及返回值。

存储过程可以只包含一条 SELECT 语句,也可以包含一系列使用控制流的 SQL 语句,如图 12-1 所示。存储过程可以包含个别或全部的控制流结构。

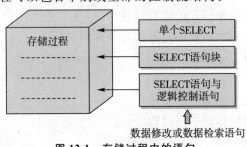

图 12-1　存储过程中的语句

12.1.2 存储过程的优点

1. 模块化程序设计

只需创建一次存储过程并将其存储在数据库中,以后即可在程序中反复调用该存储过程。存储过程可由在数据库编程方面有专长的人员创建,并可独立于程序源代码而单独修改。

2. 执行速度快,效率高

如果某操作需要大量的 T-SQL 代码或需要重复执行,则存储过程将比 T-SQL 批处理代码的执行速度要快。SQL Server 在创建存储过程时对其代码进行分析和优化,并可在首次执行该过程后使用该过程的内存中的版本。此后每次调用 T-SQL 批处理代码,则每次运行 T-SQL 语句时,都要从客户端重复发送,并且在 SQL Server 每次执行这些语句时,都要对其进行编译和优化。

3. 减少网络流量

使用存储过程后,一个需要数百行 T-SQL 代码的操作,由一条执行过程代码的单独语句即可实现,而不需要在网络中发送数百行代码。

4. 具有良好的安全性

即使对于没有执行存储过程中语句权限的用户,也可授予他们执行该存储过程的权限。不同权限的用户使用不同的存储过程。另外,存储过程保存在数据库中,用户只需要提交存储过程名称即可直接执行,避免了攻击者非法截取 SQL 代码获得用户数据的可能性。

存储过程分为以下两类：系统存储过程（System Stored Procedures），用户自定义存储过程（User-defined Stored Procedures）。

12.2 系统存储过程

12.2.1 常用的系统存储过程

SQL Server 的系统存储过程的名称以"sp_"开头，并存放在 Resource 数据库中。系统管理员拥有这些存储过程的使用权限。可以在任何数据库中运行系统存储过程，但执行的结果会反映在当前数据库中。

表 12-1 列出了一些常用的系统存储过程。

表 12-1　常用的系统存储过程

系统存储过程	说　明
sp_databases	列出服务器上的所有数据库信息，包括数据库名称和数据库大小
sp_helpdb	报告有关指定数据库或所有数据库信息
sp_renamedb	更改数据库名称
sp_tables	返回当前环境下可查询的表或视图的信息
sp_columns	返回某个表或视图的列信息，包括列的数据类型和长度等
sp_help	查看某个数据库对象的信息 如列名、主键、约束、外键、索引等
sp_helpconstraint	查看某个表的约束
sp_helpindex	查看某个表的索引
sp_stored_procedures	显示存储过程的列表
sp_password	添加或修改登录账户的密码
sp_helptext	显示默认值、未加密的存储过程、用户自定义的存储过程等信息

1. 使用 T-SQL 语句调用执行存储过程

使用 T-SQL 语句调用执行存储过程的语法如下：

　　EXEC[UTE] 存储过程名［参数值］

其中，EXEC 是 EXECUTE 的简写。

如果执行存储过程的语句是批处理中的第一个语句，则可以不指定 EXEC 关键字。例如：

　　sp_database SchoolDB
　　GO

常用的系统存储过程的用法如演示 12-1 所示。

【演示 12-1】　常用系统存储过程的用法。

↳需求说明

使用 T-SQL 语句调用执行一些常用的存储过程。

↳源代码

　　sp_databases
　　EXEC sp_renamedb ´MyBank´,´Bank´
　　USE SchoolDB

```
GO
sp_tables
EXEC sp_columns Student
EXEC sp_help Student
EXEC sp_helpconstraint Student
EXEC sp_helptext 'view_Student_ Result_Info'
EXEC sp_stored_procedures
```
演示12-1的输出结果集较多,在此不一一举例,读者可以逐句运行,查看相应的输出结果。

12.2.2 常用的扩展存储过程

根据系统存储过程的不同作用,可以将系统存储过程分为不同类。扩展存储过程(Extended Stored Procedures)是 SQL Server 提供的各类系统存储过程中的一类。

扩展存储过程允许使用其他编程语言(如 C♯语言)创建外部存储过程,为数据库用户提供从 SQL Server 实例到外部程序的接口,以便进行各种维护活动。它通常以"xp_"作为前缀,以 DLL 形式单独存在。

一个常用的扩展存储过程为 xp_cmdshell,它可以完成 DOS 命令下的一些操作,诸如创建文件夹、列出文件列表等。例如,在 SQL Server Management Studio 中,希望把创建的数据库文件保存在 D:\bank 目录下。如果当前没有此目录,则使用 CREATE DATABASE 语句创建时会报错。

1. 使用 T-SQL 语句创建文件夹的语法

使用 T-SQL 语句创建文件夹的语法如下:

```
EXEC xp_cmdshell DOS 命令 [NO_OUTPUT]
```

其中,EXEC 表示调用存储过程,NO_OUTPUT 为可选参数,设置执行 DOS 命令后是否输出返回信息,具体使用如演示12-2所示。

【演示12-2】 使用 T-SQL 语句创建文件夹。

✎需求说明

(1)在 D 盘创建文件夹 bank。

(2)创建数据库 bankDB。

✎源代码

```
--Purpose:xp_cmdshell 扩展存储过程的使用
USE master
GO
/*--若 xp_cmdshell 作为服务器安全配置的一部分而被关闭,则请使用以下语句启用--*/
EXEC sp_configure 'show advanced options',1   --显示高级配置信息
GO
RECONFIGURE   --重新配置
GO
EXEC sp_configure 'xp_cmdshell',1   --打开 xp_cmdshell 选项
GO
RECONFIGURE   --重新配置
GO
```

```
/*--创建数据库 bankDB,要求保存在 D:\bank 目录下--*/
EXEC xp_cmdshell ´mkdir D:\bank´,NO_OUTPUT   --创建文件夹 D:\bank
--创建数据库 bankDB
IF EXISTS(SELECT * FROM sysdatabases WHERE name = ´bankDB´)
DROP DATABASE bankDB
GO
CREATE DATABASE bankDB
ON
(
NAME = ´bankDB_data´,
FILENAME = ´D:\bank\bankDB_data.mdf´,
SIZE = 3MB,
FILEGROWTH = 15 %
)
LOG ON
(
NAME = ´bankDB_log´,
FILENAME = ´D:\bank\bankDB_log.ldf´,
SIZE = 3MB,
FILEGROWTH = 15 %
)
GO
EXEC xp_cmdshell ´dir D:\bank\´   --查看文件
```

演示 12-2 的运行结果如图 12-2 所示。

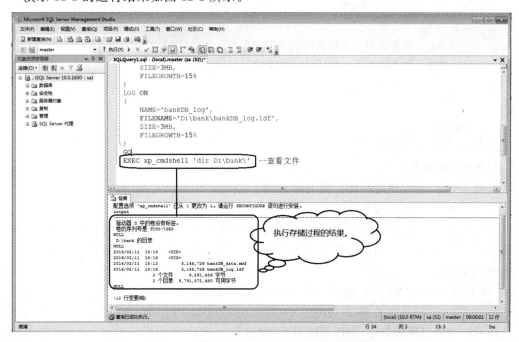

图 12-2　扩展存储过程 xp_cmdshell 的使用

12.2.3 技能训练——使用系统存储过程

【训练 12-1】 使用存储过程查看数据库表中的信息。

✧ 技能要点

系统存储过程的应用。

✧ 需求说明

(1)查看 Student 表中的列和约束信息。

(2)比较下面 3 个系统存储过程输出的数据库信息的特点。

①sp_columns。

②sp_helpconstraint。

③sp_help。

(3)保存为"使用存储过程查看表信息.sql"。

✧ 关键点分析

观察这 3 个系统存储过程的运行结果。

12.3 用户自定义存储过程

12.3.1 创建不带参数的存储过程

1. 创建不带参数的存储过程

使用 T-SQL 语句创建不带存储过程的语法如下：

```
CREATE PROC[EDURE] 存储过程名
[
    {@参数 1 数据类型}[ = 默认值][OUTPUT],…,
    {@参数 n 数据类型}[ = 默认值][OUTPUT]
]
AS
    SQL 语句
```

其中,参数部分可选。

2. 删除存储过程

使用 T-SQL 语句删除存储过程的语法如下：

```
DROP PROC[EDURE] 存储过程名
```

成功创建一个存储过程对象之后,将在系统数据库表 sysobjects 中增加该存储过程的一条记录。因此,删除存储过程时最好先判断该存储过程是否存在,然后执行删除操作,其 SQL 语句如下：

```
IF EXISTS (SELECT * FROM sysobjects WHERE name = 存储过程名)
    DROP PROCEDURE 存储过程名
```

在了解存储过程的创建、删除语法后,开始运用 T-SQL 编写存储过程,完成特定的数据操作功能。

【演示 12-3】 查询大学英语科目最近一次考试的平均分,依据平均分对本次考试成绩给出评价。

❤ 需求及关键点分析

(1)平均分大于等于 70 分评价为:"考试成绩:优秀",低于 70 分评价为:"考试成绩:较差",并输出未通过考试(及格分 60)的学生名单。

(2)查询大学英语科目的科目编号。

(3)查询大学英语科目最近一次考试的日期。

(4)利用聚合函数 AVG()获得大学英语科目最近一次考试的平均分。

(5)判断平均分是否大于等于 70 分。如果大于等于 70 分,则显示"考试成绩:优秀";否则显示"考试成绩:较差"。

(6)查询大学英语科目最近一次考试成绩低于 60 分的所有学生。

❤ 源代码

```
/*--创建存储过程--*/
CREATE PROCEDURE usp_GetAverageResult        --创建存储过程
AS
DECLARE @SubjectId int                       --课程编号
DECLARE @date datetime                       --最近考试时间
SELECT @SubjectId = SubjectId FROM Subject WHERE SubjectName = ´C 语言程序设计´
SELECT @date = max(ExamDate) FROM Result INNER JOIN Subject
ON Result.SubjectId = Subject.SubjectId
WHERE Result.SubjectId = @SubjectId
DECLARE @avg  decimal(18,2)                  --平均分变量
SELECT @avg = AVG(StudentResult)
    FROM Result WHERE ExamDate = @date and SubjectId = @SubjectId
PRINT ´平均分:´ + CONVERT(varchar(5),@avg)
IF (@avg >= 70)
    PRINT ´考试成绩:优秀´
ELSE
    PRINT ´考试成绩:较差´
    PRINT ´--------------------------------------------------------´
    PRINT ´参加本次考试没有通过的学员:´
SELECT StudentName,Student.StudentNo,StudentResult FROM   Student
    INNER JOIN Result ON Student.StudentNo = Result.StudentNo
    WHERE StudentResult<60 AND ExamDate = @date and SubjectId = @SubjectId
GO
```

编译存储过程的代码后,存储过程成功被创建了,如图 12-3 所示。

创建后仍然无法看到存储过程的运行结果,只有执行存储过程后才能得到存储过程的运行结果。

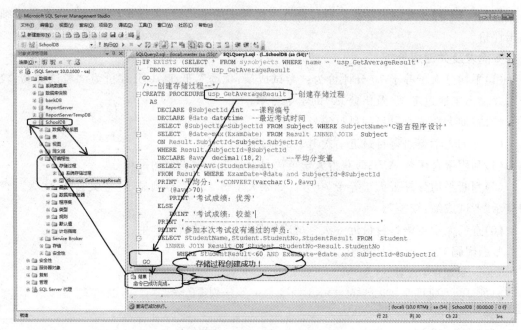

图 12-3　创建存储过程的示意图

执行演示 12-3 创建的存储过程的代码如下：

EXEC usp_GetAverageResult

运行结果如图 12-4 所示。

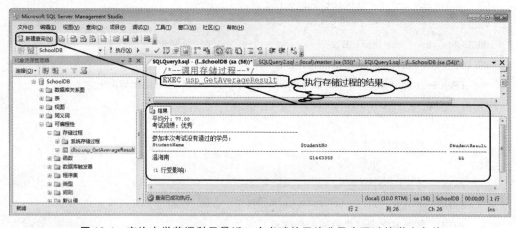

图 12-4　查询大学英语科目最近一次考试的平均分及未通过的学生名单

【常见错误】

CREATE PROC usp_SelectStudent

AS

SELECT * FROM Student

EXEC usp_SelectStudent

存在的问题是在创建存储过程的代码结束时，忘记提交 GO 指令，使得调用该存储过程语句 EXEC usp_SelectStudent 被包含在存储过程的创建代码中，造成该存储过程被递归调用。

↪ **补充说明**

(1)创建存储过程成功后可以在对应的数据库的"可编程性"结点中查看。

(2)执行存储过程的代码建议新建一个新的查询,更体现调用存储过程的价值。

12.3.2 技能训练—使用不带参数的存储过程

【**训练 12-2**】 查询获得各学期科目名称和课时数。

↪ **技能要点**

(1)创建无参存储过程。

(2)调用创建的存储过程。

↪ **需求说明**

(1)利用存储过程查询各学期开设的科目名称和每门科目的课时,运行结果如图 12-5 所示。

(2)保存为"查询获得各学期课程信息.sql"。

↪ **关键点分析**

(1)检测是否存在存储过程。

(2)创建存储过程,利用连接查询获得每个学期的科目名称和课时。

(3)编译、执行,获得结果。

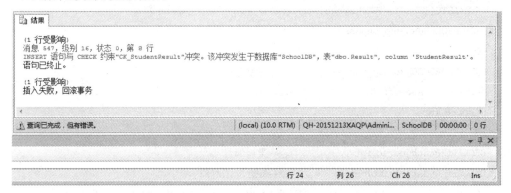

图 12-5 查询各学期开设的科目名称和课时数

12.3.2 创建带输入参数的存储过程

1. 创建带参数的存储过程

如果存储过程的参数后面有"OUTPUT"关键字,则表示此参数为输出参数;否则视为输入参数,输入参数还可以设置默认值。

2. 执行带参数的存储过程

执行带参数的存储过程语法如下。

EXEC[UTE] [返回变量 =] 存储过程名 [@参数 1 =]参数值 1 [OUTPUT] | [DEFAULT],

…,

[@参数 1 =]参数值 n [OUTPUT] | [DEFAULT]

其中 OUTPUT 表明参数是输出参数,DEFAULT 表示参数的默认值。

为演示 12-3 中的存储过程添加两个输入参数,分别表示需要查询的科目名称和考试及格分数线,具体的 T-SQL 语句如演示 12-4 所示。

【演示 12-4】 查询 C 语言程序设计科目最近一次考试的平均分,依据平均分对本次考试成绩给出评价。

▷ 需求及关键点分析

(1)科目名称和及格线为参数。
(2)查询 C 语言程序设计的科目编号。
(3)查询 C 语言程序设计科目最近一次考试的日期。
(4)利用聚合函数 AVG()获得 Android 应用开发科目最近一次考试的平均分。
(5)判断平均分是否大于等于 70 分。如果大于等于 70 分,则显示"考试成绩:优秀";否则显示"考试成绩:较差"。
(6)查询 C 语言程序设计科目最近一次考试成绩低于 60 分的所有学生。

▷ 源代码

```
USE SchoolDB
GO
/*--检测是否存在:存储过程存放在系统表 sysobjrcts 中--*/
IF EXISTS(SELECT * FROM sysobjects WHERE name = 'usp_unpass')
DROP PROCEDURE usp_unpass
GO
CREATE PROCEDURE usp_unpass          --创建存储过程
@subName varchar(50),
@score int
AS
DECLARE @SubjectId int                --课程编号
DECLARE @date datetime                --最近考试时间
SELECT @SubjectId = SubjectId FROM Subject WHERE SubjectName = @subName
SELECT @date = max(ExamDate) FROM Result INNER JOIN Subject
    ON Result.SubjectId = Subject.SubjectId
    WHERE Result.SubjectId = @SubjectId
PRINT '考试及格线是:' + CAST(@score AS varchar(10)) + '分'
PRINT '------------------------------------------------------------'
PRINT '参加最近一次' + @subName + '考试没有达到分数线的学员:'
SELECT StudentName,Student.StudentNo,StudentResult FROM  Student
    INNER JOIN Result ON Student.StudentNo = Result.StudentNo
    WHERE StudentResult<@score AND ExamDate = @date and SubjectId = @SubjectId
GO
```

用 EXEC 调用执行存储过程时可以为存储过程的输入参数指定数值。如演示 12-4 中,假定科目名称为"C 语言程序设计",因为最近一次考试的题目偏难,将考试的及格线定为 58 分,执行存储过程的代码如下:

EXEC usp_unpass ´C 语言程序设计´,58
或者
EXEC usp_unpass @score = 58，@subName = ´C 语言程序设计´
运行结果如图 12-6 所示。

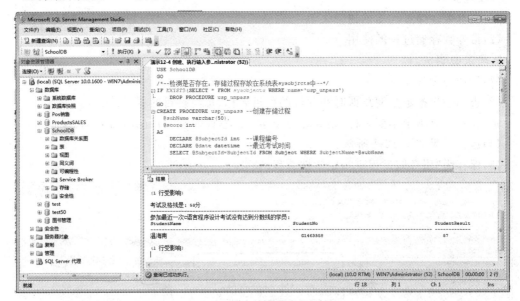

图 12-6　带参数的存储过程

调用带参数的存储过程时，参数 C 语言程序设计和 58 分将分别传给输入参数 @subName 和@score。输入参数用于将实际参数值传入存储过程中。

上述带参数的存储过程确实比较方便，调用者可以随时指定一个科目名称并更改此科目最近一次考试的及格分数线，就能比较轻松地得到指定科目调整及格分数线之后的学生考试情况。

3. 存储过程中输入参数的默认值

在演示 12-4 中，如果考试试题难易程度比较合适，不需要调整及格分数，则调用存储过程的形式可以为：

EXEC usp_unpass ´C 语言程序设计´ - 表示考试及格线默认为标准的 60 分。

修改演示 12-4 中创建存储过程的代码，为考试及格线赋予默认值。

```
CREATE PROCEDURE usp_unpass
    @subName varchar(50),
    @score int = 60              --利用赋值运算符为参数赋默认值 60
AS
…
GO
```

此时调用有输入参数默认值的存储过程的语句有以下两种。
(1) EXEC usp_unpass ´C 语言程序设计´
(2) EXEC usp_unpass @subName=´C 语言程序设计´
为了调用方便，一般将有默认值的参数放在存储过程参数列表的最后。

12.3.3 技能训练——使用带输入参数的存储过程

【训练12-3】 使用存储过程查看指定学期所开设的科目信息。

▷ 技能要点

(1)带参数存储过程的创建。
(2)带参数存储过程的使用。

▷ 需求说明

(1)学期为参数。
(2)查询输出指定学期总课时和开设的科目名称、每门科目的课时。
(3)如果没有指定学期名称,则查看每个学期的总课时和开设的科目名称、课时。
(4)运行结果如图12-7所示。
(5)保存为"用存储过程查指定学期课程.sql"。

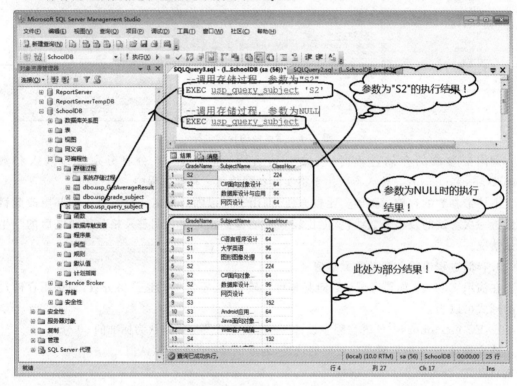

图12-7 带输入参数存储过程的执行参考图

▷ 关键点分析

(1)设置输入参数,即学期名称指定默认值为NULL。
(2)判断输入参数是否为NULL。
(3)使用UNION关键字合并两个查询的记录集。

12.3.4 创建带输出参数的存储过程

调用存储过程后,返回一个或多个值,这时需要使用输出(OUTPUT)参数。

第12章 存储过程

【演示 12-5】 查询大学英语科目最近一次考试的平均分,依据平均分对本次考试成绩给出评价。

✦ 需求说明

(1)查询大学英语科目的科目编号。

(2)查询大学英语科目最近一次考试的日期。

(3)利用聚合函数 AVG()获得大学英语科目最近一次考试的平均分。

(4)判断平均分是否大于等于 70 分。如果大于等于 70 分,则显示"考试成绩:优秀";否则显示"考试成绩:较差"。

(5)根据输入的及格分数线查询本次考试未通过的学生信息,获得参加考试的学生人数和未通过的学生人数。

✦ 源代码

```
IF EXISTS(SELECT * FROM sysobjects WHERE name = 'usp_query_num')
DROP PROCEDURE usp_query_num
GO
CREATE PROCEDURE usp_query_num
    @UnPassNum INT OUTPUT,      --输出参数,未通过人数
    @TotalNum INT OUTPUT,       --输出参数,参加考试总人数
    @SubjectName NCHAR(10),     --输入参数,课程名称
    @Pass INT = 60              --输入参数,及格线
AS
    DECLARE @date datetime      --最近考试时间
    DECLARE @SubjectId int      --课程编号
    SELECT @date = max(ExamDate) FROM Result INNER JOIN Subject
    ON Result.SubjectId = Subject.SubjectId
    WHERE SubjectName = @SubjectName
    SELECT @SubjectId = SubjectId FROM Subject WHERE SubjectName = @SubjectName
    /*--输出课程名称、最近一次考试的日期和及格分数线--*/
    PRINT @SubjectName + '课程在' + CONVERT(varchar(20),@date,102) + '考试的及格线是'
    + CAST(@Pass AS varchar(10))
    /*--未通过的学员信息--*/
    PRINT '---------未通过学员的信息如下------------'
    SELECT Result.StudentNo,StudentName,StudentResult FROM Result
        INNER JOIN Student ON Result.StudentNo = Student.StudentNo
        WHERE ExamDate = @date AND SubjectId = @SubjectId AND StudentResult<@Pass
    /*--获得未通过的学员人数--*/
    SELECT @UnPassNum = COUNT(*) FROM Result
        WHERE ExamDate = @date AND SubjectId = @SubjectId AND StudentResult<@Pass
    /*--获得参加考试的学员总人数--*/
    SELECT @TotalNum = COUNT(*) FROM Result
        WHERE ExamDate = @date AND SubjectId = @SubjectId
GO
```

代码执行结果如图 12-8 所示。

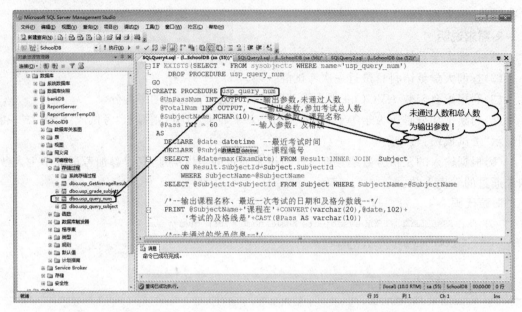

图 12-8　创建带输出参数的存储过程示意图

在演示 12-5 创建的存储过程 usp_query_num 的基础上完成以下的功能：

(1) 计算考试的通过率[(参加考试总人数－未通过人数)/参加考试总人数 * 100]并输出未通过人数、及格率。

(2) 如果有未通过的学生，则判定通过率。若大于 60％，则显示信息"及格分数线不需要下调"；否则，显示信息"及格分数线应下调"。

```
DECLARE @UnPassNum int         --未通过人数
DECLARE @TotalNum int          --参加考试总人数
EXEC usp_query_num @UnPassNum OUTPUT,@TotalNum OUTPUT,´C 语言程序设计´
DECLARE @ratio decimal(10,2)    --考试通过率
--计算考试的及格率＝(参加考试总人数－未通过人数)/参加考试总人数 * 100
SET @ratio = CONVERT(decimal,(@TotalNum - @UnPassNum))/@TotalNum * 100
PRINT ´未通过人数：´ + CAST(@UnPassNum AS varchar(10)) +
´人,及格率是：´ + CAST(@ratio AS varchar(10)) + ´%´
IF @UnPassNum>0
    BEGIN
        IF @ratio>60
            PRINT ´及格分数线不需下调´
        ELSE
            PRINT ´及格分数线应下调´
    END
ELSE
    PRINT ´恭喜！本次考试成绩优良´
GO
```

运行结果如图 12-9 所示。

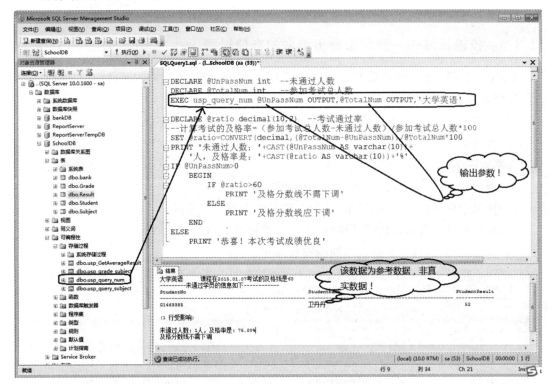

图 12-9 带输出参数的存储过程

使用输出参数创建存储过程时,在参数后面需要跟随"OUTPUT"关键字,调用时也需要在变量后跟随"OUTPUT"关键字。

执行带有输出参数的存储过程有多种方法。

1. 按照存储过程的参数顺序依次传递参数值

```
EXEC usp_query_num @UnPassNum OUTPUT,@TotalNum OUTPUT,´大学英语´,56
```

按参数顺序传递参数值是,要保证参数的数据类型和位置必须与存储过程定义的一致。

2. 指定参数名传递参数值

如果不按参数顺序传递参数值,则要指定参数名,例如:

```
EXEC usp_query_num @UnPassNum OUTPUT,@TotalNum OUTPUT,@Pass = 56,
    @SubjectName = ´大学英语´
```

一旦某个参数按"@参数名=参数值"格式传递数据,那么该参数之后的其他参数都必须以同样的格式传递参数值。

下面的语句都是错误的写法。

```
EXEC usp_query_num @UnPassNum OUTPUT,@TotalNum OUTPUT,@Pass = 56,´大学英语´
EXEC usp_query_num @UnPassNum OUTPUT,@TotalNum OUTPUT,@SubjectName =
    ´大学英语´,default
```

传递参数时,可以使用 DEFAULT 代表参数的默认值,例如:

```
EXEC usp_query_num @UnPassNum OUTPUT,@TotalNum OUTPUT,´大学英语´,default
```

```
EXEC usp_query_num @UnPassNum OUTPUT,@TotalNum OUTPUT, @Pass = default,
     @SubjectName = ´大学英语´
```

12.3.5 技能训练——使用带输出参数的存储过程

【训练 12-4】 查询获得指定学期的科目名称、课时，统计该学期的科目数、总课时。

◆ **技能要点**

（1）使用输入、输出参数的存储过程完成数据查询，获得相关数据。

（2）利用输出参数继续处理。

◆ **需求说明**

（1）查询获得指定学期开设的科目名称和课时。

（2）如果学期名称为空，则显示"学期名称不能为空"，并返回。

（3）统计该学期的科目数和总课时，运行结果如图 12-10 所示。

（4）保存为"存储过程获指定学期课程数.sql"。

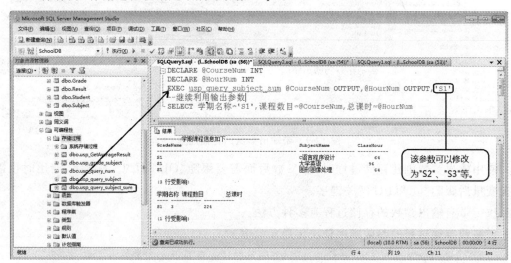

图 12-10　查询 S1 学期开设的科目信息

◆ **关键点分析**

（1）输入参数是学期名称。

（2）输出参数是指定学期开设的科目数和总课时数。

（3）查询获得指定学期所开设的科目和课时。

（4）统计该学期的科目数和总课时。

◆ **补充说明**

在 T-SQL 中，使用"/"运算符实现两个整型数值相除的结果仍是整型数，如果希望两个整型数值相除得到小数，则应该使用转换函数进行数据类型的强制转换，如演示 12-5 中的代码所示。

```
SET @ratio = CONVERT(decimal,(@TotalNum - @UnPassNum))/@TotalNum * 100
```

12.4 处理错误信息

12.4.1 RAISERROR 语句

在存储过程中，可以使用 PRINT 语句显示用户定义的错误信息。但是这些信息是临时的，且只能显示给用户。当 RAISERROR 返回用户定义的错误信息时，可指定严重级别，设置系统变量记录所发生的错误。

1. RAISERROR 语句的语法

```
RAISERROR ({msg_id|msg_str}{,severity,state}{WITH option[,…n]})
```

其中，各参数含义如下：

msg_id：在 sysmessages 系统表中指定的用户定义错误信息。

msg_str：用户定义的特定信息，最长为 255 个字符。

severity：与特定信息相关联，表示用户定义的严重性级别。用户可使用的级别为 0～18 级；19～25 级是为 sysadmin 固定角色的成员预留的，并且需要指定 WITH LOG 选项；20～25 级被认为是致命错误。

state：表示错误的状态，是 1～255 中的值。

option：错误的自定义选项，可以是下列任一值。

(1) LOG：在 Microsoft SQL Server 数据库引擎实例的错误日志和应用程序日志中记录错误。

(2) NOWAIT：将消息立即发送给客户端。

(3) SETERROR：将 @@ERROR 值和 ERROR_NUMBER 值设置为 msg_id 或 50000，不用考虑严重级别。

【演示 12-6】 RAISERROR 语句的应用。

✦ 需求说明

在演示 12-5 的基础上，增加检查判断输入参数—及格线取值是否为 0～100 的功能。

✦ 源代码

```
/*--创建存储过程--*/
CREATE PROCEDURE usp_stu
    @UnPassNum int OUTPUT,           --输出参数:未通过人数
    @TotalNum int OUTPUT,            --输出参数:参加考试总人数
    @SubjectName nchar(10),          --输入参数:课程名称
    @Pass int = 60                   --输入参数:及格线
AS
    DECLARE @date datetime           --最近考试时间
    DECLARE @SubjectId int           --课程编号
    SELECT @date = max(ExamDate) FROM Result INNER JOIN Subject
        ON Result.SubjectId = Subject.SubjectId
        WHERE SubjectName = @SubjectName
```

```sql
    SELECT @SubjectId = SubjectId FROM Subject WHERE SubjectName = @SubjectName
    IF (NOT @Pass BETWEEN 0 AND 100)
        BEGIN
        RAISERROR ('及格线错误,请指定-之间的分数,统计中断退出',16,1)
            RETURN                                  ---立即返回,退出存储过程
        END
    PRINT @SubjectName + '课程在' + CONVERT(varchar(20),@date,102) + '考试的及格线是'
+ CAST(@Pass AS varchar(10))
    PRINT '--------------------------------------------------'
    PRINT '该课程最近一次考试没有通过的学员成绩:'
    SELECT Result.StudentNo,StudentName,StudentResult FROM Result
        INNER JOIN Student ON Result.StudentNo = Student.StudentNo
        WHERE ExamDate = @date AND SubjectId = @SubjectId AND StudentResult<@Pass
/*获得未通过的学员人数*/
    SELECT @UnPassNum = COUNT(*) FROM Result
    WHERE ExamDate = @date AND SubjectId = @SubjectId AND StudentResult<@Pass
/*获得参加考试的学员总人数*/
    SELECT @TotalNum = COUNT(*) FROM Result
        WHERE ExamDate = @date AND SubjectId = @SubjectId
GO
/*--调用执行存储过程--*/
DECLARE @UnPassNum int                      --定义变量,用于存放未通过人数
DECLARE @TotalNum int                       --定义变量,用于存放参加考试总人数
EXEC usp_stu @UnPassNum OUTPUT,@TotalNum OUTPUT,'C语言程序设计',109
/*--检查判断及格分数是否不为~100--*/
DECLARE @err int
SET @err = @@ERROR
IF @err<>0
BEGIN
    PRINT '错误号:' + CONVERT(varchar(5),@err)
    RETURN                                  --退出批处理,后续语句不再执行
END
DECLARE @ratio decimal(10,2)                --考试通过率
--计算考试的及格率=(参加考试总人数-未通过人数)/参加考试总人数*100
SET @ratio = CONVERT(decimal,(@TotalNum - @UnPassNum))/@TotalNum * 100
PRINT '未通过人数:' + CAST(@UnPassNum AS varchar(10)) +
'人,及格率是:' + CAST(@ratio AS varchar(10)) + '%'
IF @UnPassNum>0
BEGIN
    IF @ratio>60
        PRINT '及格分数线不需下调'
```

```
        ELSE
            PRINT '及格分数线应下调'
        END
    ELSE
        PRINT '恭喜！本次考试成绩优良'
    GO
```
演示 12-6 的运行结果如图 12-11 所示。

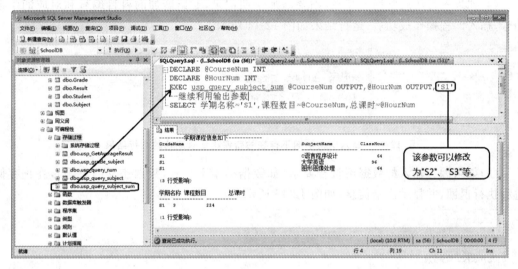

图 12-11　使用 RAISERROR 语句的运行结果

当在调用存储过程中将考试及格线误输入 109 分时，将执行下面的代码引发系统错误。
```
    RAISERROR('及格线错误,请指定 0-100 之间的分数,统计中断退出',16,1)
```
这个语句指定错误的严重级别为 16，调用状态为 1（默认）。错误的严重级别大于 10，将自动设置系统全局变量@@ERROR 为非零值，表示语句执行出错。所以在调用存储过程后，判断全局变量@@ERROR 是否为 0，决定是否继续执行后面的语句。

12.4.2　技能训练——使用存储过程插入新课程记录

【训练 12-5】　使用存储过程插入新课程记录。

◆技能要点

存储过程的使用。

◆需求说明

(1)检测输入参数的合法性。

(2)如果传入的学期名称或科目名称为空，则显示错误提示信息，如图 12-12 所示。

图 12-12　学期名称或科目名称为空的运行结果

(3)如果科目所属学期存在,插入课程操作成功后,运行结果如图12-13所示。

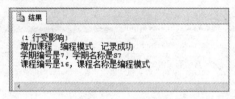

图 12-13　插入所属学期存在的新课程记录成功的运行结果

(4)如果科目所属学期不存在,则要添加学期记录,返回增加的科目编号和对应的学期编号,插入课程操作成功后,运行结果如图12-14所示。

图 12-14　插入所属学期不存在的新课程记录成功的运行结果

(5)如果因为输入的数据不符合要求(如数据类型不相容,数据违反约束等),终止存储过程执行返回,并显示出错信息,如图12-15所示。

图 12-15　插入新课程记录失败的运行结果

(6)保存为"插入新课程记录.sql"。

↳ 关键点分析

(1)将要增加的科目数据作为输入参数。

(2)新增的科目编号作为输出参数。

(3)利用 RETURN 语句返回增加记录的执行结果。

(4)使用事务完成科目记录插入操作,先检查和增加学期记录,后增加课程记录。

↳ 补充说明

SQL Server 存储过程中除了通过参数实现数据传入、传出外,还可以利用 RETURN 语句返回一个 int 类型的数据。

本章总结

➢ 存储过程是一组预编译的 SQL 语句,存储过程可以包含数据操作语句、逻辑控制语句和调用函数等。

➢ 存储过程可加快查询的执行速度,提高访问数据的速度,帮助实现模块化编译,保持一致性和提高安全性。

➢ 存储过程可分为以下两种：
(1)系统存储过程。
(2)用户自定义的存储过程。
➢ CREATE PROCEDURE 语句用于创建用户自定义的存储过程。
➢ EXECUTE 语句用于执行存储过程。
➢ 存储过程的参数分为输入参数和输出参数，输入参数用来向存储过程中传入值，输出参数用于从存储过程中返回(输出)值，后面跟随"OUTPUT"关键字。
➢ RAISERROR 语句用来向用户报告错误。

习题 12

一、选择题

1. 有关存储过程的参数默认值，下面说法正确的是(　　)。
   A. 输入参数必须有默认值
   B. 带默认值的输入参数，可方便用户调用
   C. 带默认值的输入参数，用户不能再传入参数，只能采用默认值
   D. 输出参数也可以带默认值

2. 下面有关存储过程的说法，(　　)是错误的。
   A. 它可以作为一个独立的数据库对象并作为一个单元供用户在应用程序中调用
   B. 存储过程可以传入和返回(输出)参数值
   C. 存储过程必须带参数，要么是输入参数，要么是输出参数
   D. 存储过程提高了执行效率

3. 查阅 SQL Server 帮助，EXEC sp_pkeys buyers 的功能为(　　)。
   A. 查看表 buyers 的约束信息　　　　B. 查看表 buyers 的列信息
   C. 查看表 buyers 的主键信息　　　　D. 查看表 buyers 的存放位置信息

4. 查阅 SQL Server 帮助，EXEC xp_logininfo 的功能为(　　)。
   A. 查看表 logininfo 的约束信息　　　B. 查看账户信息
   C. 查看当前登录信息　　　　　　　D. 查看当前权限

5. 运行以下语句，输出结果是(　　)。
   A. 编译错误　　　　　　　　　　　B. 调用存储 usp_lookup 过程出错
   C. 显示"您忘记了传递学号参数"　　D. 显示空的学员信息记录集

6. 在 SQL SERVER 服务器上，存储过程是一组预先定义并(　　)的 TransacT-SQL 语句。
   A. 保存　　　　B. 编译　　　　C. 解释　　　　D. 编写

7. 以下(　　)是创建存储过程的语句。
   A. CREATE TRIGGER　　　　　　B. CREATE PROCEDURE
   C. CREATE VIEW　　　　　　　　D. CREATE TABLE

8. 系统存储过程的前缀是(　　)。
   A. SP　　　　　B. EX　　　　　C. BP　　　　　D. SX

9. 在创建存储过程时,每个参数名前要有一个( )符号。
   A. %   B. #   C. —   D. @
10. 以下关于存储过程说法不正确的是( )。
    A. 存储过程可以接收和传递参数
    B. 可以通过存储过程的名称来调用存储过程
    C. 存储过程每次执行的时候都会进行语法检查和编译
    D. 存储过程是放在服务器上,编译好的单条或多条 SQL 语句
11. 常用的系统存储过程不包括( )。
    A. sp_tables   B. sp_columns
    C. sp_stored_procedures   D. sp_renametable
12. 系统存储过程在系统安装时就已经创建,这些存储过程放在( )系统数据库中。
    A. master   B. tempdb   C. model   D. msdb
13. 在 MS SQL Server 中,用来显示数据库信息的系统存储过程是( )。
    A. sp_dbhelp   B. sp_db   C. sp_help   D. sp_helpdb

二、操作题

1. 使用存储过程查询并按每页 10 条记录进行分页显示图书借阅记录。要求:显示每页可以由输入参数指定,默认值为输出前 10 条记录。

2. 使用存储过程统计显示以"北京"冠名的出版社出版的图书信息。要求:出版社名称作为参数传递给存储过程。

3. 使用存储过程统计某一时间段内各种图书的借阅人次。要求:如果没有指定起始日期,则以前一个月当日作为起始日期;如果没有指定截止日期,则以当日作为截止日期。统计的总借阅人次作为存储过程的返回值返回。

4. 存储过程实现插入借阅记录,输入参数为借书人 ID、借书人姓名、借阅的图书书名,要求同时完成如下操作:

(1)图书信息表 Book 对应的图书数量减 1。

(2)读者信息表 Reader 对应的读者已借书数量加 1。如果没有该借阅者的信息,则新加一条读者信息记录。

(3)向图书借阅表 Borrow 添加一条借阅记录,借阅日期、应归还日期和实际归还日期都采用默认值。

第 13 章 数据库设计与优化

本章工作任务
- 完成宾馆管理系统数据库的设计
- 完成图书管理系统数据库的设计

本章知识目标
- 了解数据库设计的重要性及步骤
- 理解三大范式

本章技能目标
- 掌握如何绘制数据库的 E-R 图
- 掌握如何绘制数据库的模型图
- 掌握使用范式规范化数据库设计

本章重点难点
- 绘制数据库的 E-R 图
- 绘制数据库的模型图
- 范式判别及分解

数据库中存储的数据能否正确反映现实世界,在运行中能否及时、准确地为各个应用程序提供所需数据,与数据库所在项目的性能密切相关。本章主要介绍数据库设计的过程及数据库设计的规范化。

13.1 数据库设计概述

13.1.1 为什么需要数据库设计

数据库设计就是将数据库中的数据实体及这些实体之间的关系,进行规划和结构化的过程。图 13-1 所示为学生信息系统数据库的结构,该数据库包含学生及其测试成绩信息。图中还显示了 Student(学生)、Grade(年级)、Subject(科目)及 Result(成绩)这 4 个数据实体之间的关系。

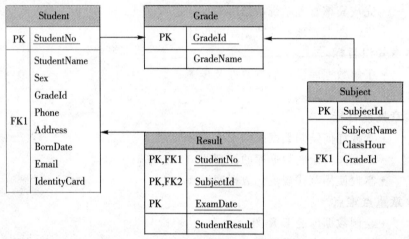

图 13-1 学生信息系统数据库的结构

数据库中创建的数据结构的种类,以及在数据实体之间建立的复杂关系是决定数据库系统效率的重要因素。

糟糕的数据库设计表现在以下三个方面。

(1)效率低下。

(2)数据完整性差。

(3)更新和检索数据时会出现许多问题。

良好的数据库设计表现在以下四个方面。

(1)效率高。

(2)数据完整性好。

(3)便于进一步扩展。

(4)使得应用程序的开发变得更容易。

13.1.2 数据库设计步骤

1. 数据库设计步骤

数据库设计的基本步骤包括:需求分析阶段、概念结构设计阶段、逻辑结构设计阶段、数据库物理设计阶段、数据库实施阶段、数据库运行与维护阶段,各步骤之间的关系如图 13-2 所示。

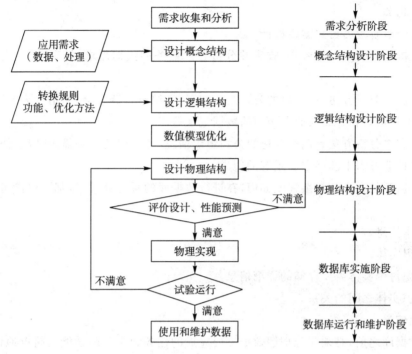

图 13-2 数据库设计步骤

(1)需求分析阶段

需求收集和分析,结果得到数据字典描述的数据需求(和数据流图描述的处理需求)。

(2)概念结构设计阶段

通过对用户需求进行综合、归纳与抽象,形成一个独立于具体 DBMS 的概念模型,可以用 E-R 图表示。

(3)逻辑结构设计阶段

将概念结构转换为某个 DBMS 所支持的数据模型(例如关系模型),并对其进行优化。

在数据库优化中需要将 E-R 图转换为多张表,进行逻辑设计,确认各表的主外键,并应用数据库设计的三大范式进行审核。经项目组开会讨论确定后,还需根据项目的技术实现,团队开发能力及项目的经费来源,选择具体的数据库(如 SQL Server 或 Oracle 等)进行物理实现,包括创建库和创建表,并创建存储过程等。创建完毕后,开始进入代码编写阶段,开发前端应用程序。

(4)数据库物理设计阶段

为逻辑数据模型选取一个最适合应用环境的物理结构(包括存储结构和存取方法)。

(5)数据库实施阶段

运用 DBMS 提供的数据语言(例如 SQL)及其宿主语言(例如 C),根据逻辑设计和物理设计的结果建立数据库,编制与调试应用程序,组织数据入库,并进行试运行。

(6)数据库运行和维护阶段

数据库应用系统经过试运行后即可投入正式运行。在数据库系统运行过程中必须不断地对其进行评价、调整与修改。

需求分析和概念设计独立于任何数据库管理系统,逻辑设计和物理设计与选用的DBMS密切相关。

2. 需求分析阶段后台数据库设计

需求分析阶段的重点是调查、收集并分析客户业务的数据需求、处理需求、安全性与完整性需求。

常用的需求调研方法:在客户的公司跟班实习、组织召开调查会、邀请专人介绍、设计调查表,并请用户填写和查阅与业务相关的数据记录等。

常用的需求分析方法有调查客户的公司组织情况、各部门的业务需求情况、协助客户分析系统的各种业务需求和确定新系统的边界。

无论数据库的大小和复杂程度如何,在进行数据库的系统分析时,都可以参考下列基本步骤。

(1)收集信息。
(2)标识实体。
(3)标识每个实体需要存储的详细信息。
(4)标识实体之间的关系。

3. 收集信息

创建数据库之前,必须充分理解数据库要完成的任务和实现的功能。简单地说,就是需要了解数据库需要存储哪些信息(数据),实现哪些功能。以宾馆管理系统为例,需要了解宾馆管理系统的具体功能以及在后台数据库中保存的数据。

宾馆为客人准备充足的客房,后台数据库需要存放每间客房的信息,如客房号、客房类型、价格等。客人在宾馆入住时要办理入住手续,后台数据库需要存放客人的相关信息,如客人姓名、身份证号等。

4. 标识实体

在收集需求信息后,必须标识数据库要管理的关键对象或实体。我们曾学习过对象的概念,实体可以是有形的事物,如人或产品;也可以是无形的事物,如商业交易、公司部门或发薪周期。在系统中标识这些实体以后,与它们相关的实体就会条理清楚。以宾馆管理系统为例,需要标识出系统中的主要实体。

(1)客房:包括单人间、标准间、三人间、豪华间和总统套间。
(2)客人:入住宾馆客人的个人信息。

实体一般是名词,一个实体只描述一件事情,不能重复出现含义相同的实体。

数据库中的每个不同的实体都拥有一个与其相对应的表,也就是说,在宾馆管理系统的数据库中,会对应至少两张表,分别是客房表和客人表。

5. 标识每个实体需要的详细存储信息

将数据库中的主要实体标识为表的候选实体以后,就要标识每个实体存储的详细信息,也称为该实体的属性,这些属性将组成表中的列。简单地说,就是需要细分每个实体中包含的子成员信息。

下面以宾馆管理系统为例,逐步分解每个实体的子成员信息,如图13-3所示。

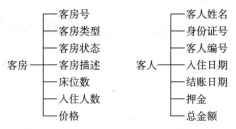

图 13-3　宾馆管理系统实体的信息

分解时,含义相同的成员信息不能重复出现,如联系方式和电话等。每个实体对应一张表,实体中的每个子成员对应表中的每一列。

例如,从上述的关系可以看出客人应该包含姓名和身份证号等。

6. 标识实体之间的关系

关系数据库有一项非常强大的功能:它能够关联数据库中各个项目的相关信息。不同类型的信息可以单独存储,但是如果需要,数据库引擎还可以根据需要将数据组合起来。在设计过程中,要标识实体之间的关系,需要分析数据库表,确定这些表在逻辑上是如何相关的,然后添加关系列建立起表之间的连接。以宾馆管理系统为例,客房与客人有主从关系,我们需要在客人实体中表明他入住的客房号。

13.2　宾馆管理系统的概念设计

13.2.1　实体—关系模型

1. 实体

所谓"实体"就是指现实世界中具有区分其他事物的特征或属性并与其他实体有联系的实体。

例如,宾馆管理系统中的客房(如 1008 客房、1018 客房等)、客人(如张山、李斯、王小二)等。

实体一般是名词,它对应表中的一行数据。

例如,张山用户是一个实体,他对应于"客人表"中"张山"所在的一行数据,包括客人姓名、身份证号码等信息。

严格地说,实体是指表中一行特定数据,但在开发时,也常常把整个表称为一个实体。

2. 属性

属性可以理解为实体的特征。

例如,"客人"这一实体的属性有入住日期、结账日期和交付的押金等。属性对应表中的列。

3. 联系

联系是两个或多个实体之间的关联关系。

如图 12-4 所示为客人实体和客房实体之间的联系。实体使用矩形表示,一般是名词;

属性使用椭圆表示,一般也是名词;联系使用菱形表示,一般是动词。

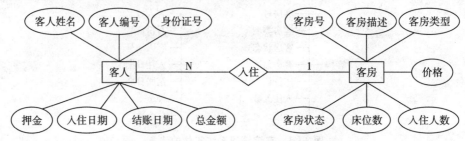

图 12-4 客人实体和客户实体之间的联系

4. 映射基数

映射基数表示通过联系与该实体关联的其他实体的个数。对于实体集 X 和 Y 之间的二元关系,映射基数必须为下列基数之一。

(1)一对一

X 中的一个实体最多与 Y 中的一个实体关联,并且 Y 中的一个实体最多与 X 中的一个实体关联。假定规定每个校长同一时刻只能在一所学校任职,同一时刻每个学校也只能有一个校长,那么校长实体和学校实体之间就是一对一的关系。

(2)一对多

X 中的一个实体可以与 Y 中的任意数量的实体关联,Y 只的一个实体最多与 X 中的一个实体关联。一个客房可以入住多个客人,所以客房实体和客人实体之间就是典型的一对多关系,一对多关系也可以表示为 1:N。

(3)多对一

X 中的一个实体最多与 Y 中一个实体关联,Y 只的一个实体可以与 X 中的任意数量的实体关联。客房实体和客人实体之间是典型的一对多关系,反过来说,客人实体和客房实体之间就是多对一的关系。

(4)多对多

X 中的一个实体可以与 Y 中的任意数量的实体关联,反之亦然。例如,学校的每门课程可以有多个学生学习,每个学生可以学习多门课程,那么课程实体和学生实体之间就是典型的多对多的关系。再如,产品和订单之间也是多对多关系,每个订单中可以包含多个产品,一个产品可能出现在多个订单中。多对多关系也可以表示为 M:N。

5. 实体关系图

实体关系图简称 E-R 图。就是以图形的方式将数据库的整个逻辑结构表示出来。E-R 图的组成包括以下几部分。

(1)矩形表示实体。
(2)椭圆形表示属性。
(3)菱形表示联系集。
(4)直线用来连接属性和实体集,也用来连接实体集和联系集。

在本书中,直线可以是有方向的(在末端有一个箭头),用来表示联系集的映射基数,如图 13-5 所示。这些示例表明可以通过联系与一个实体相关联的其他实体的个数。箭头的定位很简单,可以将其视为指向引用的实体。

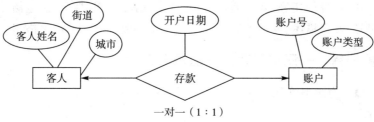

一对一（1:1）

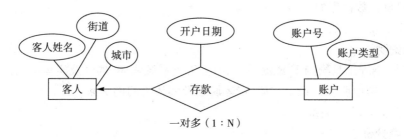

一对多（1:N）

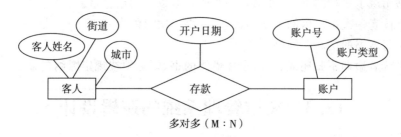

多对多（M:N）

图 13-5　客户与账户的 E-R 图

(1)1:1——每个客户最多有一个账户,并且每个账户最多归一个客户所有。
(2)1:N——每个客户可以有任意数量的账户,但每个账户最多归一个客户所有。
(3)M:N——每个客户可以有任意数量的账户,每个账户可以归任意数量的客户所有。

根据 E-R 图的各种符号,可以绘制宾馆管理系统的 E-R 图,如图 13-6 所示。

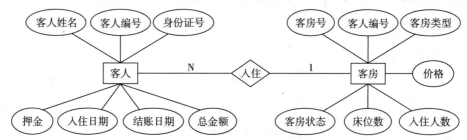

图 13-6　宾馆管理系统的 E-R 图

13.2.2　关系数据库模式

一个关系描述为属性名的集合称为"关系模型"。关系数据库模型是对关系数据库结构的描述,或者说是对关系数据库框架的描述。以宾馆管理系统为例,实体"客人"和"客房"分

别可以使用关系模式表示如下:

客人:客人姓名、身份证号、客人编号、入住日期、结账日期、押金、总金额。

客房:客房号、客房描述、客房类型、客房状态、床位数、入住人数、价格。

13.2.3 技能训练——图书管理系统的概念设计

【训练13-1】 为图书管理系统绘制实体-关系图(E-R图)。

❤ 技能要点

(1)按照设计数据库的步骤识别实体。

(2)描述实体之间的联系。

❤ 需求说明

(1)使用 Visio 工具绘制 E-R 图,标识图书管理系统实体、属性及实体之间的关系。

(2)在 E-R 图中明确标识出实体、实体属性及实体之间的关系。

(3)保存为"实体-关系图"。

❤ 关键点分析

(1)图书馆藏了多种图书,每种书有一本或一本以上的馆存量。

(2)每个读者一次可以借阅多本书,但每种书一次只能借一本。

(3)每次每本书的借阅时间是一个月。

(4)如果读者逾期不归还或丢失、损坏借阅的书,则必须按规定缴纳罚金。

13.3 宾馆管理系统的逻辑设计

13.3.1 E-R 图向关系模型的转化

E-R 图向关系模型的转换应遵循如下原则:

1. 实体的转换规则

一个实体类型转换成一个关系模式。实体的属性就是关系的属性,实体的主键就是关系的主键。

如校长实体的转换如图 13-7 所示。

图 13-7 实体转换为关系

2. 联系的转换规则

(1)一对一联系

一对一(1∶1)联系有两种转换方式。

①与任意一端的关系模式合并。可将相关的两个实体分别转换为两个关系,并在任意一个关系的属性中加入另一个关系的主关键字。

②转换为一个独立的关系模式。联系名为关系模式名,与该联系相连的两个实体的关键字及联系本身的属性为关系模式的属性,其中每个实体的关键字均是该关系模的候选键。

例如:校长与学校间存在 1:1 的联系,其联系的转换如图 13-8 所示。

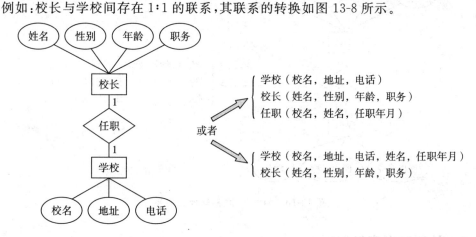

图 13-8　1:1 的联系转换为关系

(2) 一对多联系

一对多(1:N)联系也有两种转换方式

①将 1:N 联系与 N 端关系合并。1 端的关键字及联系的属性并入 N 端的关系模式即可。

②将 1:N 联系转换为一个独立的关系模式。联系名为关系模式名,与该联系相连的各实体的关键字及联系本身的属性为关系模式的属性,关系模式的关键字为 N 端实体的关键字。

例如:教研室与教师间存在 1:N 的联系,其联系的转换如图 13-9 所示。

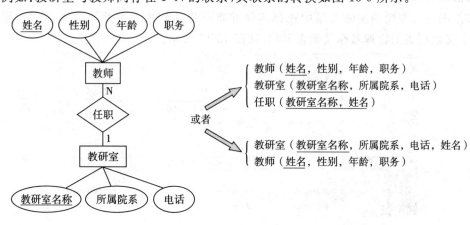

图 13-9　1:N 的联系转换为关系

(3) 多对多联系

多对多(M:N)联系转换为一个关系模式。

关系模式名为联系名,与该联系相连的各实体的关键字及联系本身的属性为关系模式的属性,关系模式的关键字为联系中各实体关键字的并集。

例如:学生与课程间存在 M∶N 的联系,其联系的转换如图 13-10 所示。

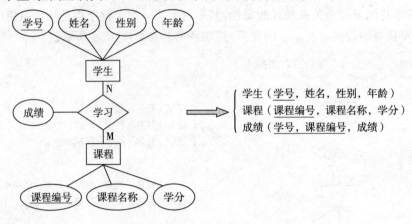

图 13-10　M∶N 的联系转换为关系

13.3.2　绘制数据库模型图

设计良好的数据库模型可以通过图形化的方式显示数据库的存储信息,以及表之间的关系,以确保数据库设计准确、完整且有效。

下面以宾馆管理业务为素材,演示如何将实体间的关系在 Microsoft Visio 中转化为数据库模型图。启动 Microsoft Visio 软件之后的操作步骤如下:

1. 新建数据库模型图

选择"文件"→"新建"→"数据库"→"数据库模型图"选项,出现一空白页面,可以看到绘图页面左侧是绘图模具,其中包含很多实体关系图。

2. 添加实体

在绘图窗口左侧的实体关系中选择实体并将其拖动到页面的适当位置,在"数据库属性"中定义数据表的物理名称及概念名称,如图 13-11 所示。

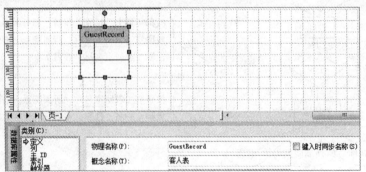

图 13-11　添加实体

3. 添加数据列及相应的属性

在"数据库属性"中选择类别为"列",添加列、数据类型和注释等,如图 13-12 所示。

(1)物理名称:表示列名,一般输入英文,如 GuestID。

(2)PK:表示主键。

(3)必需的:表示是否可以为空。

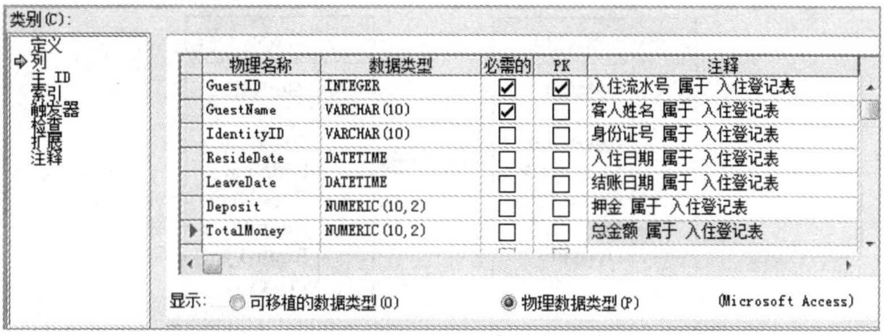

图 13-12 添加数据列

4. 添加实体之间的映射关系

具体步骤如下:

(1)同添加 GuestRecord(客人)实体一样添加"客房"实体 Room。

(2)为 GuestRecord 添加外键约束列 RoomID(客房号),对应 Room 表中的 RoomID 列。

单击左侧实体关系中的"连接线"工具,将"连接线"工具放在 Room 表的中心上,使表的四周出现方框,并拖动到 GuestRecord 表的中心。当 GuestRecord 表四周出现方框时,松开鼠标按键。两个连接点均变为红色,同时将 Room 表中主键 RoomID 作为外键添加到子表 GuestRecord 中,默认添加子表 GuestRecord 中的列 RoomID 与 Room 表中的列 RoomID 外键约束,如图 13-13 所示。

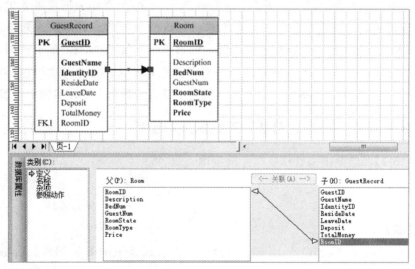

图 13-13 映射关系

总之,将 E-R 图转化为数据库模型图的步骤如下:

(1)将 E-R 图中各实体转化为对应的表,将各属性转化为各表对应的列。

(2)标识每个表的主键列,需要注意的是,要为没有主键的表添加 ID 编号列,该列没有实际含义,只用作主键或外键,如客人表中的"GuestID"列,客房表中添加的"RoomID"列。为了数据编码的兼容性,建议使用英文字段。为了直观可见,在英文括号内注明对应的中文含义,如图13-14所示为将E-R图中的两个实体转换为数据库的两个表。

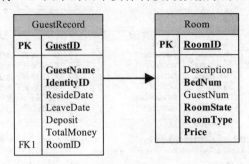

图13-14　E-R图转化为数据库模型图

(3)在数据库模型图中体现实体之间的映射关系。

客房和客人之间是一对多关系,对于一对多关系的两个实体表,一般会各自转换为一张表,并且后者对应的表引用前者对应的表,即客人(GuestRecord)表中的客房号来自客房(Room)表中的客房号,它们之间建立主键、外键关系,如图13-10所示。一般来说,一对多关系是一个表中的主键对应另一个表的非主键,主键的值是不能重复的,而非主键的值是可以重复的,就会存在一个值对应一个值或者一个值对应多个值两种可能,即一对多。而在一对一关系中,一般是一个主键对应一个主键,显然只有一个值对应一个值的可能。

多对多映射关系也是比较常见的,如课程和学生实体就是多对多关系。要表示多对多关系,除了将多对多关系中的两个实体各自转换为主表外,一般还会创建第3个表,称为连接表,它将多对多关系划分为两个一对多关系。将这两个表的主键都插入到第3个表中。因此第3个表记录关系的每个匹配项或实例。例如,"订单"表和"产品"表有多对多关系,这种关系通常通过与"订单明细"表建立两个一对多关系来定义。一个订单可以有多个产品,每个产品可以出现在多个订单中。关于这一点会在以后的数据库设计实例中慢慢理解。

13.3.3　技能训练——绘制图书管理数据库模型图

【训练13-2】　绘制图书管理数据库模型图。

✧ 技能要点

绘制数据库模型图。

✧ 需求说明

(1)使用Visio工具,在训练13-1中绘制的图书管理系统的E-R图转化为数据库模型图,并体现出各实体之间的映射关系。

(2)保存为"数据库模型图"。

✧ 关键点分析

将实体转化为数据库表,实体属性转化为表中字段,实体之间的关系转化为主外键关系。

13.4 宾馆管理系统的数据规范化

13.4.1 设计问题

在概念设计阶段，同一个项目，10个设计人员可能设计出10种不同的E-R图。不同的人从不同的角度，标识出不同的实体，实体又包含不同的属性，自然就设计出不同的E-R图。那么怎样审核这些设计图呢？怎样评审出最优的设计方案呢？下一步的工作就是E-R图的规范化。

为了讨论方便，下面直接以表13-1的宾馆客人住宿信息表为例来介绍，该表保存宾馆提供住宿的客房信息。

表 13-1 客人住宿信息表

客人编号	姓名	地址	……	客房号	客房描述	客房类型	客房状态	床位数	价格	入住人数
C1001	张山	Addr1	……	1001	A栋1层	单人间	入住	1	128.00	1
C1002	李斯	Addr2	……	2002	B栋2层	标准间	入住	2	168.00	0
C1003	王小二	Addr3	……	2002	B栋2层	标准间	入住	2	168.00	2
C1004	赵六	Addr4	……	2003	B栋2层	标准间	入住	2	158.00	1
……	……	……	……	……	……	……	……	……	……	……
C8006	A1	Addrm	……	8006	C栋3层	总统套房	入住	3	1080.00	1
C8008	A2	Addrn	……	8008	C栋3层	总统套房	空闲	3	1080.00	0

从用户的角度而言，将所有的信息放在一个表中很方便，因为这样查询数据库可能会比较容易，但是会有下列问题。

1. 信息冗余高

表13-1中"客房类型"、"客房状态"和"床位数"列中有许多重复的信息，如"标准间"、"入住"等。信息重复会造成存储空间的浪费及一些其他问题，如果不小心输入"标准间"和"标间"或"总统套房"和"总统套"，则在数据库中将出现两种不同的客房类型。

2. 更新异常

冗余信息不仅浪费存储空间，还会增加更新的难度。如果需要将"客房类型"修改为"标间"而不是"标准间"，则需要修改所有包含该值的行。如果由于某种原因，没有更新所有行，则数据库中会有两种类型的客房类型，一个是"标准间"，另一个是"标间"，这种情况被称为更新异常。

3. 插入异常

在表13-1中，客房2002和2003的居住价格分别是168元和158元。尽管这两间客房都是标准间类型，但它们的"价格"却出现了不同，这样就造成了同一个宾馆相同类型的客房价格不同，这种问题被称为"插入异常"。

4. 删除异常

在某些情况下，当删除一行时，可能会丢失有用的信息。

例如，如果删除客房类型为"1001"的行，就会丢失客房类型为"单人间"的账号信息，该表只剩下两种客房类型："标准间"和"总统套房"。当希望查询有哪些客房类型时，将会误以为只有"标准间"和"总统套房"两种类型，这种情况被称为"删除异常"。

13.4.2 规范设计

如何重新规范设计表13-1呢？如何避免上述诸多异常？

在数据库设计，有一些专门的规则，称为"数据库的设计范式"，遵守这些规则，将创建设计良好的数据库，下面将逐一讲解数据库中著名的三大范式理论。

1. 第一范式

第一范式（Normal Formate，1NF）的目标是确保每列的原子性。如果每列（或者每个属性值）都是不可再分的最小数据单元（也称为最小的原子单元），则满足第一范式。

例如，客人住宿信息表（姓名、客人编号、地址、客房号、客房描述、客房类型、客房状态、床位数、入住人数、价格等）。其中，"地址"列还可以细分为国家、省、市、区等，更多的程序甚至把"姓名"列也拆分为"姓"和"名"等。

如果业务需求中不需要拆分地址列，则该表已经符合第一范式；如果需要将地址列拆分，则符合第一范式的表如下：客人住宿信息表（姓名、客人编号、国家、省、市、区、门牌号、客房号、客房描述、客房类型、客房状态、床位数、入住天数、价格等）。

2. 第二范式

第二范式（2NF）在第一范式的基础上更近一层，其目标是确保表中的每列都和主键相关。如果一个关系满足第一范式（1NF），并且除了主键以外的其他列都依赖于该主键，则满足第二范式（2NF）。

客人入住信息表数据主要用来描述客人住宿信息，所以该表主键为（客人编号、客房号）。但是"姓名"列、"地址"列→"客人编号"列。"客房描述"列、"客房类型"列、"客房状态"列、"床位数"列、"入住人数"列、"价格"列→"客房号"列。

其中，"→"符号代表依赖。以上各列没有全部依赖于主键（客人编号、客房号），只是部分依赖于主键，违背了第二范式的规定，所以在使用第二范式对客人住宿信息进行规范化之后分解成以下两个表。

客人信息表（客人编号、姓名、地址、客房号、入住时间、结账日期、押金、总金额的等），主键为"客人编号"列，其他列全部都依赖于主键列。

客房信息表（客房号、客房描述、客房类型、客房状态、床位数、入住人数、价格等），主键为"客房号"列，其他列都全部依赖于主键列。

3. 第三范式

第三范式（3NF）在第二范式的基础上更进一层，第三范式的目标是确保每列都和主键列直接相关，而不是间接相关。如果一个关系满足第二范式（2NF），并且除了主键以外的其他列都只能依赖于主键列，列和列之间不存在相互依赖关系，则满足第三范式（3NF）。

为了理解第三范式，需要根据Armstrong公理之一定义传递依赖。假设A、B和C是关系R的三个属性，如果A→B且B→C，则从这些函数依赖（FD）中，可以得出A→C。如上所述，依赖A→C是传递依赖。

以第二范式中的客房信息表为例,初看该表时没有问题,满足 2NF,每列都和主键列"客房号"相关,再细看会发现:

"床位数"列、"价格"列→"客房类型"列

"客房类型"列→"客房号"列

"床位数"列、"价格"列→"客房号"列

为了满足 3NF,应该去掉"床位数"列、"价格"列和"客房类型"列,将客房信息表分解为如下两个表。

客房表(客房号、客房描述、客房类型编号、客房状态、入住人数等)。

客房类型表(客房类型编号、客房类型名称、床位数、价格等)。

又因为第三范式也是对字段冗余性的约束,即任何字段都不能由其他字段派生出来,所以要求字段没有冗余。如何正确认识冗余呢?

主键与外键在多表中的重复出现不属于数据冗余,非键字段的重复出现才是数据冗余。在客房表中客房状态存在冗余,需要进行规范化,规范化以后的表如下。

客房表(客房号、客房描述、客房类型编号、客房状态编号、入住人数等)。

客房状态表(客房状态编号、客房状态名称)。

了解了用于规范化的数据库设计的三大范式后,下面一起来审核表 13-1 客房实体。

(1)是否满足第一范式。

第一范式要求每列必须是最小的原子单元,即不能再细分。前面我们提及过,为方便查询,地址需要分为省、市、区等,但目前还没有这方面的查询,因此本例已经符合第一范式。

(2)是否满足第二范式。

第二范式要求每列必须和主键相关,不相关的列放入到别的表中,即要求一个表只描述一件事情。

实用的技巧:可以直接查看该表描述了哪几件事情,然后一件事情创建一个表。观察该表描述了以下两件事情。

第一件事:客人信息。

第二件事:客房信息。

即我们需要将其拆分两个表,对各列进行筛选,两个表即为表 13-2 和表 13-3。

表 13-2 客人信息表

客人编号	姓　名	地　址	……
C1001	张山	Addr1	……
C1002	李斯	Addr2	……
C1003	王小二	Addr3	……
C1004	赵六	Addr4	……
……	……	……	……
C8006	A1	Addrm	……
C8008	A2	Addrn	……

表 13-3 客房信息表

客房号	客房描述	客房类型	客房状态	床位数	价格	入住人数
1001	A栋1层	单人间	入住	1	128.00	1
2002	B栋2层	标准间	入住	2	168.00	0
2002	B栋2层	标准间	入住	2	168.00	2
2003	B栋2层	标准间	入住	2	158.00	1
……	……	……	……	……	……	……
8006	C栋3层	总统套房	入住	3	1080.00	1
8008	C栋3层	总统套房	空闲	3	1080.00	0

其中,"客人编号"、"客房号"分别为这两表的主键。图 13-15 展示了符合第二范式的宾馆业务 E-R 图。

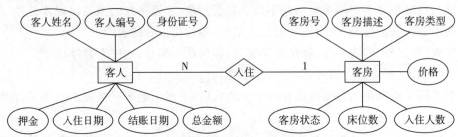

图 13-15 符合第二范式的宾馆业务 E-R 图

(3) 是否满足第三范式。

第三范式要求表中各列必须和主键直接相关,不能间接相关,即需要拆分客房信息表为客房表、客房类型表和客房状态表,3 个表即为表 13-4 至表 13-6。

表 13-4 客房表

客房号	客房描述	客房类型编号	客房状态	入住人数
1001	A栋1层	001	001	1
2002	B栋2层	002	001	2
2003	B栋2层	002	004	1
……	……	……	……	……
8006	C栋3层	009	001	1
8008	C栋3层	009	002	0

表 13-5 客房类型表

客房类型编号	客房类型名称	床位数	价格
001	单人间	1	128.00
002	标准间	2	168.00
003	三人间	3	188.00
……	……	……	……
009	总统套房	2	1080.00

表 13-6 客房状态表

客房状态编号	客房状态名称
001	入住
002	空闲
003	维修
……	……

按照第三范式的要求,在符合第二范式的宾馆业务 E-R 图上继续规范数据库表结构,得到了如图 13-16 所示的符合第三范式的宾馆业务 E-R 图,图 13-17 则是由图 13-12 的 E-R 图转化后的数据库模型图。

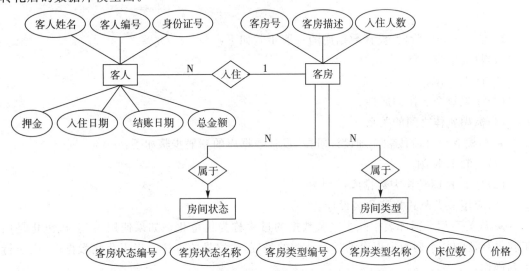

图 13-16 符合第三范式的宾馆业务 E-R 图

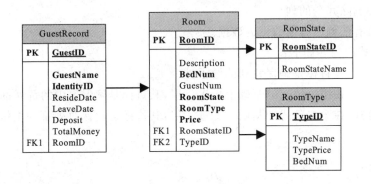

图 13-17 符合第三范式的宾馆业务数据库模型图

13.4.3 技能训练——规范图书管理数据库设计

【训练 13-3】 规范化图书管理数据库设计。

▷ 技能要点

数据库设计的三大范式。

🕮 需求说明

(1)根据三大范式规范化图书管理系统数据。

(2)为了保证应用程序的运行性能,对符合第三范式的数据库结构进行调整。

🕮 关键点分析

(1)向各表中插入数据,查看表中的每个属性列是否存在重复、插入异常、更新异常和删除异常。

(2)对照三大范式的定义,解决表中的异常问题。

本章总结

➤ 在需求分析阶段,设计数据库的一般步骤如下:
(1)收集信息。
(2)标识实体。
(3)标识每个实体的属性。
(4)标识实体之间的关系。

➤ 在概念设计阶段和详细设计阶段,设计数据库的一般步骤如下:
(1)绘制 E-R 图。
(2)将 E-R 图转换为数据库模型图。
(3)应用三大范式规范化表设计。

➤ 从关系型数据库表中除去冗余数据的过程称为规范化。如果使用得到,规范化是用于获得高效的关系型数据库表的逻辑结构的最好、最容易的方法。当规范化数据时,应执行下列操作:
(1)将数据库的结构精简为最简单的形式。
(2)从表中删除冗余的列。
(3)标识所有依赖于其他数据的数据。

➤ 三大范式的内容如下:
(1)第一范式:其目标是确保每列的原子性。
(2)第二范式:在第一范式的基础上更进一层,其目标是确保表中的每列都和主键相关。
(3)第三范式:在第二范式的基础上更进一层,其目标是确保每列都和主键直接相关,而不是间接相关。

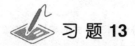

一、选择题

1.假定一位教师可讲授多门课程,一门课程可由多位教师讲授,则教师与课程直接是( )。
  A.一对一的关系   B.一对多的关系   C.多对一的关系   D.多对多的关系

2. 在 E-R 图中,用长方形和椭圆分别表示(   )。
   A. 关系、属性   B. 属性、实体   C. 实体、属性   D. 属性、关系
3. 用于表示数据库实体直接的图是(   )。
   A. 实体关系图   B. 数据模型图   C. 实体分类图   D. 以上都不是
4. 下列(   )是有效的映射约束。
   A. 多对多   B. 多对一   C. 一对三   D. 交叉映射
5. 关于数据库的设计范式,以下说法错误的是(   )。
   A. 数据库的设计范式有助于规范化数据库的设计
   B. 数据库的设计范式有助于减少数据冗余
   C. 设计数据库时,一定要严格遵守设计范式。满足的范式级别越高,系统性能就越好
   D. 设计数据时,如遵守设计范式,可能会受约束,因此不需考虑三大范式的问题
6. 数据冗余指的是(   )。
   A. 数据和数据之间没有联系   B. 数据有丢失
   C. 数据量太大   D. 存在重复的数据
7. E-R 图中,关系集用(   )来表示。
   A. 矩形   B. 椭圆形   C. 圆形   D. 菱形
8. 项目开发需要经过几个阶段,绘制数据库的 E-R 图应在(   )阶段进行。
   A. 需求分析   B. 概念设计   C. 详细设计   D. 代码编写
9. 假设需要设计一个表,记录各个作者著作的所有图书信息,表结构设计如下:作者(作者名称、图书1、版本1、书价1、图书2、版本2、书价2…),该表最高符合第(   )范式。
   A. 一   B. 二   C. 三   D. 未规范化的
10. 以下关于规范设计的描述正确的是(   )。
    A. 规范设计的主要目的是消除冗余
    B. 规范设计往往会增加数据库的性能
    C. 设计数据库时,规范化程度越高越好
    D. 在规范化数据库中,易于维护数据完整性
11. 反映现实世界中实体及实体间联系的信息模型是(   )。
    A. 关系模型   B. 层次模型   C. 网状模型   D. E-R 模型
12. 关系数据模型(   )。
    A. 只能表示实体间的 1:1 联系   B. 只能表示实体间的 1:n 联系
    C. 只能表示实体间的 m:n 联系   D. 只能表示实体间的上述 3 种联系
13. E-R 模型中的要素是(   )。
    A. 实体、键、联系   B. 实体、属性、实体集
    C. 实体、属性、联系   D. 实体、域、后选键
14. 数据库设计的几个步骤是什么?(   )
    A. 需求分析,概念结构设计,逻辑结构设计,物理结构设计,数据库实施,数据库运行和维护
    B. 需求分析,逻辑结构设计,物理结构设计.概念结构设计,数据库实施,数据库运行和维护

C. 需求分析,逻辑结构设计,概念结构设计.物理结构设计,数据库实施,数据库运行和维护

D. 需求分析,概念结构设计,物理结构设计,逻辑结构设计,数据库实施,数据库运行和维护

15. 数据库设计中的概念结构设计的主要工具是(   )。

　　A. 数据模型　　　　B. E-R 模型　　　　C. 新奥尔良模型　　　D. 概念模型

16. 3NF 同时又是(   )。

　　A. 2NF　　　　　　B. 1NF　　　　　　C. BCNF　　　　　　D. 1NF,2NF

17. 关系数据库的规范化理论指出,关系数据库中的关系应满足一定的要求,最起码的要求是达到 1NF,既满足(   )。

　　A. 主关键字唯一标识表中的每一行

　　B. 关系中的行不允许重复

　　C. 每个非关键字列都完全依赖于主关键字

　　D. 每个属性都有是不可再分的基本数据项

二、简答和操作题

1. 简述设计数据库的步骤。

2. 简述 3 个范式的含义。

3. 请列举生活案例说明实体之间一对一、一对多及多对多的关系。

4. 什么是 E-R 图?在数据库设计中的作用是什么?

5. 现在要开发一个图书馆信息管理系统,请根据下面的需求,按照数据库设计步骤,绘制出符合第三范式的 E-R 图和数据库模型图。

(1)图书馆藏了多种图书,每种书有一本或一本以上的馆存量。

(2)每个读者一次可以借阅多本书,但每种书一次只能借一本。

(3)每次每本书的借阅时间是一个月。

(4)如果读者逾期不归还或丢失、损坏借阅的书,则必须按规定缴纳罚金。

第 14 章
课程项目
银行 ATM 系统数据库设计与优化

本章工作任务
- 数据库设计
- 数据库实现
- 模拟常规业务
- 创建视图以方便用户查询
- 利用存储过程实现业务处理
- 利用事务实现较复杂的数据更新

本章知识目标
- 深入理解数据库设计、实现的过程和方法
- 理解业务逻辑

本章技能目标
- 使用 T-SQL 语句创建数据库和表结构
- 使用 T-SQL 语句编程实现用户业务
- 使用事务和存储过程封装业务逻辑
- 使用视图简化复杂的数据查询

本章重点难点
- 使用 T-SQL 语句建库、建表
- 使用事务和存储过程封装业务逻辑

通过前面章节的学习,已经掌握了数据库的规范化设计,使用 T-SQL 创建数据库和表,并添加约束,对数据进行增、删、改、查操作,使用视图、存储过程和事务实现业务逻辑。

本章将利用这些综合技能完成"银行 ATM 存取款机系统"项目的数据库设计过程,并模拟实际业务的数据处理。

14.1　案例分析

14.1.1　需求概述

某银行是一家民办的小型银行企业,现有十多万客户。公司将为该银行开发一套 ATM 存取款机系统,对银行日常的存取款业务进行计算机管理,以保证数据的安全性,提高工作效率。

要求学员根据银行存取款业务需求设计出符合第三范式的数据库结构,使用 T-SQL 创建数据库和表,并添加约束,进行数据的增、删、改、查,运用逻辑结构语句、事务、视图和存储过程,按照银行的业务需求,实现各项银行日常存款、取款和转账业务。

14.1.2　开发环境

数据库:SQL Server 2008。

绘图工具:Microsoft Visio 2007。

14.1.3　案例覆盖的技能要点

(1)创建数据库和表

会使用 T-SQL 语句创建数据库和表,并添加各种约束。

(2)T-SQL 编程

①INSERT 语句:开户。

②UPDATE 语句:存款或取款。

③DELETE 语句:销户。

④IF 语句:取款判断。

⑤聚合函数:月末汇总。

⑥日期函数:查询本周开户的卡号,显示该卡的相关信息。

⑦字符串函数:随机生成卡号。

(3)创建事务和安全

①事务处理:本银行内账户间的转账。

②安全:添加 ATM 系统的系统维护账号。

(4)使用子查询并进行查询优化

①子查询:查询挂失账号的客户信息和催款提醒业务等。

②查询优化:查询指定卡号的交易记录。

(5)创建并使用视图

查询各表时显示中文字段名。

(6)会创建并调用存储过程

包括取款或存款的存储过程、产生随机卡号的存储过程等。

14.1.4 问题分析

该银行的 ATM 存取款机业务如下:

(1)银行为客户提供了各种银行存取款业务,如表 14-1 所示。

表 14-1 银行存取款业务

业　务	描　述
活期	无固定存期,可随时存取,存取金额不限的一种比较灵活的存款
定活两便	事先不约定存期,一次性存入,一次性支取的存款
通知	不约定存期,支取时需提前通知银行,约定支取日期和金额方能支取的存款
整存整取	选择存款期限,整笔存入,到期提取本息的一种定期储蓄。银行提供的存款期限有 1 年、2 年和 3 年
零存整取	一种事先约定金额,逐月按约定金额存入,到期支取本息的定期存取。银行提供的存款期限有 1 年、2 年和 3 年
自助转账	在 ATM 存取款机上办理同一币种账户的银行卡之间互相划转

(2)每个客户凭个人身份证在银行可以开设多个银行卡账户。开设账户时,客户需要提供的开户数据如表 14-2 所示。

表 14-2 开设银行卡账户的客户信息

数　据	说　明
姓名	必须提供
身份证号	唯一确定客户。如果是第二代身份证,则由 17 位数字和 1 位数字或字符组成。如果是第一代身份证,则身份证号由 15 位数字组成
联系电话	分为固定电话号码和手机号码 固定电话号码由数字和"—"构成,有以下两种格式 (1)×××—×××××××× (2)××××—×××××××× 手机号码由 11 位数字组成
居住地址	可以选择填写

(3)银行为每个账户提供一个银行卡,每个银行卡可以存入一种币种的存款。

银行卡账户的信息如表 14-3 所示。

表 14-3 银行卡账户信息

数 据	说 明
卡号	银行的卡号由 16 位数字组成。其中,一般前 8 位代表特殊含义,如某总行某支行等,假定该行要求其营业厅的卡号格式为 6227 7856××× ××××;后 8 位一般随机产生且唯一。每 4 位号码后有空格
密码	由 6 位数字构成,开户时默认为"888888"
币种	默认为 RMB,目前该银行尚未开设其他币种存款业务
存款类型	必须选择
开户日期	客户开设银行卡账户的日期,默认为当日
开户金额	客户开设银行卡账户时存入的金额,规定不得小于 1 元
余额	客户最终的存款金额,规定不得小于 1 元
是否挂失	默认为"0",表示否;"1"表示是

（4）客户持银行卡在 ATM 存取款机上输入密码,经系统验证身份后办理存款、取款和转账等银行业务。银行规定:每个账户当前的存款余额不得小于 1 元。

（5）银行在为客户办理业务时,需要记录每一笔账目。账目交易信息如表 14-4 所示。

表 14-4 账目信息交易表

数 据	说 明
卡号	银行的卡号由 16 位数字组成
交易日期	默认为当日
交易金额	必须大于 0 元
交易类型	包括存入和支取两种
备注	对每笔交易做必要的说明

（6）该银行要求这套软件能实现银行客户的开户、存款、取款、转账和余额查询等业务,使得银行存储业务方便、快捷,同时保证银行业务数据的安全性。

（7）为了使开发人员尽快了解银行业务,该银行提供了银行卡手工账户和存取款单据的样本数据,以供项目开发时参考,如表 14-5 和表 14-6 所示。

表 14-5(1) 银行卡手工账户信息(前 5 列)

账户姓名	身份证号	联系电话	住 址	卡 号
钱多多	432564199010101267	0564—67589065	福建厦门市	6227 7856 3456 1234
王鸣鸣	423543197812124676	021—44443333		6227 7856 3456 2345
李思思	358843198912125639	0365—44443333		6227 7856 3456 3456
张珊珊	304403890101126	0554—67898978	安徽淮南市	6227 7856 4567 5678
赵琪琪	340422889012756	3344—63598978	山东枣庄市	6227 7856 2020 5050

表 14-5(2)　银行卡手工账户信息(后 6 列)

存款类型	开户日期	开户金额	存款余额	密　码	账户状态
定期一年	2013/12/3	￥100.00	￥500.00	888888	
定期一年	2013/12/3	￥1.00	￥6,501.00	888888	
定期一年	2013/12/3	￥100.00	￥100.00	654321	已挂失
活期	2013/12/3	￥1,000.00	￥3,200.00	123456	
活期	2013/12/3	￥1,000.00	￥500.00	888888	

表 14-6　银行卡存取款单据样本数据

交易日期	交易类型	卡　号	交易金额	余　额	备　注
2013/12/3	支取	6227 7856 4567 5678	￥800.00	￥200.00	
2013/12/3	存入	6227 7856 3456 1234	￥400.00	￥500.00	
2013/12/3	存入	6227 7856 3456 2345	￥1,000.00	￥1,001.00	
2013/12/3	存入	6227 7856 2020 5050	￥1,500.00	￥2,500.00	
2013/12/3	存入	6227 7856 4567 5678	￥5,000.00	￥5,200.00	
2013/12/3	存入	6227 7856 3456 2345	￥3,000.00	￥4,001.00	
2013/12/4	支取	6227 7856 4567 5678	￥2,000.00	￥3,200.00	
2013/12/4	存入	6227 7856 3456 2345	￥500.00	￥4,501.00	
2013/12/4	支取	6227 7856 2020 5050	￥2,000.00	￥500.00	
2013/12/4	存入	6227 7856 3456 2345	￥2,000.00	￥6,501.00	

14.2　项目需求

14.2.1　数据库设计

1. 数据库设计

明确银行 ATM 存取款机系统的实体、实体属性以及实体之间的关系。

2. 绘制 E-R 图

使用 Microsoft Visio 工具,把设计数据库第一步的结果(即分析得到的银行 ATM 存取款机系统的实体、实体属性,以及实体之间的关系)用 E-R 图表示。要求:E-R 图中要体现各实体之间的关系。

参考 E-R 图见本章资源库。

3. 绘制数据库模型图

使用 Microsoft Visio 工具,把 E-R 图中的实体转换成数据库中的表对象,并为表中的每一列指定数据类型和长度。要求:数据库模型图中要标识表的主键和外键。参考图如图 14-1 所示。

4. 规范数据库结构设计

使用第三范式对数据库表结构进行规范化。

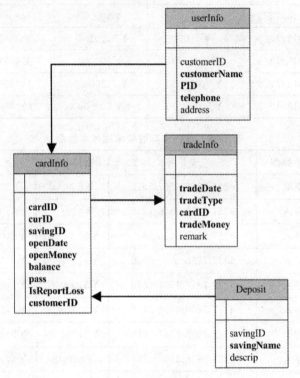

图 14-1 模型参考图

14.2.2 创建库、表、约束

1. 创建数据库

使用 CREATE DATABASE 语句创建 ATM 存取款机系统数据库 BankDB，数据文件和日志文件要求保存在"D:\bank"目录下，文件增长率为 15%。创建数据库时要求检测是否存在数据库 BankDB 中，如果存在，则应先删除后再创建。

在 D 盘新建目录的语句如下：

```
EXEC xp_cmdshell´mkdir d:\Bank´,NO_OUTPUT
```

2. 创建表

根据设计出的 ATM 存取款机系统的数据库表结构，使用 CREATE TABLE 语句创建表结构。

创建表时要求检测表是否已经存在。如果存在，则应先删除再创建。

3. 添加约束

根据银行业务，分析表中每列相应的约束要求。使用 ALTER TABLE 语句为每个表添加各种约束。

为表添加约束时，要先添加主表的主键约束，再添加子表的外键约束。

4. 生成数据库关系图

操作 SQL Server 2008,生成 BankDB 数据库各表之间的关系图。参考关系图如图 14-2 所示。

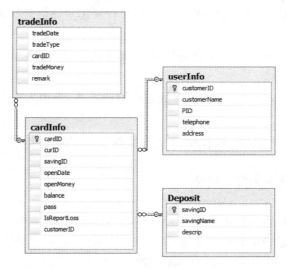

图 14-2　参考关系图

14.2.3　插入测试数据

使用 SQL 语句向已经创建数据库的每个表中插入以下测试数据。

(1)卡号不随机产生,由人工指定,向相关表中插入如表 14-7 所示的开户信息。

表 14-7(1)　5 位客户的开户信息(前 5 列)

账户姓名	交易类型	身份证号	联系电话	住　　址
钱多多	开户	432564199010101267	0564-67589065	福建厦门市
王鸣鸣	开户	423543197812124676	021-44443333	
李思思	开户	358843198912125639	0365-44443333	
张珊珊	开户	304403890101126	0554-67898978	安徽淮南市
赵琪琪	开户	340422889012756	3344-63598978	山东枣庄市

表 14-7(2)　5 位客户的开户信息(后 3 列)

卡　　号	存款类型	开户金额
6227 7856 3456 1234	定期一年	￥100.00
6227 7856 3456 2345	定期一年	￥1.00
6227 7856 3456 3456	定期一年	￥100.00
6227 7856 4567 5678	活期	￥1,000.00
6227 7856 2020 5050	活期	￥1,000.00

(2)张珊珊的卡号(6227 7856 4567 5678)取款 800 元,钱多多的卡号(6227 7856 3456 1234)存款 400 元,要求保存交易记录,以便客户查询和银行业务统计。

例如,当张珊珊取款 800 时,会向交易信息表(transInfo)中添加一条交易记录,同时应自动更新银行卡信息表(cardInfo)中的现有余额(减少 800 元),先假定手动插入更新信息。

(3)插入各表中的数据要保证业务数据的一致性和完整性。

(4)当客户持银行卡办理存款、取款业务时,银行要记录每笔交易账,并修改银行卡的存款余额。

(5)参考表 14-5 和表 14-6 中提供的数据,向每个表中插入数据。

提示:

(1)各表中数据插入的顺序。为了保证主外键的关系,先插入主表中的数据,再插入子表中的数据。

(2)客户取款时需要记录"交易账目",并修改存款余额。它可能需要分为以下两步完成:

①在交易信息表中插入交易记录。

```
INSERT INTO tradeInfo(tradeType,cardID,tradeMoney)
    VALUES('支取','6227 7856 4567 5678',800)
```

②更新银行卡信息表中的现有余额。

```
UPDATE cardInfo SET balance = balance – 800
    WHERE cardID = '6227 7856 4567 5678'
```

14.2.4 模拟常规业务

编写 T-SQL 语句实现银行的日常业务。

1. 修改客户密码

修改张珊珊(卡号为 6227 7856 4567 5678)银行卡密码为 123456,修改李思思(卡号为 6227 7856 3456 3456)银行卡密码为 654321。

2. 办理银行卡挂失

李思思(卡号为 6227 7856 3456 3456)因银行卡丢失,申请挂失。修改密码和办理银行卡挂失的结果如图 14-3 所示。

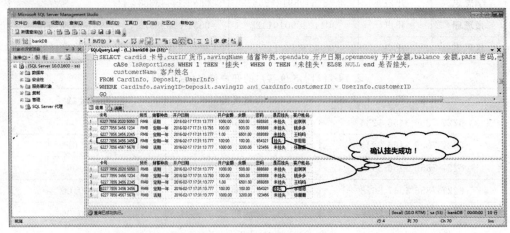

图 14-3 办理银行卡挂失

3. 统计银行资金流通余额和盈利结算

（1）存入代表资金流入，支取代表资金流出。计算公式：资金流通余额＝总存入金额－总支取余额。

（2）假定存款利率为 3%，贷款利率为 8%。计算公式：盈利结算＝总支取金额 * 0.008 －总存入金额 * 0.003。

运行结果如图 14-4 所示。

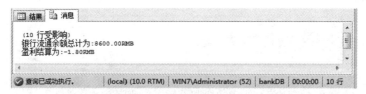

图 14-4　统计银行资金流通余额和盈利结算

提示：定义两个变量用于存放总存入金额和总支取金额，定义 sum() 函数和转换函数 convert()。

DECLARE @inMoney money

…

SELECT @inMoney = sum() FROM…WHERE (tradeType = ´存入´)

PRINT ´银行流通余额总计为：´ + convert(varchar(20),) + ´RMB´

4. 查询本周开户信息

查询本周开户的卡号，显示该卡的信息。运行结果如图 14-5 所示。

	卡号	姓名	货币	存款类型	开户日期	开户金额	存款余额	账户状态
1	6227 7856 2020 5050	赵琪琪	RMB	活期	2016-02-01 08:30:18.493	1000.00	500.00	正常账户
2	6227 7856 3456 1234	钱多多	RMB	定期一年	2016-02-01 08:30:18.493	100.00	500.00	正常账户
3	6227 7856 3456 2345	王鸣鸣	RMB	定期一年	2016-02-01 08:30:18.493	1.00	6501.00	正常账户
4	6227 7856 3456 3456	李思思	RMB	定期一年	2016-02-01 08:30:18.493	100.00	100.00	挂失账户
5	6227 7856 4567 5678	张册册	RMB	活期	2016-02-01 08:30:18.493	1000.00	3200.00	正常账户

图 14-5　本周开户的客户信息

提示：求时间差使用日期函数 DATEDIFF()，求星期几使用日期函数 DATEPART()。

5. 查询本月交易金额最高的卡号

查询本月存款、取款交易金额最高的卡号信息。

提示：在交易信息表中，采用子查询和 DISTINCT 的方法去掉重复的卡号。

SELECT…FROM tradeInfo

　　WHERE tradeMoney = (SELECT…FROM…)

运行结果如图 14-6 所示。

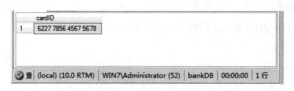

图 14-6　查询本月交易金额最高的卡号

6. 查询挂失客户

查询挂失账户的客户信息。

提示：利用 IN 子查询或内连接 INNER JOIN 实现此功能。

```
SELECT customerName AS 客户姓名…FROM userInfo
    WHERE customerID IN (SELECT customerID FROM…)
```

运行结果如图 14-7 所示。

图 14-7　查询挂失客户

7. 催款提醒业务

根据某种业务（如代缴电话费、代缴手机费等）的需要，每个月末，若查询出客户账上余额少于 200 元，则由银行统一致电催款。运行结果如图 14-8 所示。

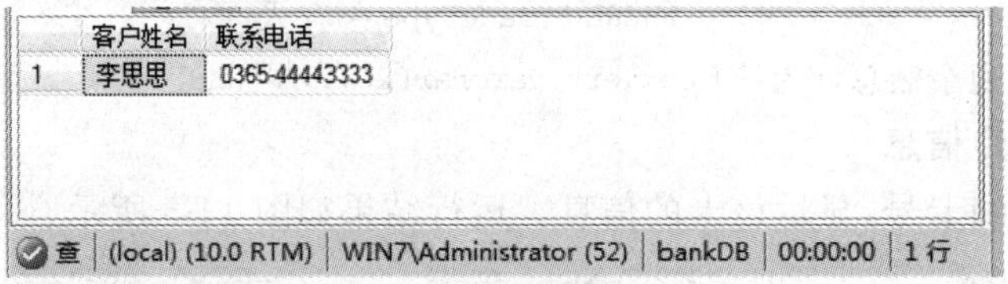

图 14-8　催款提醒业务

提示：利用子查询查出当前存款余额小于 200 元的账户信息。

```
SELECT customerName AS 客户姓名…
FROM userInfo INNER JOIN cardInfo ON…
```

14.2.5　创建、使用视图

为了向客户提供友好的用户界面，使用 T-SQL 语句创建下面几个视图，并使用这些视图查询输出各表信息。

(1) vw_userInfo：输出银行客户记录。

(2) vw_cardInfo：输出银行卡记录。

(3) vw_transInfo：输出银行卡的交易记录。

要求：显示的列名全为中文，运行结果如图 14-9 所示。

第14章 课程项目 银行ATM系统数据库设计与优化

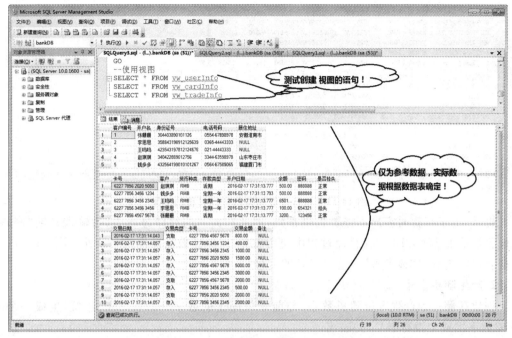

图 14-9 调用视图查询银行业务信息

14.2.6 使用存储过程实现业务处理

使用 T-SQL 语句创建存储过程,并使用所创建的存储过程完成较复杂的银行业务。

1. 完成存款或取款业务

(1)根据银行卡号和交易金额,实现银行卡的存款或取款业务。

(2)每一笔存款、取款业务都要记入银行交易账,并同时更新客户的存款余额。

(3)如果是取款业务,则在记账之前,要完成下面两项数据的检查验证工作。如果检查不合格,则中断取款业务,给出提示信息后退出。

①检查客户输入的密码是否正确。

②账户取款金额是否大于当前存款额(取款前)加 1。

(4)取款或存款存储过程名称是 usp_takeMoney。

(5)编写一个存储过程完成存款或取款业务,并调用存储过程对取款或存款进行测试。

测试数据:钱多多的卡号支取 800 元(密码 888888),张珊珊的卡号存入 300 元(密码 123456)。

(6)运行的结果如图 14-10 和图 14-11 所示。

图 14-10 执行取款和存款存储过程的输出信息

	卡号	客户	货币种类	存款类型	开户日期	余额	密码	是否挂失
1	6227 7856 2020 5050	赵琪琪	RMB	活期	2016-02-01 09:07:18.993	500.00	888888	正常
2	6227 7856 3456 1234	钱多多	RMB	定期一年	2016-02-01 09:07:19.010	500.00	888888	正常
3	6227 7856 3456 2345	王呜呜	RMB	定期一年	2016-02-01 09:07:18.993	6501.00	888888	正常
4	6227 7856 3456 3456	李思思	RMB	定期一年	2016-02-01 09:07:18.993	100.00	654321	挂失
5	6227 7856 4567 5678	张珊珊	RMB	活期	2016-02-01 09:07:18.993	3500.00	123456	正常

	交易日期	交易类型	卡号	交易金额	备注
4	2016-02-01 09:07:19.150	存入	6227 7856 2020 5050	1500.00	NULL
5	2016-02-01 09:07:19.150	存入	6227 7856 4567 5678	5000.00	NULL
6	2016-02-01 09:07:19.150	存入	6227 7856 3456 2345	3000.00	NULL
7	2016-02-01 09:07:19.150	支取	6227 7856 4567 5678	2000.00	NULL
8	2016-02-01 09:07:19.167	存入	6227 7856 3456 2345	500.00	NULL
9	2016-02-01 09:07:19.167	支取	6227 7856 2020 5050	2000.00	NULL
10	2016-02-01 09:07:19.167	存入	6227 7856 3456 2345	2000.00	NULL
11	2016-02-01 09:07:48.533	存入	6227 7856 4567 5678	300.00	NULL

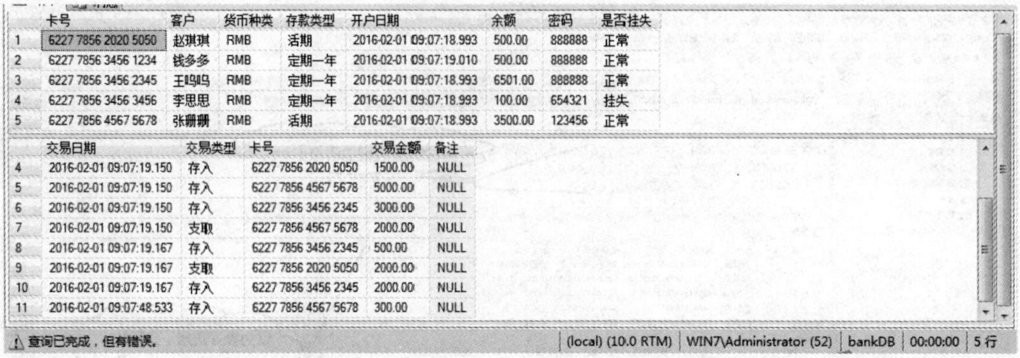

图 14-11　执行取款和存款存储过程的结果

提示：由于存款时客户不需要提供密码，因此在编写的存储过程中，为输入参数“密码”列设置默认值为 NULL。在存储过程中使用事务，以保证数据操作的一致性。测试时，可以根据客户姓名查出“钱多多”和“张珊珊”的卡号。

2. 产生随机卡号

创建存储过程产生 8 位随机数字，与前 8 位固定的数字“6227 7856”连接，生成一个由 16 位数字组成的银行卡号，并输出。

(1)产生随机卡号的存储过程名为 usp_randCardID。

(2)利用下面的代码调用存储过程进行测试。

```
DECLARE @mycardID char(19)
EXECUTE usp_randCardID @mycardID OUTPUT
print ´产生的随机卡号为:´ + @mycardID
```

(3)运行结果如图 14-12 所示。

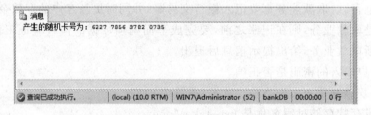

图 14-12　测试产生随机卡号

提示：使用随机函数生成银行卡后 8 位数字。随机函数的用法：RAND(随机种子)。调用后将产生 0 与 1 之间的随机数，要求每次的随机种子不一样。为了保证随机种子每次都不相同，一般采用的算法如下：

随机种子＝当前的月份数 * 100000＋当前的秒数 * 1000＋当前的毫秒数。

产生了 0 与 1 之间的随机数后，取小数点后 8 位，即 0. xxxxxxxx。

关键代码如下：

```
DECLARE@r numeric(15,8)
SELECT @r = RAND((DATEPART(mm, GETDATE()) * 100000 ) + (DATEPART(ss, GETDATE()) * 1000 )
 + DATEPART(ms, GETDATE()) )
set @tempStr = convert(char(10),@r)
```

```
set @randCardID = ´6227 7856´ + SUBSTRING(@tempStr,3,4) + ´ ´
    + SUBSTRING(@tempStr,7,4)
```

3. 完成开户业务

(1)利用存储过程为客户开设两个银行卡账户。开设时需要提供客户的信息有开户名、身份证号、电话号码、开户金额、存款类型和地址。客户的开户信息如表 14-8 所示。

表 14-8 两位客户的开户信息

姓 名	身份证号	联系电话	开户金额	存款类型	地 址
王小六	554455881017878	3344-67891234	1	活期	山东潍坊
孙二	786231198912123333	022-88885555	100	定期一年	

(2)为成功开户的客户提供银行卡,且银行卡号唯一。
(3)开户的存储过程名为 usp_openAccount。
(4)使用下面的数据执行该存储过程,进行测试:调用此存储过程开户。
(5)利用下面的代码调用存储过程进行测试。

```
EXEC usp_openAccount ´王小六´,´554455881017878´,
´3344 - 67891234´,1,´活期´,´山东潍坊´
EXEC usp_openAccount ´孙二´,´786231198912123333´,
´022 - 88885555´,100,´定期一年´
select * from vw_userInfo
select * from vw_cardInfo
```

(6)运行结果如图 14-13 和图 14-14 所示。

提示:调用上述产生随机卡号的存储过程获得生成的随机卡号。检查该随机卡号在现有的银行卡中是否已经存在。如果不存在,则向相关表中插入开户信息;否则将调用上述随机卡号的存储过程,重新产生随机卡号,直至产生一个不存在的银行卡号为止。

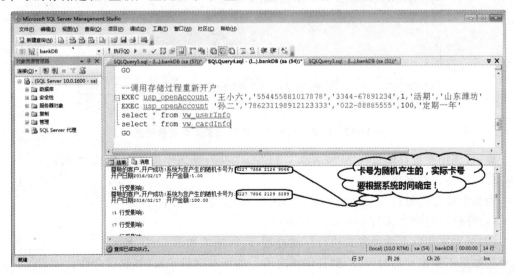

图 14-13 测试开户存储过程的输出信息

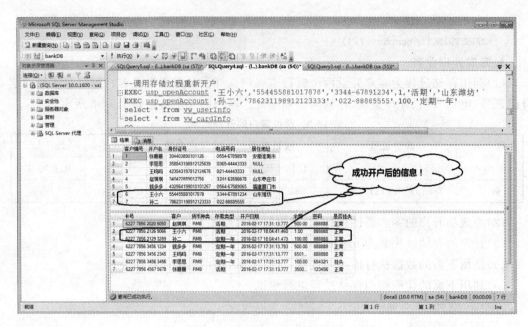

图 14-14　执行开户存储过程的结果

4. 分页显示查询交易数据

根据指定的页数和每页的记录数分页显示交易数据。

(1)存储过程的名称为 usp_pagingDisplay。

(2)利用下面的代码调用存储过程进行测试。

```
EXEC usp_pagingDisplay 2,2
```

(3)测试数据时输出第 2 页,每页两行交易数据,运行结果如图 14-15 所示。

图 14-15　以每页两行的方式输出第 2 页交易数据

提示:调用系统存储过程 SP_EXECUTESQL,执行动态生成的 T-SQL 语句。

5. 打印客户对账单

为某个特定的银行卡号打印指定时间内发生交易的对账单。

(1)存储过程的名称为 usp_CheckSheet。

(2)分别采用以下两种方式执行存储过程,运行结果如图 14-16 所示。

①如果不指定交易时间段,则打印指定卡号的所有交易记录,如测试命令:

```
EXEC usp_CheckSheet '6227 7856 4567 5678'
```

②如果指定交易时间段,则打印指定卡号在指定时间内发生的所有交易记录,如测试命令:

EXEC usp_CheckSheet ´6227 7856 4567 5678´,´2015 - 11 - 1´,´2016 - 10 - 31´

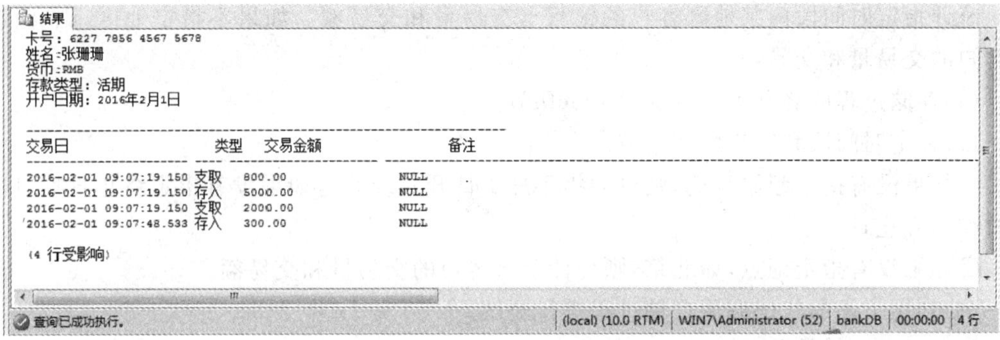

图 14-16　按卡号打印对账单

6. 统计未发生交易的账户

查询、统计指定时间段内没有发生交易的账户信息。

(1) 存储过程的名称为 usp_getWithoutTrade。

(2) 指定时间段。如果没有指定起始日期,则自本月一日开始进行统计。如果没有指定终止日期,则截止到当日。

(3) 利用下面的代码调用存储过程进行测试。

DECLARE @NUM int

DECLARE @Amount decimal(18,2)

DECLARE @date1 datetime

DECLARE @date2 datetime

SET @date1 = ´2016 - 1 - 1´

SET @date2 = getdate()

EXEC usp_getWithoutTrade @NUM OUTPUT, @Amount OUTPUT --, @date1, @date2

PRINT ´统计未发生交易的客户´

PRINT ´---------------------------------------´

PRINT ´客户人数:´ + CAST(@NUM AS varchar(10)) + ´客户总余额:´ + CAST(@Amount AS varchar(20))

(4) 该存储过程的运行结果如图 14-17 所示。

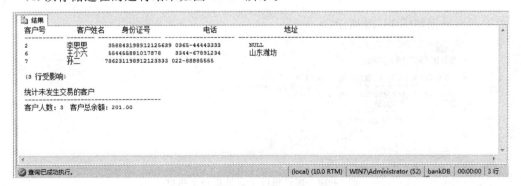

图 14-17　统计未发生交易的账户

7. 统计银行卡交易量和交易额

统计指定时间段内某地区客户的银行卡交易量和交易额。如果不指定地区,则查询所有客户的交易量和交易额。

(1)存储过程的名称为 usp_getTradeInfo。

(2)指定时间段和客户所在区域。

①如果没有指定起始日期,则自当年 1 月 1 日开始统计。如果没有指定终止日期,则以当日作为截止日。

②如果没有指定地点,如北京,则统计全部客户的交易量和交易额。

(3)利用下面的代码调用存储过程进行测试。

```
DECLARE @CNT1 int
DECLARE @Total1 decimal(18,2)
DECLARE @CNT2 int
DECLARE @Total2 decimal(18,2)
DECLARE @date1 datetime
DECLARE @date2 datetime
SET @date1 = ´2009-1-1´
SET @date2 = getdate()
EXEC usp_getTradeInfo @CNT1 OUTPUT, @Total1 OUTPUT, @CNT2 OUTPUT, @Total2 OUTPUT, @date1, @date2 --,´北京´
PRINT ´统计银行卡交易量和交易额´
PRINT ´´
PRINT ´起始日期:´ + CONVERT(varchar(10),@date1,102) + ´截止日期:´ + CONVERT(varchar(10),@date2,102)
PRINT ´-----------------------------------------------------------´
PRINT ´存入笔数:´ + CAST(@CNT1 AS varchar(20)) + ´存入金额:´ + CAST(@Total1 AS varchar(20))
PRINT ´支取笔数:´ + CAST(@CNT2 AS varchar(20)) + ´支取金额:´ + CAST(@Total2 AS varchar(20))
PRINT ´-----------------------------------------------------------´
PRINT ´发生笔数:´ + CAST(@CNT1 + @CNT2 AS varchar(20)) + ´结余金额:´ + CAST(@Total1 - @Total2 AS varchar(20))
GO
```

(3)运行结果如图 14-18 所示。

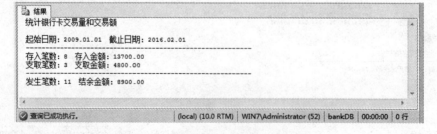

图 14-18　统计银行卡交易量和交易额

14.2.7 利用事务实现较复杂的数据更新

使用事务和存储过程实现转账业务。操作步骤如下：
(1)从某一个账户中支取一定金额的存款。
(2)将支取金额数存入另一个指定的账户中。
(3)分别打印此笔业务的转出账单和转入账单。
(4)存储过程的名称为 usp_tradefer。
(5)张珊珊向钱多多转账 1000 元，利用下面的代码调用存储过程进行测试。

```
declare @card1 char(19),@card2 char(19)
select @card1 = cardID from cardInfo Inner Join userInfo ON
    cardInfo.customerID = userInfo.customerID where customerName = ´张珊珊´
select @card2 = cardID from cardInfo Inner Join userInfo ON
    cardInfo.customerID = userInfo.customerID where customerName = ´钱多多´
--调用上述事务过程转帐
EXEC usp_tradefer @card1,´123456´,@card2,1000
select * from vw_userInfo
select * from vw_cardInfo
select * from vw_tradeInfo
GO
```

运行结果如图 14-19 和图 14-20 所示。

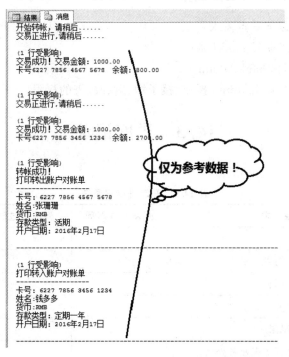

图 14-19 实现转账业务参考消息

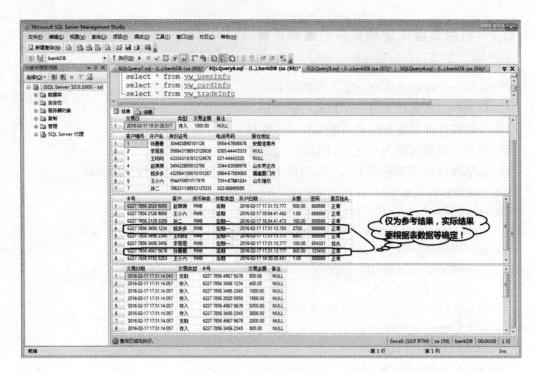

图 14-20　实现转账业务参考结果

14.2.8　数据库账户访问权限设置

对该数据库完成以下三点需求：

（1）添加 SQL 登录账号 bankUser。

（2）创建数据库用户 bankAdmin。

（3）给数据库用户 bankAdmin 授权、授予增、删、改、查的权限。

14.3　进度记录

开发进度记录如表 14-9 所示。

表 14-9　开发进度记录表

需　　　求	开发完成时间	测试通过时间	备　注
用例 1：数据库设计			
用例 2：创建库、表、约束			
用例 3：插入测试数据			
用例 4：模拟常规业务			
用例 5：创建、使用视图			
用例 6：使用存储过程实现业务处理			
用例 7：利用事务实现较复杂的数据更新			

本章总结

➢ 针对具体实际用于进行数据库的设计以及优化。
➢ 根据具体业务流程需要实现数据库。

习题 14

1. 根据项目需求和设计要求,检查并完成本项目的各项功能。
2. 总结项目完成情况,记录项目开发过程中的得失,编写项目总结,1000 字以上。

附 录

附录 A SQL 部分标准

本文将提供一种框架,通过定义一种合理、一致、有效的编码样式来帮助用户使用为应用程序开发的 Microsoft SQL Server 2008 框架、脚本和存储过程。决定编码可用性的特性有以下 4 点:
- ➢ 对其他数据库技术人员的可读性。
- ➢ 实现的难易程度。
- ➢ 可维护性。
- ➢ 一致性。

SQL Server 数据库的物理文件包括数据库文件和日志文件两部分。

此框架可用来改善应用程序,不会给开发带来不必要的影响,也不会限制个人的编码习惯。因此此框架将主要针对开发人员都应使用的通用标识符命名约定,用以说明 SQL 语言组件的首选格式和用法的常用样式准则,以及数据库开发方法论的定义。

此标准的"标识符"部分将对命名约定进行规范化。这一部分所有架构、脚本和存储过程应符合本文档中的所有原则。

常用准则包括 SQL 语句的格式化以及处理脚本和存储过程中更复杂的组件的格式要点。必要时,可以修改该准则以满足应用程序中的特定格式要求。尽管该准则不是强制性的,遵循它有助于应用程序的最终成功,使用应用程序更易于维护。所有开发人员应在合理的范围内避免出现与该准则的不一致。

遵循标准并根据本文档中的准则进行开发,在"方法论"部分将对这种行为进行评测。有必要定义一个大家都遵循的、通用的、强制性的编码标准。如果没有这样的标准,存储过程和脚本的开发可能会变得很随便,并且可读性差,从而降低了可用性。这是开发人员或开发方法学存在的缺点,而不是此框架的缺点。

在准则的范围内,定义一个大多数的样式和布局,但同时不做刻板的要求,使开发人员可以轻松地编写可靠的、有创意的代码。框架中的这种自由度,用来协调编码工作的常规性与创造性。明确地定义管理措施,并执行可以确保实现该标准或任何编码标准的目的。下面对各个部分进行说明。

1. 大小写

(1)表名、列明和变量名使用大小写混合形式。

(2)视图名和存储过程名使用小写形式。

(3)其他名称使用大写形式,但如果表名或列名用于其他对象名中,则使用上述大小写形式。

2. 前缀和后缀

(1)数据库对象使用表 1 中的标准前缀。

表 1　数据库对象使用的标准前缀

对象类型	前　缀	示　例
外键	FK_	FK_Column
唯一约束	UQ_	UQ_Column
检查约束	CK_	CK_Column
列的默认值	DF_	DF_Column
局部变量	@	@VariableName
视图	vw_	vw_student_result
存储过程	usp_	usp_query_num

(2)使用.sql 扩展名保存所有脚本。

(3)使用表 2 中的列名和变量名的标准后缀缩写。

表 2　数据库对象使用的标准后缀

对象类型	后　缀	示　例
账户	_Acct	Process_Corp_Acct
地址	_Addr	Contact_Addr
数量	_Amt	Total_Credit_Amt
余额	_Bal	Available_Bal
日期或时间	_Dt	Active_Dt、@Archive_Dt
描述	_Desc	Product_Desc
生日	_DOB	Alternate_DOB
行(n)	_Ln(n)	Address_Ln2、@pOrderLn
指示器	_Ind	Net_Gross_Ind
编号	_Nbr	Bank_Nbr
记录标识符/标识	_Id	Entity_Id、@pEntityId
税号	_TIN	Merchant_TIN
信用卡交易	_Trans	Daily_Nbr_Trans
邮政编码	_Zip	Recipient_Zip

(4)其他所有后缀都应是整个单词,如 Name、Type、Flag 等。

存储过程名应当能反映主要数据源的名称、该过程完成的操作及该过程的使用者。选择表名是一门艺术,近似于变戏法,特别是在过程中涉及多个表时,更是这样。通常数据源名最好能表示大多数数据源或主要的连接表。用于过程名的墨菲法则是：最长的、最不方便的过程名通常是"正确的"名称。尽量避免使用缩写，除非该缩写在业务上是有意义的。

（5）所有的系统名称、语句、变量和函数使用小写。
- 内置类型，如 char、int、varchar。
- 系统存储过程和自定义的扩展存储过程，如 xp_cmdshell。
- 系统变量和局部变量，如@@ERROR、@@IDENTITY、@value。
- 对系统表名的引用，如 syscolumns。
- SQL 语句中的表的别名。

（6）所有的保留字和函数使用大写。
- 保留字，如 BEGIN、END、TABLE、CREATE、INDEX、GO、IDENTITY。
- 系统函数，如 CAST、SELECT、CONVERT。

3. 错误处理

（1）在错误信息中除了制定的前缀和后缀外，应避免使用缩写。

（2）使用存储在 syscomments 中的系统信息。使用下列格式表示信息。{完全限定的过程名}:{信息}。

示例：MyDatabase.dbo.MyStoredPorcedure：发生了一个奇怪的错误？使用下列格式向系统添加错误信息。

    sp_addmessage msg_id,severity,{message text}[,language}[,´with_log´[,´replace´]]]

（3）在每个可能引起错误的过程的开始处一次性插入下列代码，可以捕获完全限定的过程名。

    declare @sProcedureName varchar(225)
    select @sProcedureName = DB_NAME() + ´.´
    + USER_NAME(OBJECTPROPERTY(@@procid,´OwnerId´)) + ´.´
    + OBJECT_NAME(@@PROCID)

（4）根据下列值指定错误信息号。

保留的错误号：50000－50999。

常规错误：51000－51099。

导入错误：52000－52099。

导出错误：53000－53099。

服务错误：58000－58099。

DbChangeControl 信息：59000－59099。

4. 数据库安全

（1）使用 NT 登录从应用程序访问服务器。

    exec sp_grantlogin ´MyDomain\SomeUser´

（2）仅在需要访问的应用程序数据库中允许使用 NT 登录。

    exec sp_grantdbaccess ´MyDomain\SomeUser´

（3）将用户放置在角色或组中，一起授予他们访问数据库的权限。

    use MyDB
    exec sp_addrolemember ´AppropriateRole´,´MyDomain\SomeUser´

(4)授予组或角色通过执行存储过程访问数据的权限。

　　use MyDB

　　grant exec on MyProcedure to ´AppropriateRole´

(5)不要使用 SQL Server 登录,包括 sa 登录。

(6)除了执行权限和数据库访问权限外,不要授予用户其他权限。如果需要授予语句权限,则将该权限授予角色或组,然后将合适的用户添加到该组或角色中。例如,如果要允许所有用户都可以执行特定的查询,则授予 Public 组 SELECT 权限。只是有存储过程可以插入、更新和删除数据。

(7)只将用户需要执行的存储过程所在的数据库的访问权限授予用户,不授予用户其他数据库访问权限。

(8)对于用户无须执行的存储过程,不要授予其执行权限。

(9)对于一经查看可能会泄露数据库用户的权限或密码,或者以其他方式危及安全的过程,应将其加密。对于不符合上述标准的过程,不要将其加密。

5. 设置格式

(1)用单引号分隔字符串。用嵌套的单引号表示字符串中的单引号或撇号。

　　set @sExample = ´Bill´´s example´

(2)用圆括号增强可读性,特别是在使用分支条件语句或复杂表达式的时候,要使用圆括号。

　　if((select 1 where 1 = 2)is not null)

(3)仅当条件代码段有多条语句时,才使用 begin. end 块。

(4)将所有的源代码中的行的长度限制在 114 个字符之内。尽量在使用 12 点距的 CourierNew 字体显示 100 个字符的 800 * 600IDE(集成开发环境)窗口上,无须水平滚动就可以查看到所有代码。

(5)需要缩进时,缩进一个制表符。

6. 空格

(1)在表达式中使用空格,使其读起来像句子一样,如 fillfactor＝25,而不是 fillfactor=25。

(2)用一个空行分隔代码段。

(3)不要在标识符中使用空格。

7. 注释

(1)在需要的地方使用单行注释标记(--)。仅将多行注释标记(/ * .. * /)用于屏蔽代码段。

(2)仅在需要注释的时候才添加注释。不要有过多的注释,并尽量将注释限制在一行中。尽可能选择可读性强的标识符名称,过多地使用多行注释也许说明设计不够简洁。

(3)用数据库名和表的所有者名称来完全限定表的引用。

　　PUBS.dbo.TitleAuthor

　　master.dbo.sysdatabases

使用 ANSI 连接的语法如下：

```
select c.Name,a.Description
from User.dbo.TB_ADDRESS a
inner join VIOLATIONS.dbo.TB_INCTDENT i
ON a.Id = i.Address_Id
```

ANSI 操作符有以下几种。

＝、＞、＜、＜＞、in、exists、not、like、is null 以及 or。

➤ 使用 exists 或 not exists 的相关子查询要优于与其等价的 in 或 not in 子查询，因为在某些情况下使用 not in 可能会使性能下降。

➤ 如果不需要结果集，则使用不返回结果集的语法。

```
If exists(select 1 from EQUIPMENT.dbo.TB_LOCATION Where Type = 50)
```

而不是：

```
if((select count(Id) from EQUIPMENT.dbo.TB_LOCATION Where Type = 50)＞0)
```

➤ 如果 from 子句中用到多个表，每个列名必须用完整的表名或别名来限定，最好使用别名。

➤ 在 order by 子句中始终使用列名，避免使用位置引用。

8. 数据库设计的相关术语

PowerDesigner 涉及以下 4 种模型：

（1）概念数据模型（Conceptual Data Model，CDM）

概念数据模型表现数据库的逻辑结构，与具体的数据库实现无关，数据库模型图对应于我们学习的 E-R 图，它采用的各种模型符号与标准的 E-R 图符号略有不同。

（2）物理数据模型（Physical Data Model，PDM）

物理数据模型描述具体数据库的物理实现，我们需要指定具体的数据库，如 MSAccess、SQL Server、Oracle 等。在此基础上我们可以创建表、约束、索引、触发器等高级数据库对象，并自动生成数据库对应的 SQL 脚本。我们可以使用 CDM 概念数据模型图生成 PDM 物理数据模型图。

（3）面向对象模型（Object Oriented Model，OOM）

面向对象模型包含一系列包、类、接口以及它们之间的关系。这些对象一起形成一个软件系统逻辑，来设计视图的类结构。面向对象模型本质上是软件系统的一个静态概念模型。

（4）业务模型（Business Process Model，BPM）

业务模型描述业务的各种不同的内在任务和内在流程，客户如何以这些任务和流程互相影响。BPM 是从业务合伙人的观点来看业务逻辑和规则的概念模型，使用一个图表描述程序、流程、信息和合作协议之间的交互作用。

附录 B SQL Server 2008 安装图解

请用 Administrator 用户登录，安装 SQL Server 2008 的基本步骤如下：

（1）在安装文件 setup.exe 上，单击鼠标右键选择"以管理员的身份运行"。

(2)单击安装光盘中的 setup.exe 安装文件,打开如图 1 所示的"SQL Server 安装中心"对话框。

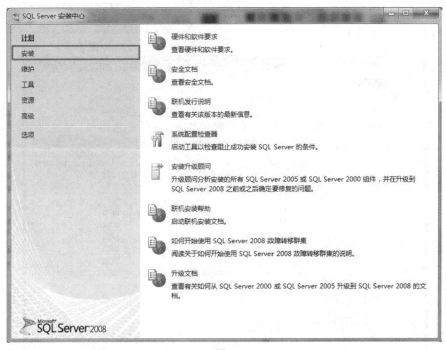

图 1

(3)选择左边的安装选项,单击右边的"全新 SQL Server 独立安装或向现有安装添加功能"选项,如图 2 和图 3 所示。

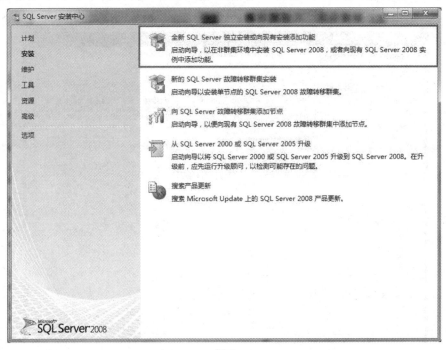

图 2

(4)在打开的"SQL Server 2008 安装程序"对话框中,出现"安装程序支持规则"选项,可以看到,一些检查已经通过了,单击确定按钮,进入到下一步,如图 4 所示。

图 3

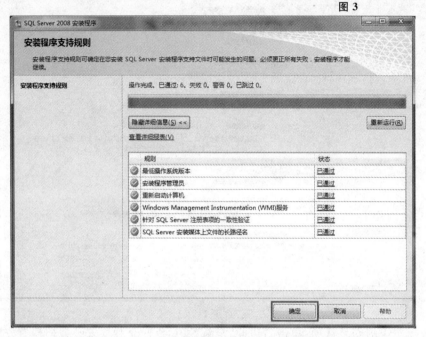

图 4

(5)单击确定按钮之后,出现输入产品密钥的提示,这里使用的密钥是企业版的:"JD8Y6-HQG69-P9H84-XDTPG-34MBB",单击"下一步"按钮继续安装,如图 5 所示。

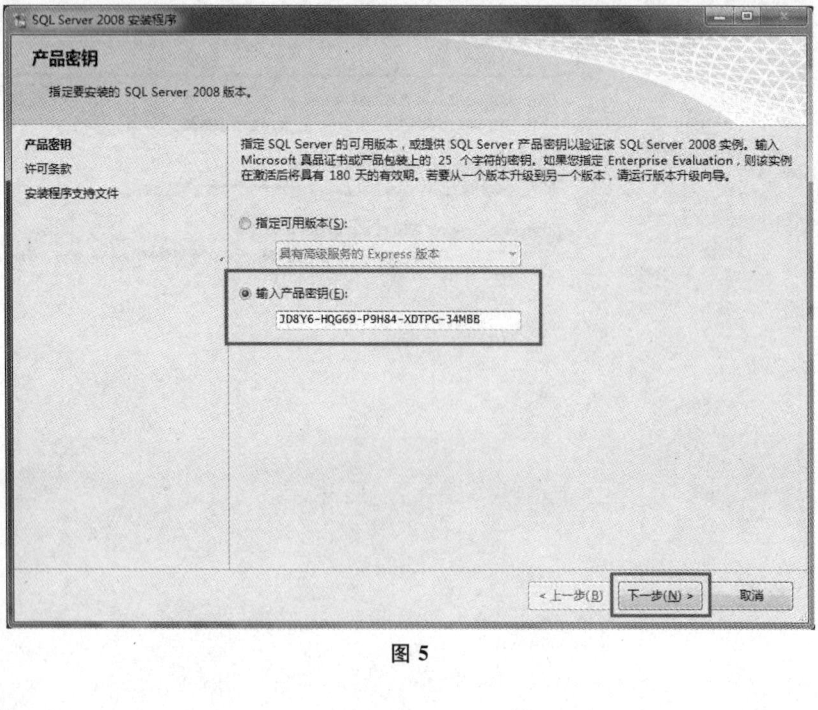

图 5

(6)在接下来的许可条款页面中选择"我接受许可条款"选项,单击"下一步"按钮继续安装,如图 6 所示。

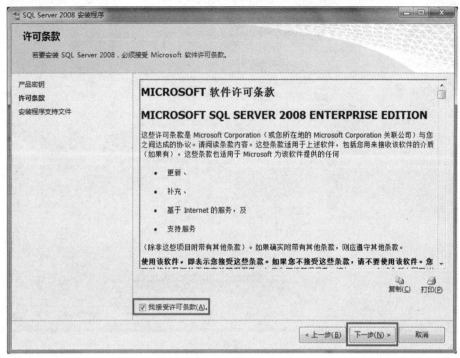

图 6

(7)在出现的"安装程序支持文件"页面中,单击"安装"按钮继续,如图 7 所示。

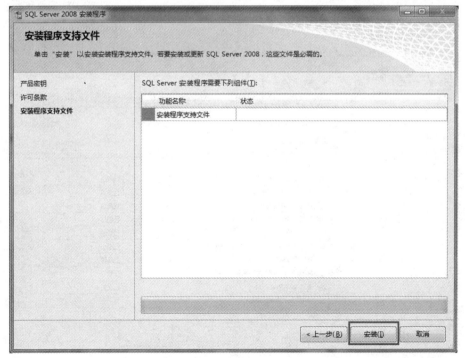

图 7

(8)安装程序支持文件的过程如图 8 所示。

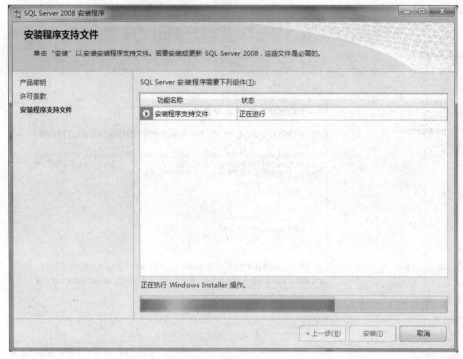

图 8

(9)之后出现了"安装程序支持规则"页面,只有符合规则才能继续安装,单击"下一步"按钮继续安装,如图 9 所示。

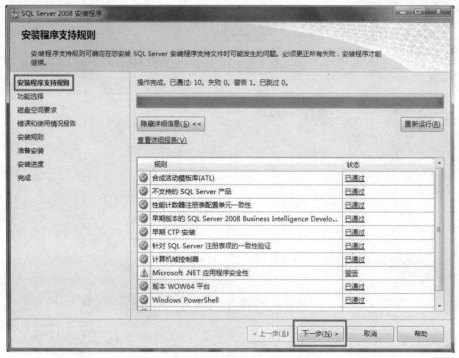

图 9

(10)在"功能选择"页面中,单击"全选"按钮,并设置共享的功能目录,单击"下一步"继续,如图 10 所示。

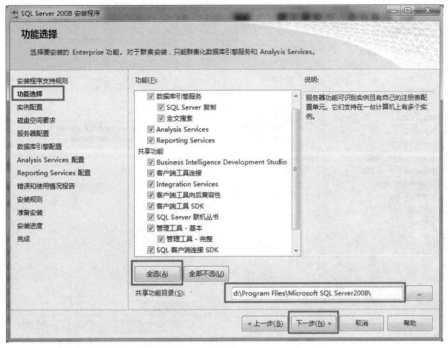

图 10

(11)在"实例配置"页面中,选择默认实例,并设置是实例的根目录,单击"下一步"按钮继续,如图 11 所示。

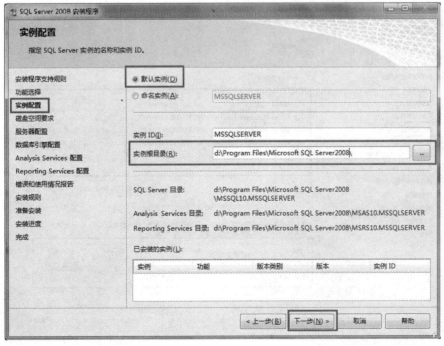

图 11

(12)在"磁盘空间要求"页面中,显示了安装软件所需的空间,单击"下一步"继续,如图12所示。

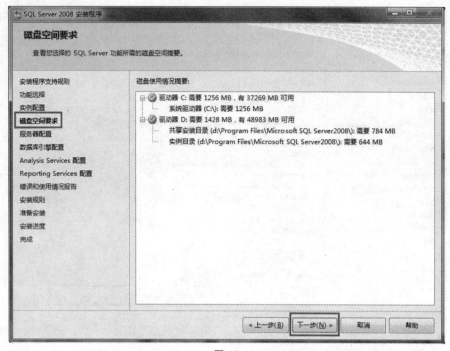

图 12

(13)在"服务器配置"页面中,根据需要进行设置,单击"下一步"按钮继续安装,如图13所示。

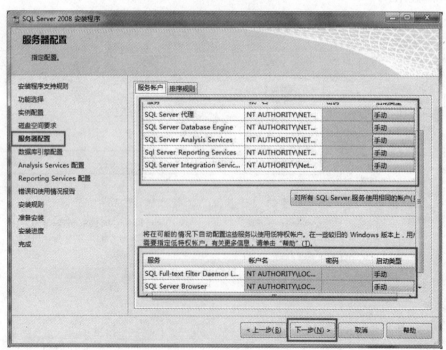

图 13

（14）在"数据库引擎配置"页面中，设置身份验证模式为混合模式，输入数据库管理员的密码，即 sa 用户的密码，并添加当前用户，单击"下一步"按钮继续安装，如图 14 所示。

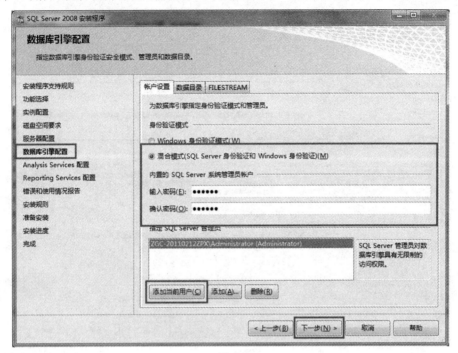

图 14

（15）在"Analysis Services 配置"页面中，添加当前用户，单击"下一步"按钮，如图 15 所示。

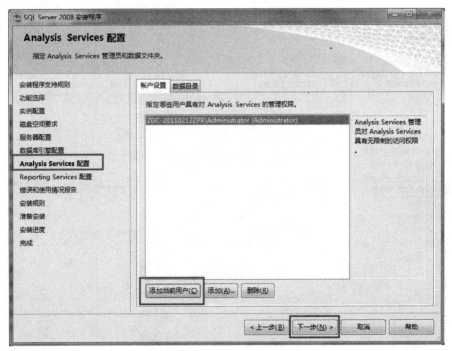

图 15

(16) 在"Reporting Services 配置"页面中,按照默认的设置,单击"下一步"按钮,如图 16 所示。

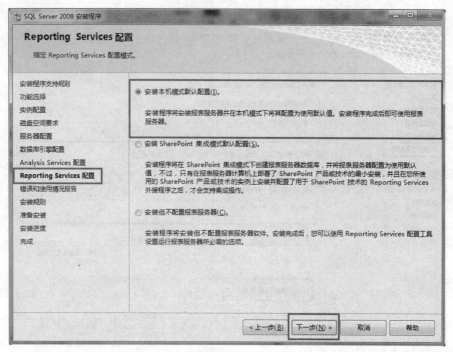

图 16

(17) 在"错误和使用情况报告"页面中,根据自己的需要进行选择,单击"下一步"按钮继续安装,如图 17 所示。

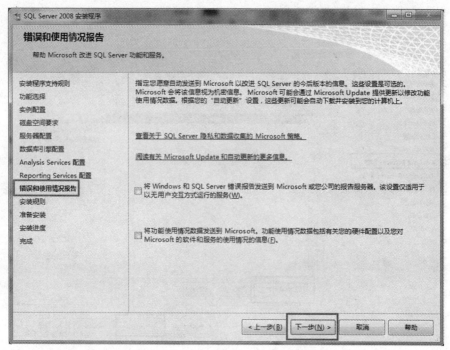

图 17

(18) 在"安装规则"页面中,如果全部通过,单击"下一步"按钮继续,如图 18 所示。

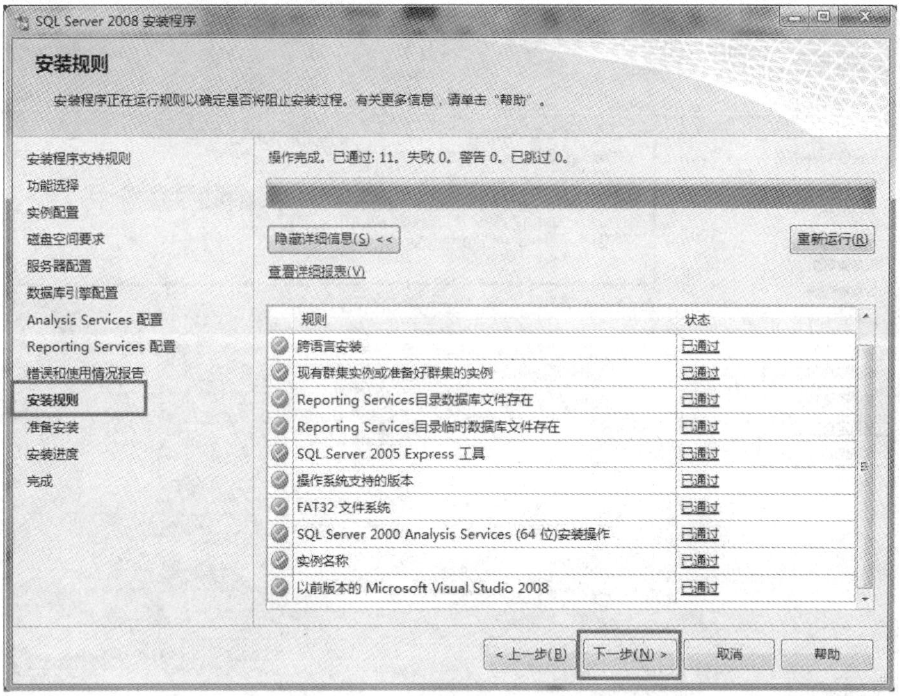

图 18

(19) 在"准备安装"页面中,看到了要安装的功能选项,单击下一步继续安装,如图 19 所示。

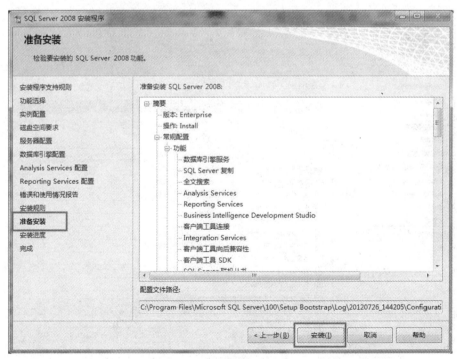

图 19

(20)在"安装进度"页面中,可以看到正在安装 SQL Server 2008,如图 20 所示。

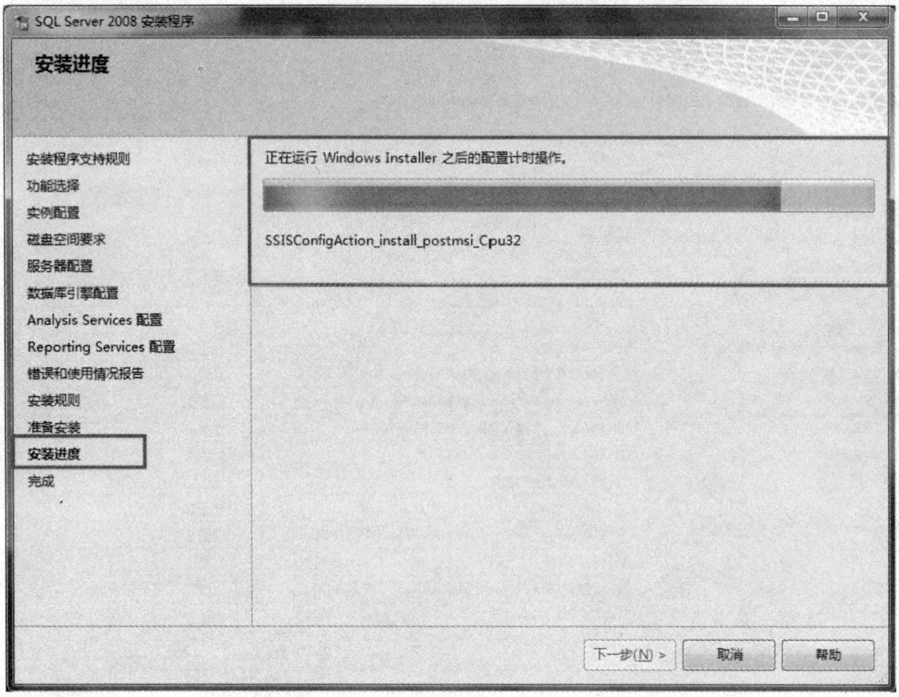

图 20

(21)经过漫长的等待,SQL Server 2008 安装过程完成,现在没有错误,第一次错误是在上边的那个步骤出现的,单击"下一步"按钮继续,如图 21 所示。

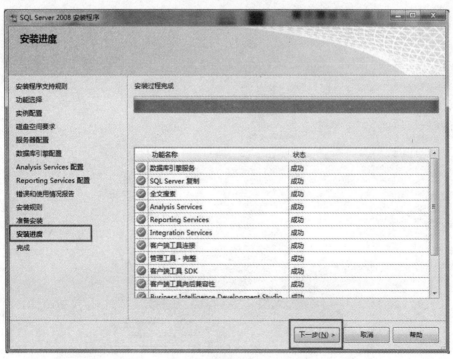

图 21

（22）在"完成"页面中，可以看到"SQL Server 2008 安装已成功完成"的提示，单击"关闭"按钮结束安装，如图 22 所示。

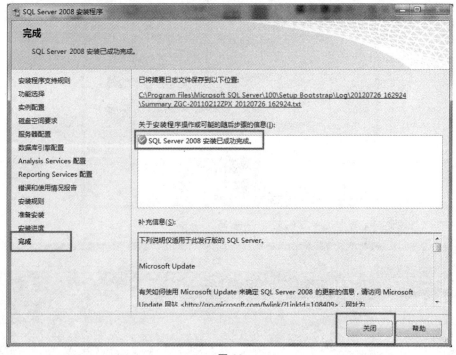

图 22

（23）启动 SQL Server 2008，选择"开始"菜单中的 Microsoft SQL Server 2008 下的 SQL Server 配置管理器，启动 SQL Server 服务，如图 23 和图 24 所示。

图 23

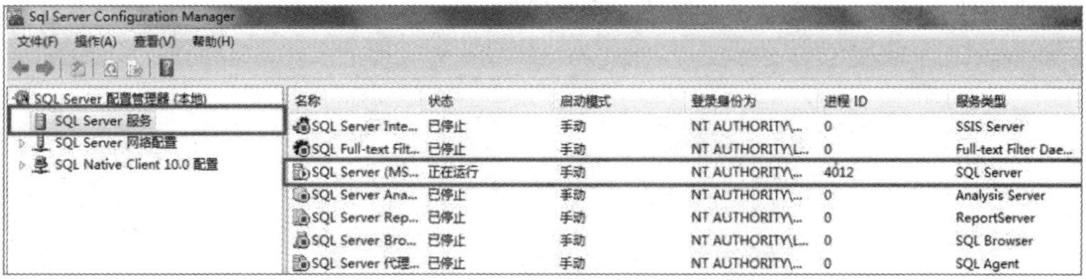

图 24

(24)最后启动微软提供的集成工具,按照上图中的选择 SQL Server Manager Studio 选项打开,输入用户名和密码进入,如图 25 和图 26 所示。

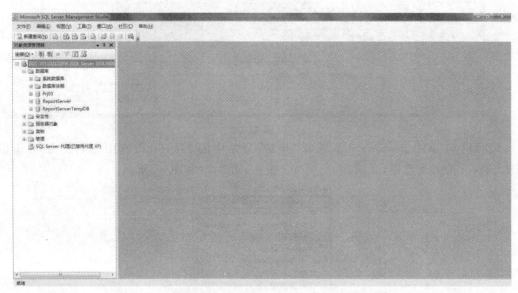

图 25

图 26

至此 SQL Server 2008 安装完毕。在安装过程中如果还遇到其他问题请网络搜索解决办法。

参考文献

[1] 张成叔等.C语言程序设计[M].合肥:安徽大学出版社,2015.
[2] 武春岭等.C语言程序设计[M].北京:高等教育出版社,2014.
[3] 丁亚涛等.C语言程序设计[M].北京:高等教育出版社,2006.
[4] 何钦铭等.C语言程序设计[M].北京:高等教育出版社,2014.
[5] 乌云高娃等.C语言程序设计[M].北京:高等教育出版社,2007.
[6] 张成叔.办公自动化技术与应用[M].北京:高等教育出版社,2014.
[7] 张成叔.计算机应用基础[M].北京:中国铁道出版社,2012.
[8] 张成叔.计算机应用基础实训指导[M].北京:中国铁道出版社,2012.
[9] 张成叔.Access数据库程序设计[M].北京:中国铁道出版社,2013.
[10] 张成叔.Access数据库程序设计[M].北京:中国铁道出版社,2012.
[11] 张成叔.Access数据库程序设计[M].北京:中国铁道出版社,2010.
[12] 张成叔.Access数据库程序设计[M].北京:中国铁道出版社,2008.
[13] 张成叔.计算机应用基础[M].北京:中国铁道出版社,2009.
[14] 张成叔.计算机应用基础实训指导[M].北京:中国铁道出版社,2009.
[15] 张成叔.Access数据库程序设计[M].北京:中国铁道出版社,2015.
[16] 张成叔等.C语言程序设计[M].合肥:安徽大学出版社,2008.
[17] 张成叔.计算机应用基础[M].北京:高等教育出版社,2016.
[18] 张成叔.计算机应用基础实训指导[M].北京:高等教育出版社,2016.